全国高等职业教育"十三五"规划教材

地理信息系统基础及应用

主 编 林 琳 路海洋

副主编 赵晓琳 杜芳芳

中国矿业大学出版社

·徐州·

内容提要

GIS是一门多学科结合的边缘学科，实践性很强。本书以工作过程为导向，将课程目标融入岗位工作过程的项目任务中，强调知识必需、够用，注重知识、理论和实践一体化设计，满足GIS数据采集员、数据处理员、数据建库员、数据分析员以及GIS高级管理和应用人员等地理信息系统应用工作岗位的需要。

全书分7个项目：GIS平台选择，GIS空间数据获取，GIS空间数据处理，GIS空间数据建库，GIS空间数据查询与分析，GIS产品输出，GIS技术综合应用。

本书可作为地理信息系统、测绘及相关专业的教材，也可作为地理信息系统开发及应用人员的参考资料。

图书在版编目(CIP)数据

地理信息系统基础及应用/林琳，路海洋主编. —徐州：中国矿业大学出版社，2018.5(重印2020.9)

ISBN 978-7-5646-3792-7

Ⅰ. ①地… Ⅱ. ①林…②路… Ⅲ. ①地理信息系统 Ⅳ. ①P208.2

中国版本图书馆CIP数据核字(2017)第290676号

书　　名　地理信息系统基础及应用
主　　编　林　琳　路海洋
责任编辑　张　岩
出版发行　中国矿业大学出版社有限责任公司
　　　　　　(江苏省徐州市解放南路　邮编221008)
营销热线　(0516)83884103　83885105
出版服务　(0516)83995789　83884920
网　　址　http://www.cumtp.com　**E-mail**：cumtpvip@cumtp.com
印　　刷　江苏淮阴新华印务有限公司
开　　本　787 mm×1092 mm　1/16　**印张** 14　**字数** 349千字
版次印次　2018年5月第1版　2020年9月第2次印刷
定　　价　28.00元

前 言

为了更好地配合高等职业教育测绘类专业的教学改革，开展工学结合教学资源的开发，为高职高专测绘类专业高端技能型人才培养提供优质教材支持，提高测绘类专业人才培养质量，本书以学生职业岗位能力为依据编写而成，强调对学生应用能力、实践能力、分析问题和解决问题能力的培养，突出职业教育的特色。

进入21世纪以来，信息技术革命越来越迅速地改变着人类生活和社会的各个层面，作为全球信息化浪潮的一个重要组成部分，地理信息系统(GIS)日益受到各界的普遍关注，并在多个领域得到了广泛的应用。GIS是一门多学科结合的边缘学科，实践性很强。GIS专业的人才，不但要有深厚的理论基础，而且要掌握过硬的实践技术，需要具有不同层面的实际动手能力。本书以工作过程为导向，深入分析职业岗位工作所必需的知识和能力，据此确定课程教学所要达到的知识和能力目标，再将课程目标融入岗位工作过程的项目任务中，以任务为载体，突出能力目标，强调知识"必需、够用"，注重理论和实践一体化设计，兼顾学生自学能力和可持续发展能力的培养，满足GIS数据采集员、数据处理员、数据建库员、数据分析员以及GIS高级管理和应用人员等地理信息系统应用工作岗位的需要。

本书具有以下鲜明的特色：

(1) 体现"项目引导、任务驱动"的教学特点。从实际应用出发，以任务为突破口，通过任务描述、相关知识、任务实施、技能训练、思考练习等步骤展开。在宏观教学设计上突破以知识点层次递进为体系的传统模式，而是以工作过程为参照系，将职业工作过程系统化，按照工作过程来组织和讲解知识，培养学生的职业技能和职业素养。

(2) 体现"教、学、做"合一的教学思想。以学到实用技能、提高职业能力为出发点，以"做"为中心，"教"和"学"都围绕着"做"，在学中做，在做中学，从而完成知识学习、技能训练和提高职业素养的教学目标。

(3) 强基础、重实践。在编写过程中，强调基本概念、基本原理、基本分析方法的论述，采用“教、学、做”相结合的教学模式，既能使学生掌握好基础，又能启发学生思考，培养其动手能力。

(4) 符合高职学生的认知规律，有助于实现有效教学。本书打破传统的学科体系结构，将各知识点与操作技能恰当地融入各个任务中，突出现代职业教育的职业性和实践性，强化实践，培养学生实践动手能力，适应高职学生的学习特点，在教学过程中注意情感交流，因材施教，调动学生的学习积极性，提高教学质量。

本书由辽源职业技术学院林琳、辽宁地质工程职业学院路海洋任主编，辽宁地质工程职业学院赵晓琳、兰州资源环境职业技术学院杜芳芳任副主编。编写人员及分工如下：项目一由兰州资源环境职业技术学院杜芳芳编写；项目二和项目七由辽宁地质工程职业学院路海洋编写；项目三、项目五和项目六由辽源职业技术学院林琳编写；项目四由辽宁地质工程职业学院赵晓琳编写。

本书在编写过程中参阅了大量的书籍和文献，引用了同类书刊中的部分内容，在此谨向有关作者表示衷心感谢。同时，得到了许多领导和课程团队的大力支持，在此致以衷心的感谢！由于编者水平有限，书中难免存在缺点和错误，恳请各位专家、读者能给予批评和指正。本书配有相应课件，任课教师如有需要请与编辑联系(邮箱 962065858@qq.com)。

编　者

2017 年 8 月

目　录

项目一　GIS 平台选择

【项目概述】

当今社会信息技术突飞猛进，信息产业空前发展，信息资源爆炸式扩张。多尺度、多类型、多时态的地理信息是人类研究和解决土地、环境、人口、灾害、规划、建设等重大问题时所必需的重要信息资源。地理信息系统的迅速发展不仅为地理信息现代化管理提供了契机，而且有利于其他高新技术产业的发展，由此 GIS 平台应运而生。

通过本项目的学习，读者在对地理信息系统职业岗位有所了解的前提下，学习掌握地理信息系统的概念、组成、功能及其在行业中的应用，对地理信息系统技术的发展有一个初步的了解，为将来从事 GIS 技术应用岗位工作打下基础。

【教学目标】

◆知识目标

1. 掌握信息、数据、地理信息、地理信息系统等基本概念。
2. 掌握 GIS 的基本组成、功能及类型。
3. 掌握 GIS 平台选择的标准。

◆能力目标

1. 能结合 GIS 软件明确地理信息系统的基本概念、组成及功能。
2. 能根据项目需求，选择合适的 GIS 平台。

任务一　职业岗位分析

任务描述

通过对地理信息系统概念的简单学习，了解地理信息的行业发展状况和岗位设置情况。在对高职高专测绘类专业的毕业生从事地理信息系统工作岗位情况分析的基础上，进一步明晰今后的工作范围，以及学习该课程的要求，增强对课程学习的目的性。

岗位描述

20 世纪 80 年代以来，国民经济的发展和社会的进步对地理信息资源的需求不断增加，地理信息产业迅速兴起。

地理信息产业是现代测绘技术、信息技术、计算机技术、通信技术和网络技术相结合而发展起来的综合性产业。地理信息产业的活动都是围绕地理信息资源的建设和开发利用而产生的，涉及地理信息相关的硬件制造、软件开发、数据生产、产品开发、系统集成、信息与技术服务等各个方面。

地理信息产业是一个高速增长的产业，地理信息服务将越来越多地渗透到各行业及人们的日常生活中，从而形成极大的市场需求。

目前，国家十分重视地理信息产业的发展，并要求加强地理信息国情监测，加速数字城市建设、天地图建设及北斗卫星建设，从中央到地方相继成立了测绘地理信息管理机构。

高职高专地理信息系统专业的人才必须具备良好的职业道德和科学文化素养，掌握必备的地理信息系统理论知识，具备熟练的专业技能，能在相关领域胜任地理信息数据生产、地理信息服务、地图制图等工作。

从全国高职高专测绘专业的学生从事地理信息系统工作岗位的情况分析，高职高专学生地理信息系统专业的就业岗位主要集中在地理信息数据生产领域。地理信息数据生产职业岗位主要涉及地理空间数据和属性数据的采集、处理、分析和应用，以及地理信息数字产品的输出。其工作范围如下：

① 在地理信息系统企业从事地理空间数据的采集、处理、分析、制图与建库工作。

② 在国土资源、房地产部门从事地籍测量与地籍数据库建设、管理及房地产信息管理工作。

③ 在城乡规划、城市建设部门从事地理信息系统的建设和管理工作。

④ 在农田水利部门从事工程测量和环境监测、土地资源调查与利用等工作。

⑤ 在政府机关从事与空间位置信息有关的信息交流、环境信息管理等工作。

课程描述

地理信息系统课程是一门技术性、实践性很强的专业课程。课程以计算机技术、测绘技术、地图制图技术等为基础，主要针对高职高专测绘类专业的学生在实际工作中从事地理信息数据生产所需的知识、技能和素质要求等内容展开。

课程教学立足于地理信息数据生产这一岗位，围绕地理信息数据的获取、地理信息数据的编辑与处理、地理信息数据的分析和地理信息系统产品输出等技术岗位所需的知识与技能，培养学生地理信息数据的采集、分析与应用能力，以及专题地图的制作能力和地理信息系统职业素养。

对本课程的学习不应局限于书本知识，要充分利用网络工具去了解地理信息的相关知识和应用，特别是网络上电子地图、导航地图的应用。同时，应结合某一流行地理信息系统软件的应用来阐述地理信息系统相关的概念和知识点。

任务二　地理信息系统认识

任务描述

地理空间技术覆盖许多领域，其中包括遥感、地图制图、测绘和摄影测量。但要在地理空间技术中将这些不同领域的数据整合起来，则需要地理信息系统(geographic information system，GIS)知识。为了弄清地理信息系统知识，需要明确 GIS 的基本概念、组成和功能。

相关知识

一、GIS 的基本概念

1. 数据和信息

数据(data)是人类在认识世界和改造世界过程中，定性或定量地对事物和环境描述的直接或间接原始记录，是一种未经加工的原始资料，是客观对象的表示。数据可以以多种方式和存储介质存在，前者如数字、文字、符号、图像等，后者如记录本、地图、胶片、磁盘等。不同数据存储介质和格式可相互转换。

信息(information)是用文字、数字、符号、语言、图像等形式来表示事件、事物、现象等的内容、数量或特征，从而向人们(或系统)提供关于现实世界新的事实和知识，作为生产、建设、经营、管理、分析和决策的依据。信息具有客观性、适用性、可传输性和共享性等特征。

信息来源于数据，是数据表示的意义，是对数据内容的解释。信息是一种客观存在，而数据是客观对象的一种表示，其本身并不是信息。数据所蕴含的信息不会自动呈现出来，需要利用一种技术如统计、解译、编码等对其解释，信息才能呈现。例如，从实地或社会调查数据中通过分类和统计可获取各种专门信息；从测量数据中通过量算和分析可以抽取地面目标或物体的形状、大小和位置等信息；从遥感图像数据中通过解译可以提取出各种地物的图形大小和专题信息。

2. 地理信息和地理数据

地理信息是有关地理实体和地理现象的性质、特征和运动状态的表征和一切有用的知识，它是对表达地理特征与地理现象之间关系的地理数据的解释，而地理数据则是各种地理特征和现象间关系的数字化表示。地理特征和现象的数据描述包括空间位置、属性特征(简称属性)及时域特征三部分。

地理数据具有空间上的分布性、数据量的海量性、载体的多样性和位置与属性的对应性等特征。空间上的分布性是指地理信息具有空间定位的特点，先定位、后定性，并在区域上表现出分布式特点，其属性表现为多层次，因此地理数据库的分布或更新也应是分布式的。数据量的海量性反映地理数据的巨大性，地理数据既有空间特征，又有属性特征。另外，地理信息还随着时间的变化而变化，具有时间特征，因此其数据量巨大。尤其是随着全球对地观测计划的不断发展，每天都可以获得上万亿兆的关于地球资源、环境特征的数据，这必然对数据处理与分析带来很大压力。载体的多样性是指地理信息的第一载体是地理实体及地理现象的物质和能量本身，除此之外，还有描述地理实体和地理现象的文字、数字、地图和影像等符号信息载体以及纸质、磁带、光盘等物理介质载体。地理实体和地理现象具有明确的位置与属性的对应性特征，两者之间是相互对应和关联的，也就是说，二者相互依赖，缺一不可，有位置则有属性，反之亦然。

3. 地理信息系统

地理信息系统有时又称为“地学信息系统”或“资源与环境信息系统”，是一种特定且十分重要的空间信息系统，是在计算机软件、硬件系统支持下对整个或部分地球表层(包括大气层)的有关地理分布数据进行采集、储存、管理、运算、分析、显示和描述的科技系统。地理信息系统处理、管理的对象是多种地理实体和地理现象数据及其关系，包括空间定位数据、图形数据、遥感图像数据、属性数据等，用于分析和处理在一定地理区域内分布的各种现象和过程，解决复杂的规划、决策和管理问题。简而言之，地理信息系统是对空间数据进行采集、编辑、存储、分析和输出的计算机信息系统。

通过上述的分析和定义可以得出GIS的基本内容如下：

GIS的物理外壳是计算机化的技术系统，它又由若干个相互关联的子系统构成，如数据采集子系统、数据管理子系统、数据处理和分析子系统、图像处理子系统、数据产品输出子系统等，这些子系统的结构及其优劣程度直接影响着 GIS 的硬件平台、功能、效率、数据处理的方式和产品输出的类型。

GIS 的操作对象是空间数据，即点、线、面、体这类有三维要素的地理实体和地理现象。空间数据的最根本特点是每一个数据都按统一的地理坐标进行编码，实现对其定位、定性和定量的描述，这是 GIS 区别于其他类型信息系统的根本标志，也是其技术难点所在。

GIS 的技术优势在于它的数据综合、模拟与分析评价能力，可以得到常规方法或普通信息系统难以得到的重要信息，实现地理空间过程演化的模拟和预测。

GIS 与测绘学和地理学有着密切的关系。大地测量、工程测量、矿山测量、地籍测量、航空摄影测量和遥感技术为 GIS 中的空间实体提供各种不同比例尺和精度的定位数；电子速测仪、GPS 全球定位技术、解析或数字摄影测量工作站、遥感图像处理系统等现代测绘技术的使用，可直接、快速和自动地获取空间目标的数字信息产品，为 GIS 提供丰富和更为实时的信息源，并促使 GIS 向更高层次发展。地理学是 GIS 的理论依托。GIS 被誉为地理学的第三代语言——用数字形式来描述空间实体。

4. GIS 的“S”新解

随着 GIS 的发展，地理信息学的内涵与外延也在不断变化，集中体现在“S”的含义上，如图 1-1 所示。

GIS ystem
cience
ervice

图 1-1 不同历史时期 GIS 含义的变化

GISystem——地理信息系统，是从技术化、工程化角度研究地理信息的集成开发、系统结构、系统功能等；GIScience——地理信息科学，从地理信息的基础理论、原理方法研究地理信息的本质、表达模型和地理信息的认知过程等；GIService——地理信息服务，则是从产业化应用角度研究面向社会化、网络化、多元化的信息服务，强调信息标准、管理、产业政策、规模化集成应用等，是地理信息产业发展的需求。在本书中，如果没有特别说明，GIS 指的是地理信息系统(GISystem)。

二、GIS 的组成

一个实用的地理信息系统，要具有对空间数据采集、管理、处理、分析、建模和显示等功能，其基本构成应包括以下五个部分：硬件系统、软件系统、空间数据、应用模型、系统管理操作人员，其核心部分是硬件系统、软件系统。空间数据反映 GIS 的地理内容，应用模型是解决问题的方法，而系统管理和操作人员则决定系统的工作方式和信息表示方式。其组成如图 1-2 所示。

1. 硬件系统

计算机硬件是计算机系统中的实际物理装置的总称，是 GIS 的物理外壳，可以是电子的、电气的、磁的、机械的、光的元件或装置。系统的规模、精度、速度、功能、形式、使用方法

图 1-2　GIS 的组成

甚至软件都与硬件有极大的关系，受硬件指标的支持或制约。

GIS 硬件系统包括输入设备、处理设备、存储设备和输出设备四部分。其中，处理设备、存储设备和输出设备与一般信息系统并无差别，但由于 GIS 处理的是空间数据，其数据输入设备除常规的设备外，还包括空间数据采集的专用设备，如全球定位系统（global position system，GPS）、全站仪、数字摄影测量系统等。

2. 软件系统

软件系统是指 GIS 运行所必需的各种程序，通常包括 GIS 支撑软件、GIS 平台软件和 GIS 应用软件三类。其中，GIS 支撑软件是指 GIS 运行所必需的各种软件环境，如操作系统、数据库管理系统、图形处理系统等；GIS 平台软件包括 GIS 系统功能所必需的各种处理软件，一般包括空间数据输入与转换、空间数据编辑、空间数据管理、空间查询与空间分析及制图与输出等五部分，称为 GIS 五大子系统；GIS 应用软件一般是在 GIS 平台软件基础上，通过二次开发所形成的具体的应用软件，一般是面向应用部门的。

3. 空间数据

地理空间数据是指以地球表面空间位置为参照的自然、社会和人文景观数据，可以是图形、图像、文字、表格和数字等，由系统的建立者通过数字化仪、扫描仪、键盘、磁带机或其他通信系统输入 GIS，是系统程序作用的对象，是 GIS 所表达的现实世界经过模型抽象的实质性内容。不同用途的 GIS，其地理空间数据的种类、精度都是不同的，但基本上都包括三种互相联系的数据类型：

① 某个已知坐标系中的位置：即几何坐标，标识地理实体和地理现象在某个已知坐标系（如大地坐标系、直角坐标系、极坐标系、自定义坐标系）中的空间位置，可以是经纬度、平面直角坐标、极坐标，也可以是矩阵的行、列数等。

② 实体间的空间相关性：即拓扑关系，表示点、线、面实体之间的空间联系，如网络节点与网络线之间的枢纽关系，边界线与面实体间的构成关系，面实体与岛或内部点的包含关系等。空间拓扑关系对于地理空间数据的编码、录入、格式转换、存储管理、查询检索和模型分析都有重要意义，是地理信息系统的特色之一。

③ 与几何位置无关的属性：即常说的非几何属性，简称属性，是与地理实体和地理现象相联系的地理变量或地理意义。属性分为定性和定量两种，前者包括名称、类型、特性等，后者包括数量和等级。定性描述的属性如岩石类型、土壤种类、土地利用类型、行政区划等；定量描述的属性如面积、长度、土地等级、人口数量、降雨量、河流长度、水土流失量等。非几何属性一般是经过抽象的概念，通过分类、命名、量算、统计得到。任何地理实体和地理现象至少有一个属性，而地理信息系统的分析、检索和表示主要是通过属性的操作运算实现的，因

此，属性的分类系统、量算指标对系统的功能有较大的影响。

4. 系统管理操作人员

人是GIS中的重要构成因素。地理信息系统从设计、建立、运行到维护的整个生命周期，处处都离不开人的作用。仅有系统软硬件和数据还构不成完整的地理信息系统，需要人进行系统组织、管理、维护和数据更新、系统扩充完善、应用程序开发，并灵活采用地理分析模型提取多种信息，为研究和决策服务。

5. 应用模型

GIS应用模型即GIS方法，该模型的构建和选择是GIS应用成功与否的关键。GIS方法是面向实际应用，在较高层次上对基础的空间分析功能集成，并与专业模型接口，研制解决应用问题的模型方法。虽然GIS为解决各种现实问题提供了有效的基本工具（如空间量算、网络分析、叠加分析、缓冲分析、三维分析、通视分析等），但对于某一专门的应用，则必须构建专门的应用模型并进行GIS二次开发，例如土地利用适应性模型、大坝选址模型、洪水预测模型、污染物扩散模型、水土流失模型等。这些应用模型是客观世界到信息世界的映射，反映了人类对客观世界的认知水平，也是GIS技术产生社会、经济、生态效益的所在。因此，应用模型在GIS技术中占有十分重要的地位。

三、GIS的功能

(1) 基本功能需求

① 位置：位置问题回答“某个地方有什么”，一般通过地理对象的位置（坐标、街道编码等）进行定位，然后利用查询获取其性质，如建筑物的名称、地点、建筑时间、使用性质等。位置问题是地学领域最基本的问题，反映在GIS中，则是空间查询技术。

② 条件：条件问题即“符合某些条件的地理对象在哪里”的问题，它通过地理对象的属性信息列出条件表达式，进而查找满足该条件的地理对象的空间分布位置。在GIS中，条件问题虽然也是查询的一种，但却是较为复杂的查询问题。

③ 趋势：趋势即某个地方发生的某个事件及其随时间变化而变化的过程。它要求GIS能根据已有的数据（现状数据、历史数据等），对现象的变化过程做出分析判断，并能对未来做出预测和对过去做出总结。例如土地地貌演变研究中，可以利用现有的和历史的地形数据，对未来地形做出分析预测，也可展现不同历史时期的地形发育情况。

④ 模式：模式问题即地理对象实体和现象的空间分布之间的空间关系问题。例如，城市中不同功能区的分布与居住人口分布的关系模式；地面海拔升高、气温降低，导致山地自然景观呈现垂直地带各异的模式等。

⑤ 模拟：模拟即某个地方如果具备某种条件会发生什么问题，是在模式和趋势的基础上，建立现象和因素之间的模型关系，从而发现具有普遍意义的规律。例如，通过对某一城市的犯罪概率和酒吧、交通、照明、警力分布等的分析，对其他城市进行相关问题研究，一旦发现带有普遍意义的规律，即可将研究推向更高层次——建立通用的分析模型对未来进行预测和决策。

(2) GIS的基本功能

为实现对上述问题的求解，GIS首先要重建真实的地理环境，而地理环境的重建需要获取各类空间数据（数据获取），这些数据必须准确可靠（数据编辑与处理），并按一定结构进行组织和管理（空间数据库），在此基础上，GIS还必须提供各种求解工具（称为空间分析），以及对分析结果的表达（数据输出）。因此，GIS应该具备以下基本功能。

① 数据采集功能：数据是 GIS 的血液，贯穿于 GIS 的各个过程。数据采集是 GIS 的第一步，即通过各种数据采集设备(如数字化仪、全站仪、调查等)来获取现实世界的描述数据，并输入 GIS。GIS 应该尽可能提供与各种数据采集设备连接的通信接口。

② 数据编辑与处理：通过数据采集获取的数据称为原始数据，原始数据不可避免地含有误差。为保证数据在内容、逻辑、数值上的一致性和完整性，需要对数据进行编辑、转换、拼接等一系列处理工作。也就是说，GIS 应该提供强大的、交互式的编辑功能，包括图形编辑、数据变换、数据重构、拓扑建立、数据压缩、图形数据与属性数据的关联等内容。

③ 数据存储、组织与管理功能：计算机的数据必须按照一定的结构进行组织和管理，才能高效地再现真实环境和进行各种分析。由于空间数据本身的特点，一般信息系统中的数据结构和数据库管理系统并不适合管理空间数据，GIS 必须发展自己特有的数据存储、组织和管理的功能。目前常用的 GIS 数据结构主要有矢量数据结构和栅格数据结构两种。而数据的组织和管理则有文件-关系数据库混合管理模拟模式、全关系型数据管理模式、面向对象数据管理模式等。

④ 空间查询与空间分析功能：虽然数据库管理系统一般提供了数据库查询语言，如 SQL 语言，但对于 GIS 而言，需要对通用数据库的查询语言进行补充或重新设计，使之支持空间查询。例如，查询某铁路周围 5 km 的居民点等。空间分析是比空间查询更深层次的应用，内容更加广泛，包括地形分析、土地适应性分析、网络分析、叠置分析、缓冲区分析、决策分析等。随着 GIS 应用范围的扩大，GIS 软件的空间分析功能将不断增加。

需要说明的是，空间分析和应用分析是两个层面上的内容。GIS 所提供的是常用的空间分析工具，如查询、几何量算、缓冲区建立、叠置操作、地形分析等，这些工具是有限的，而应用分析却是无限的，不同的应用目的可能构建不同的应用模型。GIS 空间分析为建立和解决复杂的应用模型提供了基本工具，因此 GIS 空间分析和应用分析是“零件”和“机器”的关系，用户应用 GIS 解决实际问题的关键，就是如何将这些零件搭配成能够用来解决问题的“机器”。

⑤ 数据输出功能：GIS 必须能够通过图形、表格和统计图表显示空间数据及分析结果。GIS 的一个主要功能就是计算机地图制图，包括地图符号的设计、配置与符号化、地图注记、图幅整饰、统计图表制作、图例与布局等内容。此外，GIS 对属性数据也要设计报表输出，并且这些输出结果需要在显示器、打印机、绘图仪上进行数据文件输出，GIS 软件亦应具有驱动这些设备的能力。

四、GIS 的类型

GIS 发展迅速，应用广泛，其类型划分也无一定之规。一般地，可根据 GIS 的研究内容、功能和作用等对 GIS 进行类型划分。

1. 按 GIS 功能分类

从功能角度出发，GIS 可分为应用功能和软件功能两大类。前者强调 GIS 的社会服务功能，可再分为工具型 GIS、应用型 GIS 和大众型 GIS 三类；后者则侧重 GIS 软件自身功能，一般分为专业 GIS、桌面 GIS、手持 GIS、组件 GIS、GIS 浏览器等几类。

(1) 应用功能

工具型 GIS 也称为地理信息系统开发平台或外壳，它具有 GIS 的基本功能，可供其他系统调用或作为用户进行二次开发的操作平台。前面已谈及 GIS 是一个复杂、庞大的软件系统，而用 GIS 解决实际问题尚需用户进行一定程度的二次开发。但如果每一用户在实际应用时都需开发，则会造成人力、物力和时间上的浪费。工具型 GIS 为 GIS 用户提供一种技术支持，使用户能借助 GIS 并加上专题应用模型完成相应的任务。目前比较流行的工具型 GIS 软件有 ArcGIS、MapInfo、IDRISI、GeoStar、MapGIS 等。

应用型 GIS 是根据用户的需求和应用目的而设计的一类或多类专门型 GIS，它一般是在工具型 GIS 的平台上，通过二次开发完成。应用型 GIS 除具备 GIS 的基本功能外，还能够进行与专业相关的模型构建和求解。应用型 GIS 按研究对象性质和能力又分为专题 GIS 和区域 GIS 两种类型。

① 专题 GIS：是为特定专业服务的、具有很强专业特点的 GIS，如交通规划 GIS、水资源管理 GIS、城市管网设计 GIS、土地覆盖和利用 GIS 等。

② 区域 GIS：主要以区域综合研究和全面信息服务为目标，按区域大小有国家级、地区、省级、市级等不同行政区域的 GIS，如福建省 GIS 基础数据库系统；也可以按照自然相对独立的单元划分，如闽江流域 GIS、黄土高原 GIS 等。

大众型 GIS 是一种面向大众服务、不涉及具体专业的 GIS，使用者只需要有一般的计算机常识就可以操作 GIS，例如为普及和加强公众的环境意识而开发的环境教育信息系统。

（2）软件功能

按照 GIS 软件功能的强弱，GIS 软件分为专业 GIS、桌面 GIS、手持 GIS、组件 GIS、GIS 浏览器等，其中专业 GIS 功能最强，几乎具备所有的 GIS 功能；桌面 GIS 功能次之；GIS 浏览器功能最为简单，主要是作查询之用。GIS 软件功能不同，应用范围也是不同的，服务对象也是有所差异的。

2. 按数据结构分类

从数据结构上，GIS 可以分为矢量 GIS、栅格 GIS 和矢量-栅格 GIS 三种类型，这种划分是以 GIS 的主要数据处理和管理对象为依据的。本书将以这种分类在后续项目中介绍 GIS 空间分析。尽管一个 GIS 软件可以划为某一 GIS 类型（如矢量 GIS 或栅格 GIS），但不代表该软件只能处理这种格式的空间数据，而不能处理其他结构的空间数据，这里只是强调功能上有强弱的问题。用户可根据自己手头的数据结构有效地利用 GIS 软件。

3. 按数据维数分类

从数据维数的角度，GIS 可分为 2D GIS、2.5D GIS、3D GIS 和时态 GIS（temporal GIS，TGIS）等类型。

以平面制图和平面分析为主的 GIS，称为 2D GIS，当增加了高程信息并将高程信息看作是属性时，所构建的数字高程模型（digital elevation model，DEM）或数字地形模型（digital terrain model，DTM）的 GIS，称为 2.5D GIS。若平面位置和高程信息相互独立，即形成所谓的 3D GIS。TGIS 是将时间概念引入 GIS 中，用以反映空间信息随时间变化的 GIS。

需要说明的是，随着 GIS 从低维向高维的发展，关于 2.5D GIS 和 3D GIS 学术界存在不同意见。如一些出版物在 2.5D GIS 和 3D GIS 上，先后出现了一些新的名词，如 2.75D GIS、表面 3D GIS、3D 城市模型，假 3D GIS、真 3D GIS 等。实际上，不管是 2.5D GIS、2.75 D GIS 还是假 3D GIS，它们与真 3D GIS 的区别主要在于：前者描述的是三维空间实体的表面而不表达其内部属性；而后者不仅刻画实体表面，还表达实体内部的属性。

4. 按软件开发模式和支持环境分类

按软件开发模式和支持环境，GIS 软件可分为 GIS 模块、集成式 GIS、模块化 GIS、核心式 GIS、组件式 GIS 和 WebGIS 以及互操作 GIS 等几种类型。这些类型实际代表了 GIS 软件开发和集成技术的发展历程。

(1) GIS 模块

GIS 模块是早期 GIS 开发的主要模式，其特点是 GIS 软件为只能满足于某些功能要求的一些模块，没有形成完整的系统，各个模块之间不具备协同工作的能力。

(2) 集成式 GIS

随着软件开发技术的发展，各种 GIS 模块走向集成，逐步形成大型 GIS 软件包，形成集成式 GIS。集成式 GIS 集成了 GIS 的各项功能并形成独立完善的系统，但系统复杂、庞大，从而导致成本高且难以与其他系统进行集成。

(3) 模块化 GIS

模块化 GIS 是把 GIS 按照功能划分为一系列模块，运行于同一集成环境之上。模块化 GIS 具有较大的工程针对性，便于开发、维护和应用，但难以与管理信息系统、专业应用模型等进行无缝集成。

(4) 核心式 GIS

为解决集成式 GIS 与模块化 GIS 的缺点，提出了核心式 GIS 的概念。核心式 GIS 提供一系列的 GIS 功能动态链接库，开发 GIS 应用系统时可以采用现有的高级编程语言，通过应用程序接口 API 访问和调用内核所提供的 GIS 功能。核心式 GIS 虽然可以与 MIS 集成，但开发过于低层，给应用开发者带来一定的困难。

(5) 组件式 GIS 和 WebGIS

组件式 GIS 基于标准的组件式平台，各个组件之间不仅可以自由灵活地重组，而且具有可视化的界面和使用方便的标准接口。因特网的发展为 GIS 发展带来了另外一个领域的发展，Web 技术和 GIS 技术的结合产物就是 WebGIS。

(6) 互操作 GIS

互操作 GIS 是指在计算机网络环境下，遵循一个公共的接口标准，能够实现空间数据及数据处理功能的共享和相互操作的 GIS，但互操作 GIS 的前提是 GIS 组件化。

任务实施

一、任务内容

MapGIS 是中国地质大学开发的通用工具型地理信息系统软件平台。本任务以 MapGIS 软件为例，通过对 MapGIS 软件的认识，进一步明确 GIS 的基本概念、组成和一个普通 GIS 应具备的基本功能。

二、任务实施步骤

1. MapGIS 体系结构

MapGIS 是具有国际先进水平的完整的地理信息系统，它分为“数据输入模块”“图形编辑模块”“库管理模块”“空间分析模块”“数据输出模块”以及“实用服务模块”六大部分，如图 1-3 所示。根据地学信息来源多种多样、数据类型多、信息量庞大的特点，该系统采用矢量和栅格数据混合的结构，力求矢量数据和栅格数据形成一个整体的同时，又考虑栅格数据既可以和矢量数据相对独立存在，又可以作为矢量数据的属性，以满足不同问题对矢量、栅格数据的不同需要。

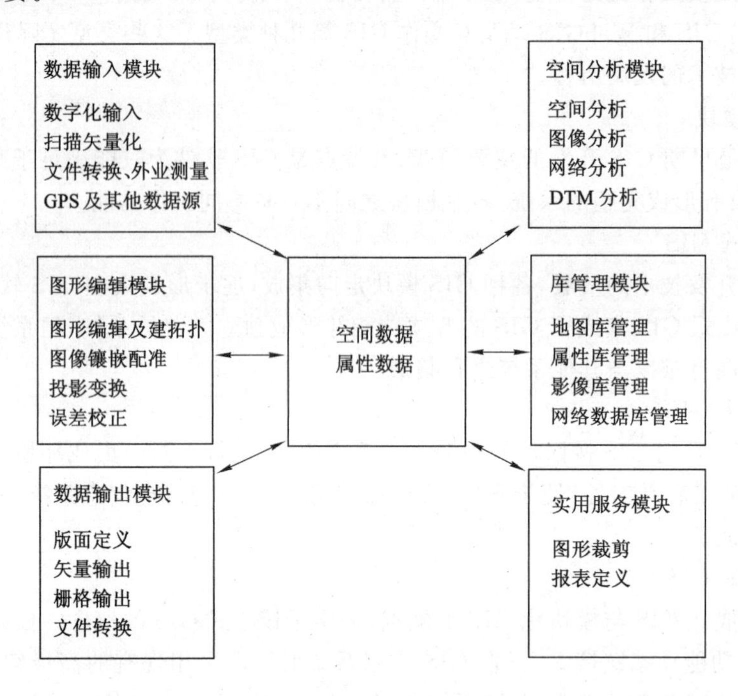

图 1-3　MapGIS 的总体结构图

2. MapGIS 的主要功能

(1) 数据输入

在建立数据库时，我们需要将各种类型的空间数据转换为数字数据，数据输入是 GIS 的关键之一。MapGIS 提供的数据输入有数字化输入、扫描矢量化输入、GPS 输入和其他数据源的直接转换。

① 数字化输入。数字化输入也就是实现数字化过程，即实现空间信息从模拟式到数字式的转换，一般数字化输入常用的仪器为数字化仪。

② 扫描矢量化输入。扫描矢量化子系统，通过扫描仪输入扫描图像，然后通过矢量追踪，确定实体的空间位置。对于高质量的原始资料，扫描是一种省时、高效的数据输入方式。

③ GPS 输入。GPS 是确定地球表面精确位置的新工具，它根据一系列卫星的接收信号，快速计算地球表面特征的位置。由于 GPS 测定的三维空间位置以数字坐标表示，因此不需作任何转换，可直接输入数据库。

④ 其他数据源输入。MapGIS 升级子系统可接收低版本数据，实现 6. X 与 5. X 版本数据的相互转换，即数据可升可降，供 MapGIS 使用。MapGIS 还可以接收 AutoCAD、ArcInfo、MapInfo 等软件的公开格式文件，同时提供了外业测量数据直接成图功能，从而实现了数据采集、录入、成图一体化，大大提高了数据精度，加快了作业流程。

(2) 数据处理

输入计算机后的数据及分析、统计等生成的数据在入库、输出的过程中常常要进行数据校正、编辑、图形整饰、误差消除、坐标变换等工作。MapGIS通过图形编辑子系统及投影变换、误差校正等系统来完成，下面分别介绍。

① 图形编辑。该系统用来编辑修改矢量结构的点、线、区域的空间位置及其图形属性，增加或删除点、线、区域边界，并适时自动校正拓扑关系。图形编辑子系统是对图形数据库中的图形进行编辑、修改、检索、造区等，从而使输入的图形更准确、更丰富、更漂亮。

② 投影变换。地图投影的基本问题是如何将地球表面（椭球面或圆球面）表示在地图平面上。这种表示方法有多种，而不同的投影方法实现不同图件的需要，因此在进行图形数据处理时很可能要从一个地图投影坐标系统转换到另一个投影坐标系统，该系统就是为实现这一功能服务的，本系统共提供了20种不同投影间的相互转换及经纬网生成功能。通过图框生成功能可自动生成不同比例尺的标准图框。

③ 误差校正。在图件数字化输入过程中，通常的输入法有：扫描矢量化、数字化仪跟踪输入法、标准数据输入法等。通常由于图纸变形等因素，使输入后的图形与实际图形在位置上出现偏差，个别图元经编辑、修改后可满足精度要求，但有些图元由于发生偏移，经编辑很难达到实际要求的精度，说明图形经扫描输入或数字化输入后，存在着变形。出现变形的图形，必须经过数据校正，消除输入图形的变形，才能使之满足实际要求，该系统就是为这一目的服务的。通过该系统即可实现图形的校正，满足实际需求。

④ 镶嵌配准。图像镶嵌配准系统是一个32位专业图像处理软件，以MSI图像为处理对象。它提供了强大的控制点编辑环境，以完成MSI图像的几何控制点的编辑处理；当图像具有足够的控制点时，MSI图像的显示引擎就能实时完成MSI图像的几何变换、重采样和灰度变换，从而实时完成图像之间的配准，图像与图形的配准，图像的填嵌，图像几何校正、几何变换、灰度变换等功能。

⑤ 符号库编辑。系统库编辑子系统是为图形编辑服务的。它将图形中的文字、图形符号、注记、填充花纹及各种线型等抽取出来，单独处理，经过编辑、修改，生成子图库、线型库、填充图案库和矢量字库，自动存放到系统数据库中，供用户编辑图形时使用。

(3) 数据库管理

MapGIS数据库管理分为地图库管理、属性库管理和影像库管理三个子系统。

① 地图库管理

图形数据库管理子系统是地理信息系统的重要组成部分。在数据获取过程中，它用于存储和管理地图信息；在数据处理过程中，它既是资料的提供者，也是处理结果的归宿处；在检索和输出过程中，它是形成绘图文件或各类地理数据的数据源。图形数据库中的数据经拓扑处理，可形成拓扑数据库，用于各种空间分析。MapGIS的图形数据库管理系统可同时管理数千幅地理底图，数据容量可达数十千兆，主要用于创建、维护地图库，在图幅进库前建立拓扑结构，对输入的地图数据进行正确性检查，根据用户的要求及图幅的质量，实现图幅配准、图幅校正和图幅接边。

② 属性库管理

GIS应用领域非常广，各领域的专业属性差异甚大，以致不能用一已知属性集描述概括所有的应用专业属性。因此，建立动态属性库是非常必要的。动态就是根据用户的要求能随时扩充和精简属性库的字段（属性项），修改字段的名称及类型。具备动态库及动态检索的GIS软件，就可以利用同一软件管理不同的专业属性，也就可以生成不同应用领域的GIS

软件。如管网系统,可定义成“自来水管网系统”“通信管网系统”“煤气管网系统”等。

该系统能根据用户的需要,方便地建立一动态属性库,从而成为一个有力的数据库管理工具。

③ 影像库管理

该系统支持海量影像数据库的管理、显示、浏览及打印;支持栅格数据与矢量数据的叠加显示;支持影像库的有损压缩和无损压缩。

(4) 空间分析

地理信息系统与机助制图的重要区别就是它具备对中间数据和非空间数据进行分析和查询的功能,它包括矢量空间分析、数字高程模型(DTM)、网络分析、图像分析、电子沙盘五个子系统。

① 矢量空间分析

矢量空间分析系统是 MapGIS 的一个重要部分,它通过空间叠加分析方法、属性分析方法、数据查询检索来实现 GIS 对地理数据的分析和查询。

② 数字高程模型

该系统主要有离散数据网格化、数据插密、绘制等值线图、绘制彩色立体图、剖面分析、面积体积量算、专业分析等功能。

③ 网络分析

MapGIS 网络分析子系统提供方便地管理各类网络(如自来水管网、煤气管网、交通网、电信网等)的手段,用户可以利用此系统迅速直观地构造整个网络,建立与网络元素相关的属性数据库,可以随时对网络元素及其属性进行编辑和更新;系统提供了丰富强大的网络查询检索及分析功能,用户可用鼠标指点查询,也可输入任意条件进行检索,还可以查看和输出横断面图、纵断面图和三维立体图;系统还提供网络应用中具有普遍意义的关阀搜索、最短路径、最佳路径、资源分配、最佳围堵方案等功能,从而可以有效支持紧急情况处理和辅助决策。

④ 图像分析

多源图像处理分析系统是一个新一代的 32 位专业图像(栅格数据)处理分析软件。多源图像处理分析系统能处理栅格化的二维空间分布数据,包括各种遥感数据、航测数据、航空雷达数据、各种摄影的图像数据,以及通过数据化和网格化的地质图、地形图,各种地球物理、地球化学数据和其他专业图像数据。

⑤ 电子沙盘

电子沙盘系统是一个 32 位专业软件。本系统提供了强大的三维交互地形可视化环境,利用 DEM 数据与专业图像数据,可生成近实时的二维和三维透视景观,通过交互地调整飞行方向、观察方向、飞行观察位置、飞行高度等参数,就可生成近实时的飞行鸟瞰景观。系统提供了强大的交互工具,可实时调节各三维透视参数和三维飞行参数;此外,系统也允许预先精确地编辑飞行路径,然后沿飞行路径进行三维场景飞行浏览。

电子沙盘系统的主要用途包括:地形踏勘、野外作业设计、野外作业彩排、环境监测、可视化环境评估、地质构造识别、工程设计、野外选址(电力线路设计及选址、公路和铁路设计及选址)、DEM 数据质量评估等。

(5) 数据输出

如何将 GIS 的各种成果变成产品以满足各种用途的需要,或与其他系统进行交换,是

GIS 中不可缺少的一部分。GIS 的输出产品是指经系统处理分析，可以直接提供给用户使用的各种地图、图表、图像、数据报表或文字报告。MapGIS 的数据输出可通过输出子系统、电子表定义输出系统来实现文本、图形、图像、报表等的输出。

① 输出

MapGIS 输出子系统可将编排好的图形显示到屏幕上或在指定的设备上输出。具有版面编排、矢量或栅格数据处理、不同设备的输出、光栅数据生成、光栅输出驱动、印前出版处理功能。

② 报表定义输出

电子表定义输出系统是一个强有力的多用途报表应用程序。应用该系统可以方便地构造各种类型的表格与报表，并在表格内随意地编排各种文字信息，可根据需要打印出来。它可以实现动态数据链接，接收由其他应用程序输出的属性数据，并将这些数据以规定的报表格式打印出来。

③ 数据转换

数据文件转换子系统功能为 MapGIS 与其他 CAD、CAM 软件系统间架设了一道桥梁，实现了不同系统间所用数据文件的交换，从而达到数据共享的目的。输入输出交换接口提供 AutoCAD 的 DXF 文件、Arc/Info 文件的公开格式、标准格式 E00 格式、DLG 文件与本系统内部矢量文件格式相互转换的能力。

3. MapGIS 软件启动

① 桌面图标法：用鼠标左键双击桌面上的 MapGIS 图标，启动 MapGIS 程序主菜单窗口。

② 开始程序菜单法：用鼠标左键点击“开始”菜单的程序组选择 MapGIS 程序组下的 MapGIS 主菜单项目，启动 MapGIS 程序主菜单。

4. MapGIS 运行环境配置

鼠标左键单击系统主菜单窗口上“系统配置”按钮进入 MapGIS 工作环境配置窗口，如图 1-4 所示，对存储用户数据的工作目录，存储字库的矢量字库目录，存储子图、线型、图案库的系统库目录和存储临时文件的系统临时目录进行设置。

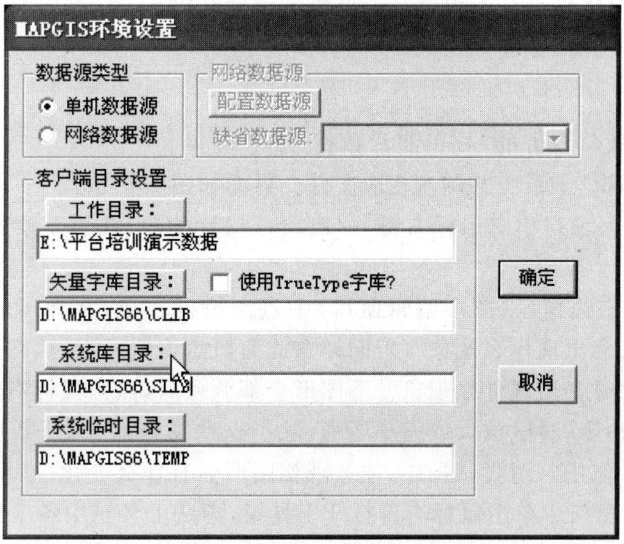

图 1-4　MapGIS 运行环境设置

5. MapGIS 文件类型

(1) 图形文件

MapGIS 的图形文件对于图形的输入和编辑系统而言,可分为点、线、区三类,具体见表 1-1。

表 1-1 MapGIS 的图形文件类型

扩展名	文件名	定义
*.wt	MapGIS 点文件	点文件包括文字注记、符号等。文字注记称为注释,符号称为子图,注释和子图统称为点图元
*.wl	MapGIS 线文件	由境界线、河流、海岸线等线状地物组成的图形文件称为线图元
*.wp	MapGIS 区文件	区通常也称为面,它是由首尾相连的弧段组成的封闭图形,并以颜色和花纹图案填充封闭图形所形成的一个区域

(2) 工程文件(*.mpj)

在工程应用中,一个工程项目需要对许多文件进行编辑、处理、分析。为了便于查找和记忆,要建立一个工程文件来描述这些文件的信息和管理这些文件的内容,并且在编辑这个工程时,不必装入每一个文件,只需装入工程文件即可。工程文件建立方法如下:

① 执行如下命令:图形处理→输入编辑→新建工程→确定→不生成可编辑项→确定。

② 在输入编辑子系统界面于右侧窗口中点击鼠标右键,新建地理要素对应的点、线、面文件。分别新建三个文件:“点图元.wt”“线图元.wl”“区图元.wp”,如图 1-5 所示。

图 1-5 新建点线面文件

③ 保存工程文件及项目文件:选定要保存的项目文件,单击鼠标右键并在弹出的快捷菜单中选择“保存所选项”,对项目文件进行保存。在左窗口空白处单击鼠标右键选择“保存工程”命令完成保存工程。

技能训练

双击 MapGIS 软件自带的“校正演示数据.mpj”文件。
系统将启动“输入编辑”子系统并调入相应文件。界面如图 1-6 所示。

① 在左边工作台窗口单击鼠标右键,弹出窗口快捷菜单,注意观察其结构和组成有哪些命令。

② 在界面中的右边窗口(图形编辑窗口)中点击鼠标右键,在弹出的快捷菜单中选择“更新窗口”,此时又会出现什么现象?若同样在此窗口点击鼠标右键,在弹出的快捷菜单中选择“复位窗口”,此时会出现什么现象?等图形全部调入后,点击鼠标右键选择“放大窗口”“缩小窗口”等窗口命令,尝试放大或缩小图形,除了这些窗口命令外,系统还有哪些窗口命令,这些命令起什么作用?请尝试操作,注意观察图形会有什么变化。

③ 在图形编辑窗口中单击鼠标右键打开工具箱,尝试工具箱中各工具的使用。

④ 在编辑子系统界面左边窗口(工作台)中观察文件状态:打开、关闭、编辑状态,并在右边的图形窗口中点击鼠标右键,在弹出的快捷菜单中选择“更新窗口”,观察效果。

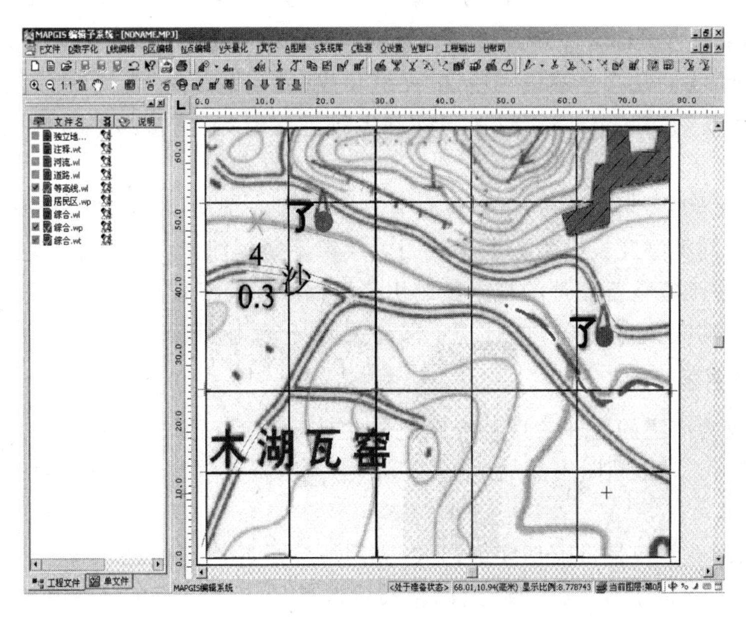

图 1-6　MapGIS 编辑子系统界面

思考练习

1. 什么是数据和信息？它们有何联系和区别？
2. 什么是地理信息系统(GIS)？如何更好地理解 GIS 中“S”含义的演变？
3. GIS 由哪几个主要部分组成？它的基本功能有哪些？
4. GIS 是如何进行分类的？

任务三　地理信息系统平台选择

任务描述

GIS 平台是成型的 GIS 商品软件，它在操作系统和数据库软件的支持下，管理和应用地理信息数据，运行地理信息系统功能模块，为用户提供地理信息系统的服务。GIS 平台在各行各业得到越来越广泛的应用，逐步成为企业生产和管理中不可缺少的工具。作为企业，必须根据自身情况选择适合自己的 GIS 平台。

相关知识

一、GIS 平台选择的标准

GIS 平台的选择对成功地建立地理信息系统十分重要。GIS 平台的选择主要考虑以下三个方面的问题：

① 系统的伸缩性。在网络技术和环境日趋成熟和完善的时代，任何一个信息系统都不应是孤立存在的，它不应该成为信息海洋中的一座“孤岛”。在设计和实现系统时采取“统筹规划，分步实施”是一种上佳选择。而要做到这一点，系统所依赖的平台的“可伸缩性”是关键，它可以保证系统的分步实施不会因为平台的提升和系统规模及功能需求的扩展而陷入进退两难的境地。

② 系统的集成性。GIS应用系统在实际的应用中需要跟其他诸如MIS等系统集成，以满足需求。因此，我们常常会谈论到所谓"无缝集成"的问题。对"无缝"的追求其实是因为以往许多软件系统(包括GIS平台)在与外部系统连接时是"有缝"的，无法很好地集成和融合。

③ 系统的安全性。系统的安全性应具有三个方面的意义：一是系统自身的坚固性，即系统应具备对不同类型及规模的数据和使用对象都不能崩溃的特质，以及灵活而强有力的恢复机制；二是系统应具备完善的权限控制机制以保障系统不被有意或无意地破坏；三是系统应具备在并发响应和交互操作的环境下保障数据安全和一致性。

二、GIS的主要软件平台

目前应用较为广泛的地理信息系统专业软件有ESRI公司出品的ArcGIS、MapInfo公司出品的MapInfo、北京超图出品的SuperMap、中国地质大学开发的MapGIS、武大吉奥出品的GeoStar等。

ArcGIS系列软件包是目前功能最强大、应用最广泛的地理信息系统专业软件，它整合了GIS与数据库、软件工程、人工智能、网络技术及其他多个方面的计算机技术，包含三个部分：桌面软件(Desktop)、数据通路(ArcSDE)以及网络软件(ArcIMS)。Desktop是ArcGIS中一组桌面GIS软件的总称，它包括功能从简单到全面的ArcView、ArcEditor和ArcInfo三个级别的ArcGIS软件。这三个级别的ArcGIS软件都由一组相同的应用环境组成，即ArcMap、ArcCatalog、ArcToolbox。ArcMap提供数据的显示、查询与分析；ArcCatalog提供空间和非空间的数据生成、管理和组织；ArcToolbox提供基本的数据转换。通过这三种环境的协调工作，可以完成各类GIS任务，包括数据采集、数据编辑、数据管理、地理分析和地图绘制。

MapInfo软件包是业界领先的基于Windows平台的地理信息系统解决方案，它可以提供地图绘制、数据编辑、地理分析、数据输出等功能。由于MapInfo软件简单易学、功能强大、二次开发能力强，而且提供了与通用数据库软件的快捷方便的接口，因此也拥有庞大的用户群。

SuperMap软件是国产GIS软件中的代表，它主要包含四个部分：桌面工具(SuperMap Desktop)、二次开发组件(SuperMap Objects)、网络型开发工具(SuperMap IS.NET)以及嵌入式开发工具(eSuperMap)。SuperMap Desktop是基于SuperMap核心技术研制开发的一体化GIS桌面软件，是SuperMap系列产品的重要组成部分，它界面友好、简单易用，不仅可以很轻松地完成对空间数据的浏览、编辑、查询、输出等操作，而且还能完成拓扑处理三维建模、空间分析等较高级的GIS功能。SuperMap Objects是SuperMap系列软件中的基础开发平台，是一套面向GIS应用系统开发者的新一代组件式GIS开发平台，用户利用SuperMap Objects，结合通用开发工具，如Visual Basic、C++、Delphi等便可开发符合自己需求的各类GIS应用软件。SuperMap IS.NET是一款高效、稳定的网络地理信息发布系统的开发平台，可为GIS数据的发布提供可扩展的开发平台，开发者可以方便、灵活地实现网络空间数据的共享并建设各类GIS网站。eSuperMap是一套嵌入式地理信息系统开发工具，支持多种集成开发环境(如EVC4、VC6以及VS8等)，并支持多CPU。eSuperMap产品提供的功能包括地图显示/编辑、数据查询、空间分析、路径分析、GPS定位导航、网络通信等。

MapGIS软件是一个集当代最先进的图形、图像、地质、地理、遥感、测绘、人工智能、计算机科学于一体的大型智能软件系统，是集数字制图、数据库管理及空间分析为一体的空间信息系统，是进行现代化管理与决策的先进工具。

GeoStar软件系统主要由GeoStar Professional、GeoStar Objects、GeoSurf、GeoGlobe、GDC等部分组成。GeoStar Professional是桌面GIS工具平台，其主要功能包括空间数据处理、地形数据库浏览、图形编辑、空间查询、空间分析、制图、数据转换等。GeoStar Objects是GeoStar的二次开发组件。用户利用GeoStar Objects结合通用开发工具可以开发具有定制功能的GIS应用软件。GeoSurf是面向网络服务的跨平台、分布式、多数据源、开放式的Web GIS平台软件，是国内最早的国产Web GIS软件之一，主要用于空间数据的发布与共享，从1.0版本发展到5.2版本，已被广泛用于测绘、土地、环保、旅游、商业、电力、交通、军事和位置服务等十多个领域。三维全球动态可视化软件GeoGlobe是GeoStar系列软件组成部分之一，它采用基于服务的架构，针对行业及公众用户，提供基于Web的多源、多比例尺海量空间数据管理、共享及发布服务。

任务实施

一、任务内容

某供电公司通信所的通信网管理系统最近准备升级改造，原来其中有部分图形化功能是基于MapInfo开发，这次升级将整合通信网监控、通信巡检等系统，一个好的GIS平台将奠定通信网一体化管理系统开发工作顺利进行的基础。比较6款国产GIS平台，了解具体情况，选出合适的GIS平台。

二、任务实施步骤

(1) 平台对象介绍

针对目前市场上存在的一些GIS平台，选择6款应用广泛的GIS平台进行比较，见表1-2。这些平台目前均在国内有很好的成功应用案例，代表国内主流GIS平台和应用。

表1-2 拟选国产GIS平台

序号	平台	提供商
1	SuperMap	北京超图
2	MapGIS	武汉中地数码
3	GeoStar	武大吉奥
4	VRMap	北京灵图
5	MapEngine	北京朝夕
6	Grow	深圳雅都

(2) 平台对比

我们分别在专业背景、产品特点、多图层支持、数据库支持、二次开发难度、产品及报价、电力行业成功案例等方面对六款平台进行比较分析，以期做出适用于项目的GIS平台选型。

① 专业背景：GIS平台的开发需要耗费大量的资金，研发时间较长，一般公司不足以支

撑完整的GIS平台发展，目前国内比较成熟的GIS厂商均是在研究机构、院校的基础上发展起来的。是否拥有专业背景是考量GIS平台的指标之一。

基于专业背景的考虑，应该优先考虑依托中国科学院地理科学与资源研究所的SuperMap、依托中国地质大学的MapGIS和依托武汉大学测绘遥感国家重点实验室的GeoStar。

② 产品特点：这些平台除了具有GIS的基本功能外，还各具特色，具体见表1-3。

表1-3　拟选国产GIS平台的产品特点

平台	产品特点
SuperMap	具有空间信息发布、空间信息在线编辑、远程管理GIS服务、支持OGC服务规范、最佳路径分析和用户自定义图层等特点
MapGIS	集地图输入、数据库管理及空间数据分析于一体的空间信息系统。具有海量地图库管理能力，能管理数万幅图件；具有完备的空间分析、网络分析、图像分析功能；具有高效的专业数据库、多媒体数据库管理能力
GeoStar	能够重建和还原地形、地貌及地物，真实再现地面景观；具有视图缩放、平移、视点变换、角度旋转、实时3D大范围飞行浏览的功能；能够进行全方位的场景要素控制，三维物体表面贴图，色彩调配、明暗变换，地形查询与分析，叠加三维模型数据，并进行实时显示和查询
VRMap	三维地理信息系统平台软件，可以在三维地理信息系统与虚拟现实领域提供从底层引擎到专业应用的全面解决方案
MapEngine	具有空间和属性数据一体化存储、多点并发编辑、数据缓存、高性能图形显示等优点
Grow	海量数据处理，三维数据处理，协同工作环境，多级分布式结构，全生命周期状态管理技术，Web服务器均衡调度，安全性管理，浮动用户管理

从现在基于B/S开发通信网管理系统来说，Grow的平台最容易集成，其基于Web Services的接口可以非常方便地在平台上开发新的应用，而且其基于电力行业的解决方案“图形化电网综合信息管理系统EFGIS”也满足迁移MapInfo中的内容。

③ 多图层支持：以上6款软件均可以支持多图层，且GeoStar、VRMap、Grow均有不错的三维图像表现。

④ 数据库支持：在数据库支持方面，它们各有不同，具体见表1-4。

表1-4　拟选国产GIS平台的数据库支持

平台	数据库支持
SuperMap	使用专有SDX+引擎，支持Oracle、SQL Server、DB2、Sybase和DM3
MapGIS	SQL Server、Oracle
GeoStar	SQL Server、Oracle、Access
VRMap	SQL Server、Oracle、Access
MapEngine	SQL Server、Oracle、Access
Grow	SQL Server、Oracle

这里最突出的是 SuperMap。SuperMap 提供了多种格式的数据组织方式。SuperMap 的这些格式都有统一的对象模型和结构定义，各个格式支持的操作和功能从根本上也是统一的。SuperMap 系列软件都可以直接打开这些格式的数据，并且能非常简单地实现各个数据格式数据源之间交换数据，如在同一格式的数据源内复制数据。SuperMap 拥有独一无二的“多源空间数据无缝集成技术”，允许开发人员轻易将 SuperMap 已建成的应用系统移植到其他格式。比如，在极少代码改动的情况下，一个使用 SQL Server 存储空间数据的应用系统或者产品可轻松移植到使用 Oracle 或者 SDB 的环境中。

⑤ 二次开发难度：在二次开发方面，难易程度各有不同，具体见表 1-5。

表 1-5　　拟选国产 GIS 平台二次开发的难易程度

平台	二次开发难易度
SuperMap	专用.Net 开发平台。参考资料多，开发难度最低
MapGIS	API 函数层；C++类层；ActiveX 组件层。无.Net 专用平台。参考资料一般，传统客户端程序开发模式，需要了解传统 API 调用方式，开发难度较高
GeoStar	COM 开发，有 Java 平台，无.Net 平台。参考资料较多，开发难度中等
VRMap	完整的 VRMap 二次开发包，支持 C/S、B/S 结构的应用开发，支持 VC、VB、Javascript、VBScript 等多种语言的开发，开发难度中等
MapEngine	API，客户端需要采用 Java 技术。参考资料一般，开发难度较高
Grow	Java 平台，Web Services。参考资料一般，开发难度较低

⑥ 电力行业成功案例：拟选的部分平台在电力行业已有成功应用的案例，具体见表 1-6。

表 1-6　　拟选国产 GIS 平台在电力行业应用案例

平台	电力行业成功案例
SuperMap	WFECS3000 电能量综合管理自动化系统 重庆江北供电局配电管理地理信息系统 菩提树电力条图绘制软件 基于 SuperMap 的配电管理系统 胜利油田配电管理地理信息系统 新疆奎屯输配电 GIS 系统 电力综合应用管理系统 输配电网地理信息系统
MapGIS	青海电网地理信息系统 配电网地理信息及数据自动抄收分析管理系统
GeoStar	缺
VRMap	缺
MapEngine	首都机场电力监控系统
Grow	武汉供电局 AM/FM/GIS 系统 北京城区供电局配网 GIS 系统 电网图形信息管理系统 EFGIS

通过仔细对比各种资料认为，基于 SuperMap 的 GIS 平台开发是最佳选择，其费用不高，提供了支持 VS 2005 的 Web Controls，可以直接在 VS 2005 中使用。另外，SuperMap 无论是文件格式还是空间数据库格式，都支持拓扑关系存储管理功能。另外，针对交通网络资源管理中一根管道包含多条光纤/铜缆、一条道路多车道的特殊情况，SuperMap 专门提供了解决方案，通过 RuleMask 可以对管线中指定的通信线缆、道路中的车道进行网络路径搜索，大大减少了二次开发的工作量。与此同时，SuperMap 还支持在编辑时动态维护网络拓扑关系，增加管线无须重建拓扑关系。独特的节点连接关系矩阵为解决网络节点处理复杂的连接关系提供了方便。

技能训练

利用 GIS 技术存储、管理和更新城市供水管网的空间数据库和属性数据库，构建城市供水管网信息系统，提高城市供水行业的管理和信息化水平，高效服务群众，是城市供水行业现代化管理的关键。从供水企业实际出发，选择供水管网 GIS 平台。

① 分析供水 GIS 的系统特点。

② 以目前流行的 ArcGIS、MapInfo、SuperMap、MapGIS 平台作为对象进行对比分析，选出合适的 GIS 平台。

思考练习

1. GIS 平台选择的标准有哪些?

2. 通过网络搜集国内外流行的 GIS 软件，并对产品特点进行比较。

项 目 小 结

本项目介绍了地理信息系统职业岗位，旨在对课程的设置有一个整体印象，了解学习该课程对今后从事的工作有何帮助。本项目的重点是地理信息系统的基本概念，需要掌握信息、数据、地理信息、地理数据、信息系统和地理信息系统的概念，对地理信息系统的组成、功能、发展历史和未来有一个较明晰的了解。同时能根据项目需求，选择合适的 GIS 平台。

职业知识测评

1. 单选题

(1) GIS 包含的数据均与________相联系。

A. 非空间属性　　B. 空间位置

C. 地理事物的类别　　D. 地理数据的时间特征

(2) 下列有关 GIS 的叙述错误的是________。

A. GIS 是一个决策支持系统

B. GIS 的操作对象是空间数据，即点、线、面、体这类具有三维要素的地理实体

C. GIS 从用户的角度可分为实用型与应用型

D. GIS 按研究的范围大小可分为全球性的、区域性的和局部性的

(3) GIS 数据采集与输入设备不包括________。

A. 数字化仪　　B. 扫描仪　　C. 显示器　　D. 键盘

(4)下列 GIS 软件中哪个不是国产的？________

A. MapInfo　　B. MapGIS　　C. SuperMap　　D. GeoStar

(5) MapGIS 中点数据存储格式的文件后缀名为________。

A. wl　　B. wt　　C. wp　　D. mpj

(6) MapGIS 可以直接识别和加载下列哪种图片格式？________

A. jpg　　B. gif　　C. tif　　D. bmp

(7) 关于 GIS 的发展说法正确的是________。

A. 世界上第一个地理信息系统是美国地理信息系统

B. 世界上第一个商业化的工具型软件是加拿大地理信息系统

C. 1995 年，中国研制出微机地理信息系统——MapGIS

D. 我国 GIS 发展速度极快，20 世纪 70 年代就进入了快速发展期

(8) 下列 GIS 的基本功能中哪个是 GIS 特有的功能？________

A. 数据采集与编辑　　B. 数据存储与管理

C. 数据处理与变换　　D. 空间查询与分析

(9) 图形编辑、接边、分层、图形与属性连接、加注记等操作属于 GIS 哪个基本功能？________

A. 数据采集与编辑　　B. 数据存储与管理

C. 数据处理与变换　　D. 空间查询与分析

(10) 下列哪个命令可以快速查看全图？________

A. 更新　　B. 复位　　C. 放大　　D. 缩小

2. 判断题

(1) 信息是通过数据形式来表示的，是加载在数据之上的。(　　)

(2) 世界上第一个地理信息系统是加拿大的人口地理信息系统 CGIS。(　　)

(3) GIS 技术起源于计算机地图制图技术，因此，地理信息系统与计算机地图制图系统在本质上是同一种系统。(　　)

(4) 数据是客观对象的表示，而信息则是数据内涵的意义，是数据的内容和解释。(　　)

(5) 地理数据一般具有的三个基本特征是空间特征、属性特征和拓扑特征。(　　)

(6) GIS 是在计算机软硬件支持下，以采集、存储、管理、检索、分析和描述空间物体的地理分布数据及与之相关的属性，并回答用户问题等为主要任务的技术系统。(　　)

(7) 常用的 GIS 软件有 MapGIS、CAD、MapInfo、ArcGIS 等。(　　)

(8) 地理信息区别于其他信息的显著标志是属于社会经济信息。(　　)

(9) GIS 与 CAD 系统两者都有空间坐标，都能把目标和参考系统联系起来，都能描述图形拓扑关系，也能处理属性数据，因而无本质差别。(　　)

(10) 从功能上看，GIS 有别于其他信息系统 CAD、DBS 的地方是 GIS 具有空间分析功能。(　　)

职业能力训练

训练 1-1　建立职业岗位与地理信息系统的基本概念

1. 结合相关案例，对本课程所对应的岗位建立直观的认识，了解地理信息系统数据产生的典型工作任务，以及相关岗位所需的能力和素质要求。

2. 通过本项目的学习，建立地理信息系统的基本概念，理解地理信息系统是什么，它能做什么，初步了解地理信息系统数据生产的工作内容和工作流程，了解当前几种主流的地理信息系统软件，以及地理信息系统发展历程和动态。

训练 1-2　利用网络资源进一步认识地理信息系统

利用互联网技术，使用谷歌地图、天地图、百度地图等网络地图，了解其功能，增加对地理信息系统的概念、功能及其应用的了解，拓展课外知识。

项目二 GIS空间数据获取

【项目概述】

地理空间数据是GIS的核心，整个GIS都是围绕空间数据采集、加工、存储、分析和表现展开的。空间数据获取是建立GIS最重要且工作量最大的一个过程，它直接影响GIS应用的潜力、成本和效率。

通过本项目的学习，学生可以为从事GIS数据采集岗位工作打下基础。

【教学目标】

◆知识目标

1. 了解空间数据的种类。
2. 掌握空间数据的采集方法。
3. 掌握空间数据的格式转换方法。

◆能力目标

1. 能利用相关设备进行空间数据采集。
2. 能进行属性数据采集，并将图形与属性进行连接。
3. 能进行空间数据在不同GIS平台之间的格式转换。

任务一 空间数据采集

任务描述

地理信息系统的数据源是多种多样的，并随系统功能的不同而不同。了解空间数据源是进行各种地理信息系统工作的基础。地理信息系统的操作对象是空间地理实体，建立一个地理信息系统的首要任务是建立空间数据库，即将反映地理实体特性的地理数据存储在计算机中，这需要解决地理数据具体以什么形式在计算机中存储和处理，即空间数据结构问题。

相关知识

一、地理空间及其表达

1. 地理空间参考

GIS的实质是处理各种与地理空间信息有关的问题，既然与地理空间信息有关，则其必须要有统一的参照系，因此每个GIS自身的数据必须是在统一的地理参照系下的数据，也就是说GIS要有统一的坐标系和高程系。

(1) 地球的形状

地球近似椭球体，其表面高低不平，极其复杂。为了便于处理各种地理空间信息，假想将静止的平均海水面延伸到大陆内部，可以形成一个连续不断的、与地球比较接近的形体。

把该形体视为地球的形体，其表面就称为大地水准面。

但是，由于地球内部物质分布不均匀和地面高低起伏不平，使各处的重力方向发生局部变异，处处与重力方向垂直的大地水准面显然不可能是一个十分规则的表面，且不能用简单的数学公式来表达，因此，大地水准面不能作为测量成果的计算面。

为了测量成果的需要，选用一个同大地体相近的、可以用数学方法来表达的旋转的椭球来代替地球，且这个旋转椭球是由一个椭圆绕其短轴线旋转而成的。

凡是与局部地区（一个或几个国家）的大地水准面符合得最好的旋转椭球，称为参考椭球。参考椭球面是测量、计算的基准面。我国在中华人民共和国成立之前采用海福特椭球参数，在中华人民共和国成立之初采用克拉索夫斯基椭球参数（其大地原点在苏联，对我国密合不好，越往南方误差越大）。目前采用的是1975年国际大地测量学与物理学联合会（IUGG）推荐的椭球，我国称为“1980年国家大地坐标系”。坐标原点在陕西省咸阳市泾阳县永乐镇。2008年7月1日我国启动了“2000国家大地坐标系”，完成了1980国家大地坐标系到2000国家大地坐标系的过渡与转换工作。

（2）坐标系

坐标系是确定地面点或空间目标位置采用的参考系，与测量相关的主要有地理坐标系和平面坐标系。

① 地理坐标系：地理坐标系用经纬度来表示地面点的位置。

地面上任意一点 M 的位置可用经度 λ 和纬度 φ 来决定，记为 $M(\lambda,\varphi)$。某点的经度是指过某点的子午面与起始子午面（通过英国格林尼治天文台子午面）所夹的二面角，也叫地理经度。国际规定通过英国格林尼治天文台的子午线为本初子午线（或称首子午线），作为计算精度的起点，该线的经度为0°，向东0～180°叫东经，向西0～180°叫西经。某点的纬度是指在椭球面上某点的法线与赤道面的交角，也叫地理纬度。纬度从赤道起算，在赤道上纬度为0°，纬线离赤道愈远，纬度愈大，至极点纬度为90°。赤道以北叫北纬，以南叫南纬。

② 平面坐标系：将椭球面上的点通过投影的方法投影到平面上时，通常使用平面坐标系。平面坐标系分为平面极坐标系和平面直角坐标系。

平面极坐标系采用极坐标法。即用某点至极点的距离和方向来表示该点的位置的方法，来表示地面点的坐标。主要用于地图投影理论的研究。

平面直角坐标系采用直角坐标（笛卡儿坐标）来确定地面点的平面位置，可以通过投影将地理坐标转换成平面坐标。

③ 高程系：高程是指由高程基准面起算的地面点的高度。高程基准面是根据多年观测的平均海水面来确定的。也就是说，高程（也称海拔高程、绝对高程）是指地面点至平均海水面的垂直高度。

地面点之间的高程差，称为相对高程，简称高差。由于不同地点的验潮站所得的平均海水面之间存在着差异，所以，选用不同的基准面就有不同的高程系统。

一个国家一般只能采用一个平均海水面作为统一的高程基准面。我国的高程基准原来采用“1956年黄海高程系统”，由于黄海平均海水面发生了微小的变化，因此启用了新的高程系，即“1985国家高程基准”。

2. 空间数据类型及其表达

（1）空间数据类型

地理信息中的数据来源和数据类型有很多，概括起来主要有以下五种：

① 几何图形数据。来源于各种类型的地图和实测几何数据。几何图形数据不仅反映空间实体的地理位置，还反映了实体间的空间关系。

② 影像数据。主要来源于卫星遥感、航空遥感和摄影测量等。

③ 属性数据。主要来源于实测数据、文字报告或地图中的各类符号说明，以及从遥感影像数据通过解释得到的信息等。

④ 地形数据。来源于地形等高线图中的数字化，已建立的格网状数字化高程模型（DTM），或其他形式表示的地形表面（如TIN）等。

⑤ 元数据。对空间数据进行推理、分析和总结得到的有关数据，如数据来源、数据权属、数据产生的时间、数据经度、数据分辨率、元数据比例尺、地理空间参考基准、数据转换方法等。

在具有智能化的 GIS 中还应有规则和知识数据。

(2) 空间数据的表示

不同类型的数据都可以抽象地表示为点、线、面三种基本的图形要素，如图 2-1 所示。

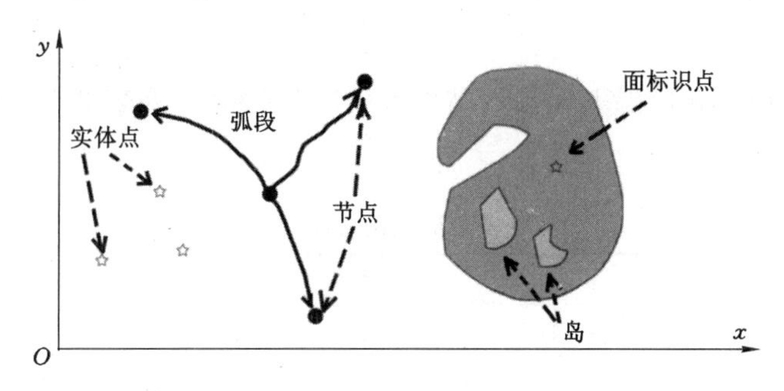

图 2-1　空间数据的抽象表示

① 点(point)，既可以是一个标识空间点状实体，如水塔等；也可以是节点(node)，即线的起点、终点或交点，或是标记点，仅用于特征的标注和说明，或作为面域的内点用于标明该面域的属性。

② 线(line)，具有相同属性点的轨迹，线的起点和终点表明了线的方向。道路、河流、地形线、区域边界等均属于线状地物，可抽象为线。线上各点具有相同的公共属性并至少存在一个属性。当线连接两个节点时，也称作弧段(arc)或链(link)。

③ 面(are)，是线包围的有界连续的具有相同属性值的面域，或称为多边形(polygon)。多边形可以嵌套，被多边形包含的多边形称为岛。

空间的点、线、面可以按一定的地理意义组成区域(region)，有时称为一个覆盖(coverage)或数据平面(data plane)。各种专题图在 GIS 中都可以表示为一个数据平面。

二、空间数据结构

空间数据结构是指适合于计算机系统存储、管理和处理的地学图形逻辑结构，是地理实体的空间排列方式和相互关系的抽象描述。空间数据结构是地理信息系统沟通信息的桥梁，只有充分理解地理信息系统所采用的特定的数据结构，才能正确使用系统。

空间数据结构基本上可分为两大类：矢量数据结构和栅格数据结构（也可称为矢量数据

模型和栅格数据模型)。其中矢量数据结构包括实体数据结构和拓扑数据结构。

1. 实体数据结构

实体数据结构是指构成多边形边界的各个线段,以多边形为单元进行组织。按照这种数据结构,边界坐标数据和多边形单元实体一一对应,各个多边形边界点都单独编码并记录坐标。例如对图 2-2 所示的多边形 *ABCD*,可以采用两种结构分别组织。

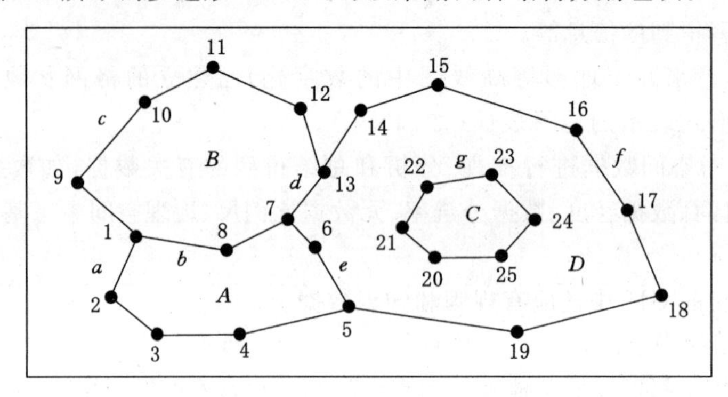

图 2-2　原始多边形数据

第一种结构采用表 2-1 组织,第二种结构采用表 2-2 组织,在表 2-3 中记录多边形与点的关系。

表 2-1　多边形数据文件

多边形 ID	坐标	类别码
A	$(x_1, y_1), (x_2, y_2), (x_3, y_3), (x_4, y_4), (x_5, y_5), (x_6, y_6), (x_7, y_7), (x_8, y_8), (x_1, y_1)$	A102
B	$(x_1, y_1), (x_8, y_8), (x_7, y_7), (x_{13}, y_{13}), (x_{12}, y_{12}), (x_{11}, y_{11}), (x_{10}, y_{10}), (x_9, y_9), (x_1, y_1)$	B203
C	$(x_{20}, y_{20}), (x_{25}, y_{25}), (x_{24}, y_{24}), (x_{23}, y_{23}), (x_{22}, y_{22}), (x_{21}, y_{21}), (x_{20}, y_{20})$	A178
D	$(x_5, y_5), (x_{19}, y_{19}), (x_{18}, y_{18}), (x_{17}, y_{17}), (x_{16}, y_{16}), (x_{15}, y_{15}), (x_{14}, y_{14}), (x_{13}, y_{13}), (x_7, y_7), (x_6, y_6), (x_5, y_5)$	C523

表 2-2　点坐标文件

点号	坐标	点号	坐标
1	(x_1, y_1)	4	(x_4, y_4)
2	(x_2, y_2)	……	……
3	(x_3, y_3)	25	(x_{25}, y_{25})

表 2-3　多边形文件

多边形 ID	点号串	类别码
A	1,2,3,4,5,6,7,8,1	A102
B	7,8,1,9,10,11,12,13,7	B203
C	20,21,22,23,24,25,20	A178
D	7,13,14,15,16,17,18,19,5,6,7	C523

实体数据结构具有编码容易、数字化操作简单和数据编排直观等优点，但也有以下明显缺点：

① 相邻多边形的公共边界要数字化两遍，造成数据冗余存储，可能导致输出公共边界出现间隙或重叠；

② 缺少多边形的相邻信息和图形的拓扑关系；

③ 岛只作为单个图形，没有建立与外界多边形的联系。

因此，只适用于简单的系统，如计算机地图制图系统。

2. 拓扑数据结构

拓扑关系是一种对空间结构关系进行明确定义的数学方法。具有拓扑关系的矢量数据结构就是拓扑数据结构。拓扑数据结构是GIS分析的应用功能所必需的。拓扑数据结构没有固定的格式，还没有形成标准，但基本原理相同。它们的共同点是：点是相互独立的，点连成线，线构成面。每条线始于起始节点，止于终止节点，并与左右多边形相邻接。

拓扑数据结构最重要的特征是具有拓扑编辑功能。这种拓扑编辑功能，不但能保证数字化原始数据的自动差错编辑，而且可以自动形成封闭的多边形边界，为由各个单独存储的弧段组成所需要的各类多边形及建立空间数据库奠定基础。

拓扑数据结构包括索引式结构、双重独立编码结构及链状双重独立编码结构等。

(1) 索引式结构

索引式数据结构采用树状索引以减少数据冗余并间接增加邻域信息，具体方法是对所有边界点进行数字化，将坐标对以顺序方式存储，由点索引与边界线号联系，以线索引与各多边形联系，形成树状索引结构。

图2-3和图2-4分别为多边形文件的线文件的索引以及点文件与线文件的树状索引。组织这个图需要三个表文件，第一个文件记录多边形和边界弧段的关系；第二个文件记录边界弧段由哪些点组成；第三个文件记录每个顶点的坐标，具体的结构见表2-4、表2-5和表2-6。

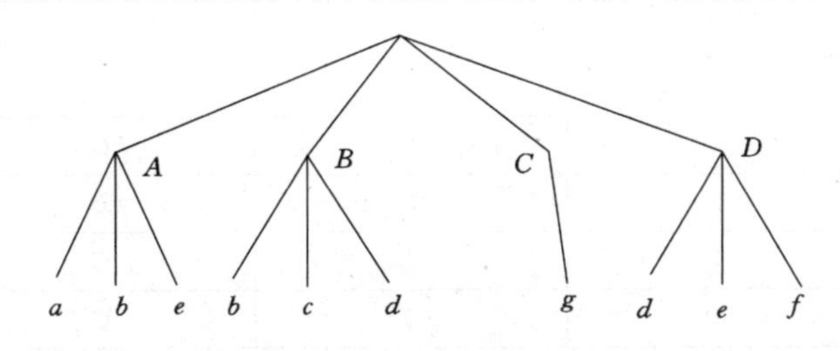

图2-3　多边形与线之间的索引

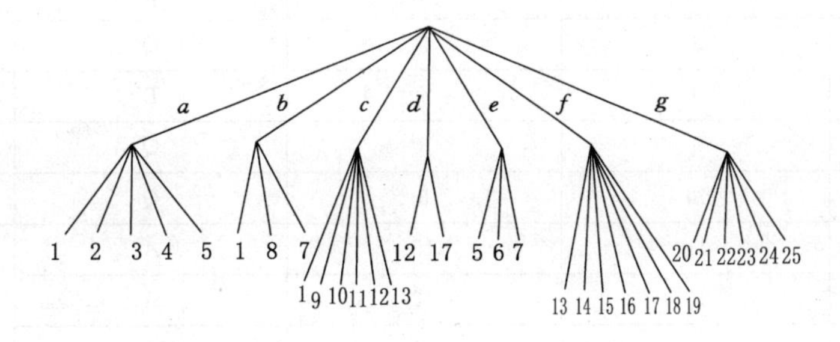

图2-4　点与线之间的树状索引

表 2-4 点坐标文件

点 AD	坐标
1	x_1,y_1
……	……

表 2-5 边文件

边 ID	组成的点 ID
a	1,2,3,4,5
……	……

表 2-6 多边形文件

多边形 ID	组成的 ID
A	*a*,*b*,*c*
……	……

树状索引结构消除了相邻多边形边界的数据冗余和不一致的问题，在简化过于复杂的边界线或合并多边形时可不必改造索引表，邻域信息和岛状信息可以通过对多边形文件的线索引处理得到（如多边形 *A*、*B* 之间通过公共边 *d* 相邻接），但是比较烦琐，因而给相邻函数运算、消除无用边、处理岛状信息以及检查拓扑关系等带来一定的困难，而且两个编码表都要以人工方式建立，工作量大且容易出错。

（2）双重独立式编码结构

这种数据结构最早是由美国人口统计系统采用的一种编码方式，简称 DIME（dual independent map encoding）编码系统，它是以城市街道为主体，其特点是采用了拓扑编码结构，这种结构最适合于城市信息系统。

双重独立式编码结构是对图上网状或面状要素的任何一条线段，用顺序的两点定义以及相邻多边形来予以定义。例如对图 2-5 所示的多边形数据，利用双重独立编码可得到以线段为中心的拓扑关系列表，见表 2-7。

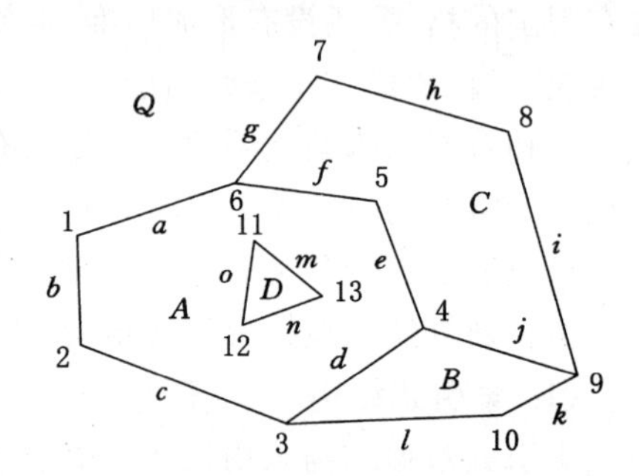

图 2-5 多边形原始数据

表 2-7 双重独立式编码线文件结构

线号	起点	终点	左多边形	右多边形
a	1	6	*Q*	*A*
b	2	1	*Q*	*A*
c	3	2	*Q*	*A*
d	4	3	*B*	*A*
e	5	4	*C*	*A*
f	6	5	*C*	*A*
g	6	7	*Q*	*C*
h	7	8	*Q*	*C*
i	8	9	*Q*	*C*
j	9	4	*B*	*C*
k	9	10	*Q*	*B*
l	10	3	*Q*	*B*
m	11	13	*A*	*D*
n	13	12	*A*	*D*
o	12	11	*A*	*D*

表中第一行表示线段 a 的方向是从节点 1 到节点 6，其左侧面域的多边形是 Q，右侧面域的多边形是 A。在双重独立式数据结构中，节点与节点或者多边形与多边形之间为邻接关系，节点与线段或多边形与线段之间为关联关系。利用这种拓扑关系组织数据，可以有效地进行数据存储正确性检查(如多边形是否封闭)，同时便于对数据进行更新和检索。因为通过这种数据结构的格式绘制图形，当多边形的起始节点与终止节点相一致，并且按照左侧面域或右侧面域自动建立一个指定的区域单元格时，则空间点的左边应当自行闭合。如果不闭合，或者出现多余线段，则表示数据存储或编码有错误，这样就可以达到数据自动编辑的目的。同样利用该结构可以自动形成多边形，并可以检查线文件数据的正确性。

除线段拓扑关系之外，双重独立编码结构还需要点文件和面文件，DIEM 编码结构尤其适用于城市地籍宗地的管理，在宗地管理中，界址点对应于点，界址边对应于线段，面对应于多边形，各种要素都有唯一的标识符。

(3) 链状双重独立编码结构

链状双重独立编码数据结构是 DIME 数据结构的一种改进。在 DIME 中，一条边只能用直线两端点的序号及相邻的多边形来表示，而在链状数据结构中，将若干个直线段合为一个弧段(或链段)，每个弧段可以有许多中间点。

在链状双重独立编码数据结构中，主要有四个文件：多边形文件、弧段文件、弧点文件和点坐标文件。多边形文件主要由多边形记录组成，包括多边形号、组成多边形的弧段号以及周长、面积中心点坐标及有关“洞”的信息等，多边形文件也可以通过软件自动检索各有关弧段生成，并同时计算出多边形的周长和面积以及中心点的坐标，多边形中含有的“洞”的面积为负，并在总面积中减去，其组成的弧段号前也标以负号；弧段文件主要由弧记录组成，存储弧段的起止节点号和弧段左右多边形号；弧点文件由一系列点的位置坐标组成，一般从数字化过程获取，数字化的顺序确定了这条链段的方向；点坐标文件由节点记录组成，存储每个节点的节点号、节点坐标及与该节点连接的弧段。点坐标文件一般通过软件自动生成，因为在数字化过程中，由于数字化操作的误差，各弧段在同一节点处的坐标不可能完全一致，需要进行匹配处理。当其偏差在允许范围内时，可取同名节点的坐标平均值。如偏差过大，则弧段需要重新数字化。

对图 2-2 所示的矢量数据，其链状双重独立编码数据结构需要多边形文件、弧段文件、弧点文件和点坐标文件，见表 2-8、表 2-9、表 2-10 和表 2-11。

表 2-8　　多边形文件

多边形 ID	弧段号	属性(如周长、面积)
A	a,b,e	……
B	c,d,b	……
C	g	……
D	$f,e,d,-g$	……

表 2-9 弧段文件

弧段 ID	起始点	终节点	左多边形	右多边形
a	5	1	*Q*	*A*
b	7	1	*A*	*B*
c	1	13	*Q*	*B*
d	13	7	*D*	*B*
e	7	5	*D*	*A*
f	13	5	*Q*	*D*
g	25	25	*D*	*C*

表 2-10 弧点文件

弧段 ID	点号
a	5,4,3,2,1
b	7,8,1
c	1,9,10,11,12,13
d	13,7
e	7,6,5
f	13,14,15,16,17,18,19,5
g	25,20,21,22,23,24,25

表 2-11 点坐标文件

点号	坐标	点号	坐标
1	(x_1, y_1)	13	(x_{14}, y_{14})
2	(x_2, y_2)	14	(x_{15}, y_{15})
……	……	……	……
12	(x_{12}, y_{12})	25	(x_{25}, y_{25})

国际著名 GIS 软件平台开发商美国 ESRI 公司的 ArcGIS 产品中的 coverage 数据模型就是采用链状双重独立式编码数据结构。

3. 栅格数据结构

空间数据的栅格表达是以规则栅格阵列表示空间对象，这种数据结构称为栅格数据结构。阵列中每个栅格单元上的数值表示空间对象的属性特征。即栅格阵列中每个单元的行列号确定位置，属性值表示空间对象的类型、等级等特征。每个栅格单元只能存在一个值。

栅格数据结构表示的地标是不连续的，是量化和近似离散的数据。在栅格数据结构中，地理空间被分成相互邻接、规则排列的栅格单元，一个栅格单元对应于小块地理范围。在栅格数据结构中，点用一个栅格单元表示；线状地物则用沿线走向的一组相邻栅格单元表示，每个栅格单元最多只有两个相邻单元在线上；面或区域用记有区域属性的相邻栅格单元的集合表示，每个栅格单元可有多于两个相邻单元同属一个区域，如图 2-6 所示。

栅格数据结构具有数据结构简单、数学模拟方便的优点，但也存在着缺点：如数据量大，难以建立实体间的拓扑关系，通过改变分辨率减少数据量时，精度和信息量同时受损等。

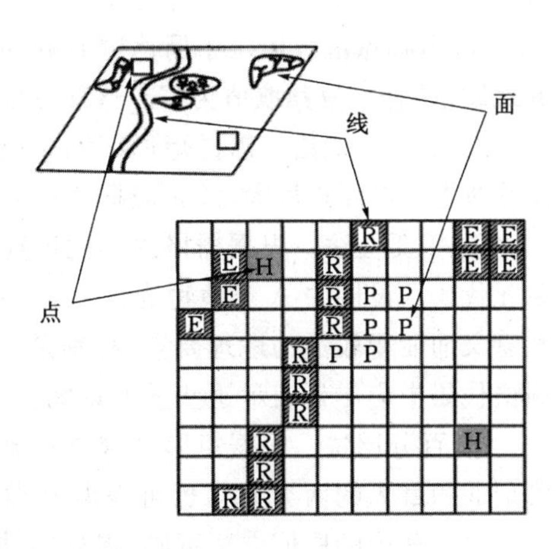

图 2-6　实体在栅格数据结构中的表示

(1) 栅格单元的确定

① 栅格数据的参数：一个完整的栅格数据通常由以下几个参数决定：

a. 栅格形状。栅格单元通常为矩形或正方形。特殊情况下也可以按经纬网划分栅格单元。

b. 栅格单元大小。也就是栅格单元的尺寸，即分辨率。栅格单元的合理尺寸应能有效地逼近空间对象的分布特征，以保证空间数据的精度。但是用栅格来逼近空间实体，不论采用多细小的栅格，与原实体比都会有误差。通常以保证最小图斑不丢失为原则来确定合理的栅格尺寸。设研究区域某要素的最小图斑面积为 S，栅格单元的边长 L，用如下公式计算：

$$L=\frac{1}{2}\sqrt{S}$$

就可以保证最小的图斑能够得到反映。

c. 栅格原点。栅格系统的起始坐标应和国家基本比例尺地形图公里网的交点相一致，或者和已有的栅格系统数据相一致。并同时使用公里网的纵横坐标轴作为栅格系统的坐标轴。这样使用栅格数据时，就容易和矢量数据或已有栅格数据相配准。

d. 栅格的倾角。通常情况下，栅格的坐标系统与国家系统平行。但有时候，根据应用的需要，可以将栅格系统倾斜一个角度，以方便应用。

图 2-7 给出了栅格数据结构中栅格数据的描述参数示意图。

(2) 栅格单元值的选取

栅格单元取值是唯一的，但由于受到栅格大小的限制，栅格单元中可能会出现多个地物，那么在决定栅格单元值时应尽量保持其真实性，对于图 2-8 所示的栅格单元，要确定该单元的属性取值，可根据需要选用如下方法。

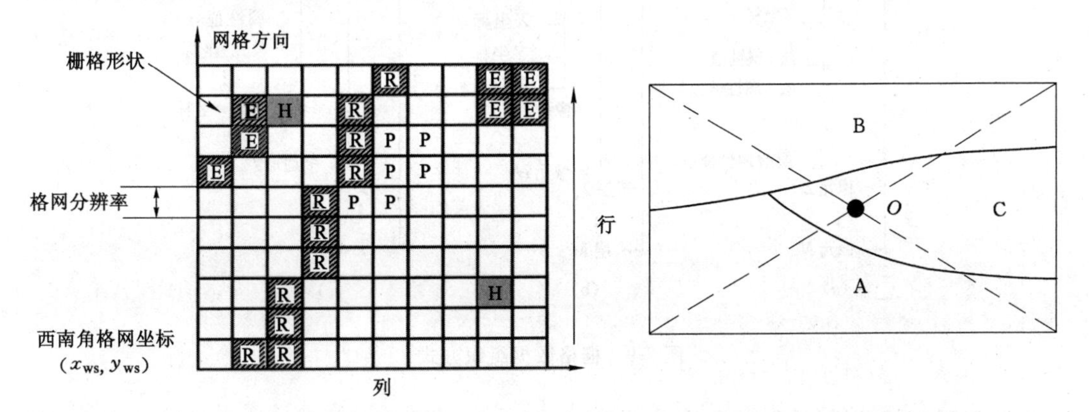

图 2-7　栅格数据的坐标系及描述参数　　　　图 2-8　栅格单元属性值选取

① 中心点法。用位于栅格中心处的地物类型决定其取值。由于中心点位于代码为C的地物范围内,故其取值为C。这种方法常用于有连续分布特性的地理现象。

② 面积占优法。以占矩形区域面积最大的地物类型作为栅格单元的代码。从图上看,B类地物所占面积最大,故相应栅格单元代码为B。

③ 重要性法。根据栅格内不同地物的重要性,选取最重要的地物类型作为相应的栅格单元代码。设图中A类地物为最重要的地物类型,则栅格代码为A。这种方法常用于有特殊意义而面积较小的地理要素,特别是点状和线状地理要素。如城镇、交通线、水系等。在栅格代码中应尽量表示这些重要地物。

④ 百分比法。根据矩形区域内各地理要素所占面积的百分数确定栅格单元的取值,如可记面积最大的两类BA,也可根据B类和A类所占面积百分数在代码中加入数字。

由于采用的取值方法不同,得到的结果也不尽相同。

逼近原始精度的第二种方法是缩小单个栅格单元的面积,即增加栅格单元的总数,行列数也相应增加。这样,每个栅格单元可代表更为精细的地面矩形单元,混合单元减少。混合类别和混合的面积减少,可以提高量算的精度,接近真实的形态,表现更细小的地物类型。然而增加栅格个数、提高数据精度的同时也带来了数据量大幅度增加的问题,数据冗余严重。

(3) 栅格数据组织

通常的办法是将不同类型的地理实体分层编排,每层只具有单一的类型。例如点状实体、线状实体和面状实体分别处在不同的层上。同样类型的实体又可按不同的专题地图分层。例如同样的线状要素,可将道路作为一个层,水系作为一个层。这样,在一个层中可以只有一种变量反映其不同的属性,也就是说一个栅格单元只有一个属性代码。

如果每一层中每一个像元在数据库中都是独立单元(即数据值),像元和位置之间存在着一对一的关系,那么栅格数据的组织方式有三种:

① 以像元为记录的序列。不同层上同一个像元位置上的各属性值表示为一个列数组[图 2-9(a)]。

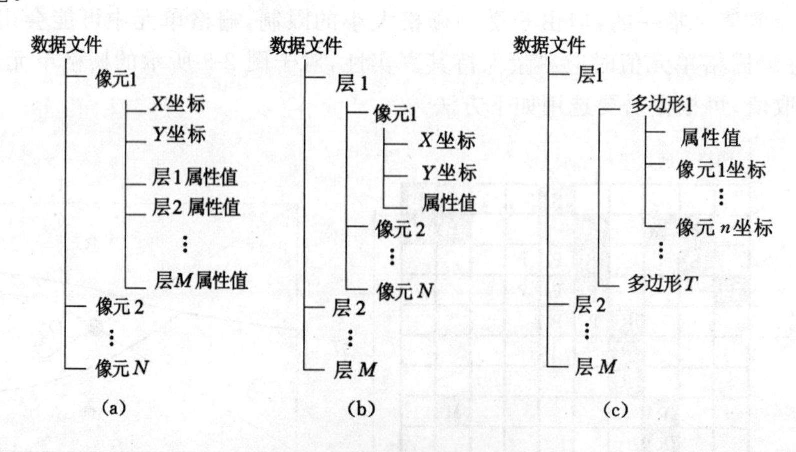

图 2-9 栅格数据组织方式

② 以层为基础,每一层又以像元为序记录它的坐标和属性值,一层记录完后再记录第二层。这种方法较为简单,但需要的存储空间最大。如果以像元数组的行列号隐含坐标,则

该方法的存储空间也不太大[图 2-9(b)]。

③ 与方法②一样以层为基础，但每一层内以多边形为序记录多边形的属性值和充满多边形的各像元的坐标[图 2-9(c)]。

三种方法中方法①节省了许多存储空间，因为 N 层中实际上只存储了一层的像元坐标；方法③则节省了许多存储属性的空间，同一属性的制图单元的 n 个像元只记录了一次属性值。这种多像元对应一种属性值的多对一的关系，相当于把相同属性的像元排列在一起，使地图分析和制图处理较为方便；方法②则是每层每个单元一一记录，形式最为简单。

当然，也可以将多个变量存储在同一个栅格单元中，其文件格式也将有所不同，但这样会给栅格结构的编码增加困难。

(4) 栅格数据的编码方式

栅格数据编码中许多记录重复着同一属性值，因此该文件存在大量的数据冗余。当栅格越小，表示的空间精度越高时，这种冗余越严重，因此，对栅格数据进行压缩编码非常重要。在 GIS 中，常用的栅格数据的压缩编码技术有直接栅格编码、链式编码、游程长度编码、块状编码和四叉树编码。

① 直接栅格编码

直接栅格编码就是将栅格数据看作一个数据矩阵，逐行(或逐列)逐个记录代码，可以每行从左到右逐像元记录(如图 2-10、图 2-11 所示)，也可奇数行从左到右而偶数行从右向左记录，为了特定的目的还可采用其他特殊的顺序。

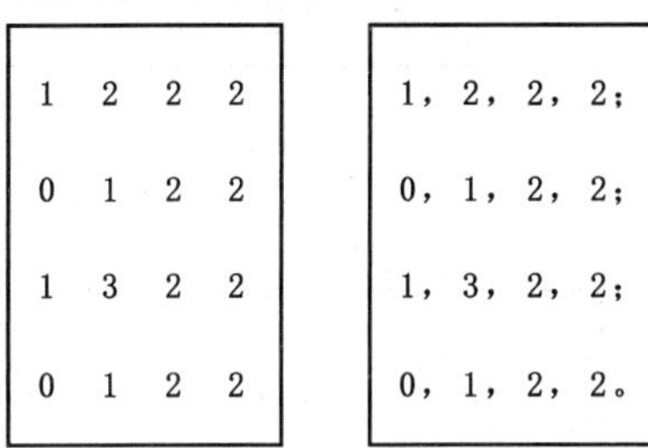

1	2	2	2
0	1	2	2
1	3	2	2
0	1	2	2

1，2，2，2；
0，1，2，2；
1，3，2，2；
0，1，2，2。

图 2-10　直接栅格编码

0	2	2	5	5	5	5	5
2	2	2	2	2	5	5	5
2	2	2	2	3	3	5	5
0	0	2	3	3	3	5	5
0	0	3	3	3	3	5	3
0	0	0	3	3	3	3	3
0	0	0	0	3	3	3	3
0	0	0	0	0	3	3	3

0，2，2，5，5，5，5，5；
2，2，2，2，2，5，5，5；
2，2，2，2，3，3，5，5；
0，0，2，3，3，3，5，5；
0，0，3，3，3，3，5，3；
0，0，0，3，3，3，3，3；
0，0，0，0，3，3，3，3；
0，0，0，0，0，3，3，3。

图 2-11　直接栅格编码

② 链式编码

链式编码又称为弗里曼链码或边界链码。链式编码主要是记录线状地物和面状地物的边界。它把线状地物和面状地物的边界表示为:由某一起始点开始并按某些基本方向确定的单位矢量链。基本方向可定义为:东=0,东南=1,南=2,西南=3,西=4,西北=5,北=6,东北=7 等八个基本方向(图 2-12),由某一起点开始按照这些基本方向来确定单位矢量链来表示线状地物或面状地物。

如果对于图 2-13 所示的线状地物确定其起始点为像元(1,5),则其链式编码为:1,5,3,2,2,3,3,2,3。对于图 2-13 所示的面状地物,假设其原起始点定为像元(5,8),则该多边形边界按顺时针方向的链式编码为:5,8,3,2,4,4,6,6,7,6,0,2,1。具体见表 2-12。

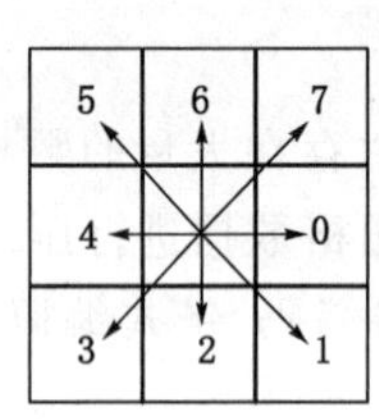

图 2-12　链式编码的方向代码

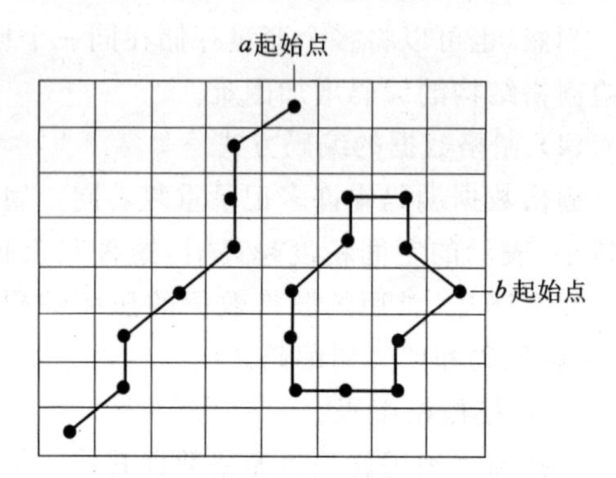

图 2-13　链式编码示意图

表 2-12　链式编码表

属性码	起点行	起点列	链码
a	1	5	1,5,3,2,2,3,3,2,3
b	5	8	5,8,3,2,4,4,6,6,7,6,0,2,1

链式编码的前两个数字表示起点的行、列数,从第三个数字开始的每个数字表示单位矢量的方向,八个方向以 0～7 的整数代表。

链式编码对线状和多边形的表示具有很强的数据压缩能力,且具有一定的运算功能,如面积和周长计算等,探测边界急弯和凹进部分等都比较容易,类似矢量数据结构,比较适于存储图形数据。缺点是对叠置运算如组合、相交等则很难实施,对局部修改将改变整体结构,效率较低,而且由于链码以每个区域为单位存储边界,相邻区域的边界则被重复存储而产生冗余。

③ 游程(行程)长度编码

游程(行程)长度编码是栅格数据压缩的重要编码方法,它的基本思路是:对于一幅栅格图像,常常有行(或列)方向上相邻的若干点具有相同的属性代码,因而可采取某种方法压缩那些重复的记录内容。其编码方案是,只在各行(或列)数据的代码发生变化时依次记录该代码以及相同代码重复的个数,从而实现数据的压缩。图 2-14、图 2-15 所示为栅格数据的游程长度编码示意图。

游程长度编码对图 2-14 中栅格数据只用了 44 个整数就可以表示,而如果用前述的直接编码却需要 64 个整数表示,可见游程长度编码压缩数据是十分有效又简便的。事实上,压缩比的大小是与图的复杂程度成反比的,在变化多的部分,游程数就多,变化少的部分游程数就少，图件越简单，压缩效率就越高。

游程长度编码在栅格加密时，数据量没有明显增加，压缩效率较高且易于检索、叠加合并等操作，运算简单，适用于机器存储容量小、数据需大量压缩，而又要避免复杂的编码解码运算增加处理和操作时间的情况。

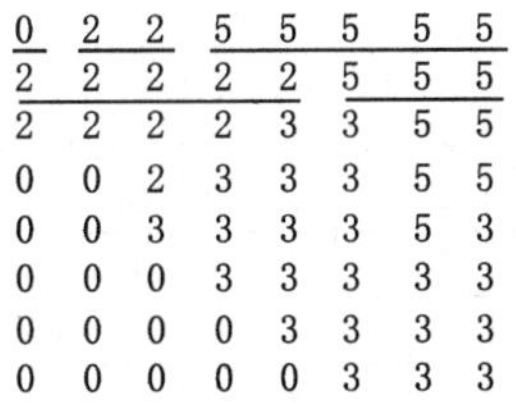

0	2	2	5	5	5	5	5
2	2	2	2	2	5	5	5
2	2	2	2	3	3	5	5
0	0	2	3	3	3	5	5
0	0	3	3	3	3	5	3
0	0	0	3	3	3	3	3
0	0	0	0	3	3	3	3
0	0	0	0	0	3	3	3

沿行方向进行编码：(0,1)，(2,2)，
(5,5)；(2,5)，(5,3)；(2,4)，
(3,2)，(5,2)；(0,2)，(2,1)，
(3,3)，(5,2)；(0,2)，(3,4)，
(5,1)，(3,1)；(0,3)，(3,5)；
(0,4)，(3,4)；(0,5)，(3,3)。

图 2-14　游程(行程)沿行方向编码示意图

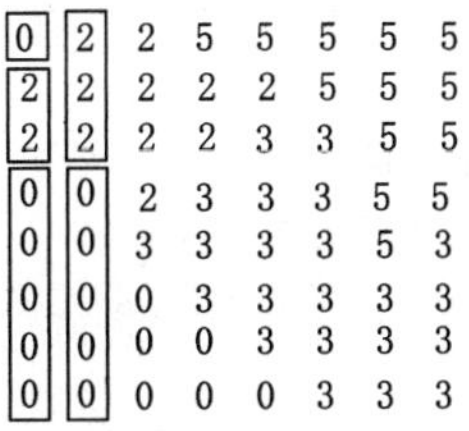

0	2	2	5	5	5	5	5
2	2	2	2	2	5	5	5
2	2	2	2	3	3	5	5
0	0	2	3	3	3	5	5
0	0	3	3	3	3	5	3
0	0	0	3	3	3	3	3
0	0	0	0	3	3	3	3
0	0	0	0	0	3	3	3

沿列方向进行编码：(1,0)，(2,2)，
(4,0)；(1,2)，(4,0)；(1,2)，
(5,3)，(6,0)；(1,5)，(2,2)，
(4,3)，(7,0)；(1,5)，(2,2)，
(3,3)，(8,0)；(1,5)，(3,3)；
(1,5)，(6,3)；(1,5)，(5,3)。

图 2-15　游程(行程)沿列方向编码示意图

④ 块状编码

块状编码是游程长度编码扩展到二维的情况，采用方形区域作为记录单元，每个记录单元包括相邻的若干栅格，数据结构由初始位置(行、列号)和半径，再加上记录单元的代码组成。图 2-16 所示为分块及编码的示意图。

一个多边形所包含的正方形越大，多边形的边界越简单，块状编码的效率就越高。块状编码对大而简单的多边形更为有效，而对碎部较多的复杂多边形效果不好。块状编码在合并、插入、检查延伸性、计算面积等操作时有明显的优越性。然而对某些运算不适应，必须在转换成简单数据形式时才能顺利进行。

0	2	2	5	5	5	5	5
2	2	2	2	2	5	5	5
2	2	2	2	3	3	5	5
0	0	2	3	3	3	5	5
0	0	3	3	3	3	5	3
0	0	0	3	3	3	3	3
0	0	0	0	3	3	3	3
0	0	0	0	0	3	3	3

(1,1,1,0)，(1,2,2,2)，(1,4,1,5)，
(1,5,1,5)，(1,6,2,5)，(1,8,1,5)；
(2,1,1,2)，(2,4,1,2)，(2,5,1,2)，
(2,8,1,5)；(3,1,1,2)，(3,2,1,2)，
(3,3,1,2)，(3,4,1,2)，(3,5,2,3)，
(3,7,2,5)；(4,1,2,0)，(4,3,1,2)，
(4,4,1,3)；(5,3,1,3)，(5,4,2,3)，
(5,6,1,3)，(5,7,1,5)，(5,8,1,3)；
(6,1,3,0)，(6,6,3,3)；(7,4,1,0)，
(7,5,1,3)；(8,4,1,0)，(8,5,1,0)。

图 2-16　块状编码示意图

⑤ 四叉树编码

四叉树结构的基本思想是将一幅栅格地图或图像等分为四部分，逐块检查其格网属性值(或灰度)，如果某个子区的所有格网值都具有相同的值，则这个子区就不再继续分割，否

则还要把这个子区再分割成四个子区。这样依次地分割，直到每个子块都只含有相同的属性值或灰度为止。

图 2-17(b)表示对图 2-17(a)的分割过程及其关系。这四个等分区称为四个子象限，按左下（西南）、右下（东南）、左上（西北）、右上（东北）分。用一个树结构表示如图 2-18 所示，同一个树结构中多级分割排列四个子象限顺序相同。

(a)

0	2	2	5	5	5	5	5
2	2	2	2	2	5	5	5
2	2	2	2	3	3	5	5
0	0	2	3	3	3	5	5
0	0	3	3	3	3	5	3
0	0	0	3	3	3	3	3
0	0	0	0	3	3	3	3
0	0	0	0	0	3	3	3

(b)

0	2	2	5	5	5	5	5
2	2	2	2	2	5	5	5
2	2	2	2	3	3	5	5
0	0	2	3	3	3	5	5
0	0	3	3	3	3	5	3
0	0	0	3	3	3	3	3
0	0	0	0	3	3	3	3
0	0	0	0	0	3	3	3

图 2-17 四叉树编码示意图

(a) 原始栅格数据；(b) 四叉树编码示意图

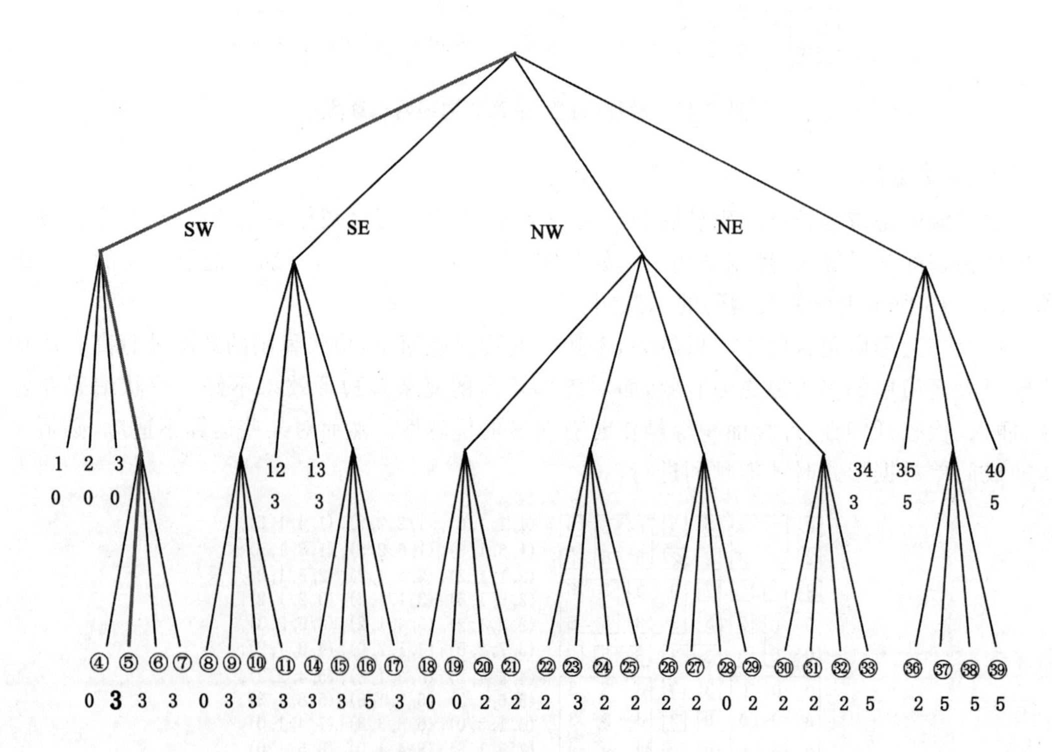

图 2-18 四叉树的树状表示

对一个由 $n\times n(n=2^k,k>1)$ 的栅格方阵组成的区域 P（图 2-19），它的四个子象限（P_a，P_b，P_c，P_d）分别为：

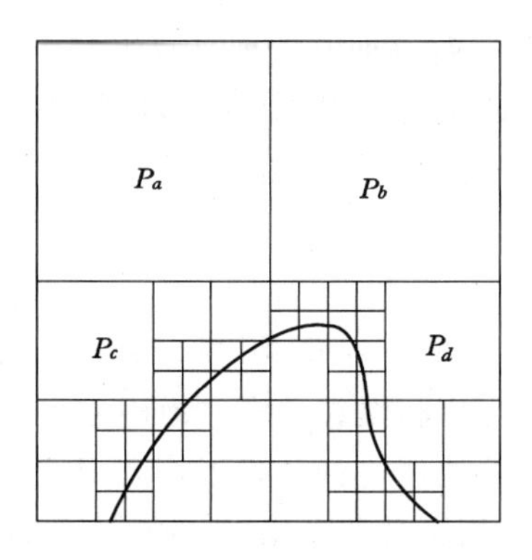

图 2-19　区域 P 子象限的表示

$$\begin{cases} P_a = \{P[i,j] \mid 1 \leqslant i \leqslant \frac{n}{2}, 1 \leqslant j \leqslant \frac{n}{2}\} \\ P_b = \{P[i,j] \mid 1 \leqslant i \leqslant \frac{n}{2}, \frac{n}{2}+1 \leqslant j \leqslant n\} \\ P_c = \{P[i,j] \mid \frac{n}{2}+1 \leqslant i \leqslant n, 1 \leqslant j \leqslant \frac{n}{2}\} \\ P_d = \{P[i,j] \mid \frac{n}{2}+1 \leqslant i \leqslant n, \frac{n}{2}+1 \leqslant j \leqslant n\} \end{cases} \tag{2-1}$$

再下一层的子象限分别为：

$$\begin{cases} P_{aa} = \{P[i,j] \mid 1 \leqslant i \leqslant \frac{n}{4}, 1 \leqslant j \leqslant \frac{n}{4}\} \\ \vdots \\ P_{ba} = \{P[i,j] \mid 1 \leqslant i \leqslant \frac{n}{4}, \frac{n}{2}+1 \leqslant j \leqslant \frac{3}{4}n\} \\ \vdots \\ P_{dd} = \{P[i,j] \mid \frac{3}{4}n+1 \leqslant i \leqslant n, \frac{3}{4}n+1 \leqslant j \leqslant n\} \end{cases} \tag{2-2}$$

其中 a、b、c、d 分别表示西北(NW)、东北(NE)、西南(SW)、东南(SE)四个子象限。根据这些表达式可以求得任一层的某个子象限在全区的行列位置，并对这个位置范围内的网格值进行检测。若数值单调，就不再细分，按照这种方法，可以完成整个区域四叉树的建立。

这种从上而下的分割需要大量运算，因为大量数据需要重复检查才能确定划分。当 $n \times n$ 的矩阵比较大，且区域内容要素又比较复杂时，建立这种四叉树的速度比较慢。

另一种是采用从下而上的方法建立。对栅格数据按如下的顺序进行检测。如果每相邻四个网格值相同则进行合并，逐次往上递归合并，直到符合四叉树的原则为止。这种方法重复计算较少，运算速度较快。

从图 2-18 中可以看出，为了保证四叉树能不断地分解下去，要求图像必须为 $2^n \times 2^n$ 的栅格阵列，n 为极限分割次数，$n+1$ 是四叉树的最大高度或最大层数。对于非标准尺寸的图像需首先通过增加背景的方法将图像扩充为 $2^n \times 2^n$ 的图像，也就是说在程序设计时，对不足的部分以 0 补足(在建树时，对于补足部分生成的叶节点不存储，这样存储量并不会增加)。

四叉树编码法有许多优点：a. 容易而有效地计算多边形的数量特征；b. 阵列各部分的分辨率是可变的，边界复杂部分四叉树较高，即分级多、分辨率也高，而不需表示许多细节的部分则分级少、分辨率低，因而既可精确表示图形结构又可减少存储量；c. 栅格到四叉树及四叉树到简单栅格结构的转换比其他压缩方法容易；d. 多边形中嵌套异类小多边形的表示较方便。

四叉树编码的最大缺点是转换的不定性，用同一形状和大小的多边形可能得出多种不同的四叉树结构，故不利于形状分析和模式识别。但因它允许多边形中嵌套多边形即所谓"洞"这种结构存在，使越来越多的地理信息系统工作者对四叉树结构很感兴趣。上述这些压缩数据的方法应视图形的复杂情况合理选用，同时应在系统中备有相应的程序。另外，用户的分析目的和分析方法也决定着压缩方法的选取。

四叉树结构按其编码的方法不同又分为常规四叉树和线性四叉树。常规四叉树除了记录叶节点之外，还要记录中间节点。节点之间借助指针联系，每个节点需要用六个量表达：四个叶节点指针，一个父节点指针和一个节点的属性或灰度值。这些指针不仅增加了数据存储量，而且增加了操作的复杂性。常规四叉树主要在数据索引和图幅索引等方面应用。

线性四叉树则只存储最后叶节点的信息，包括叶节点的位置、深度和本节点的属性或灰度值。所谓深度，是指处于四叉树的第几层上，由深度可推知子区的大小。

线性四叉树叶节点的编号需要遵循一定的规则，这种编号称为地址码，它隐含了叶节点的位置和深度信息。最常用的地址码是四进制或十进制的 Morton 码。

⑥ 几种编码方法比较分析（表 2-13）

表 2-13　　几种编码方法比较分析

编码	直接栅格编码	链式编码	游程长度编码	块状编码和四叉树编码
特点	简单直观，是压缩编码方法的逻辑原型（栅格文件）	压缩效率较高，已接近矢量结构，对边界的运算比较方便，但不具有区域性质，区域运算较难	在很大程度上压缩数据，又最大限度地保留了原始栅格结构，编码解码容易，适合微机地理信息系统采用	具有区域性质，又具有可变的分辨率，有较高的压缩效率，四叉树编码可以直接进行大量图形图像运算，效率较高，是很有前途的编码方法

4. 矢栅一体化表示

(1) 栅格结构与矢量数据结构的比较

栅格数据结构类型具有"属性明显、位置隐含"的特点，它易于实现，且操作简单，有利于基于栅格的空间信息模型的分析，如在给定区域内计算多边形面积、线密度，栅格结构可以很快算得结果，而采用矢量数据结构则麻烦得多；但栅格数据表达精度不高，数据储存量大，工作效率较低。如要提高一倍的表达精度（栅格单元减小一半），数据量就需增加三倍，同时也增加了数据的冗余。因此，对于基于栅格数据结构的应用来说，需要根据应用项目的自身特点及其精度要求来恰当地平衡栅格数据的表达精度和工作效率两者之间的关系。另外，因为栅格数据结构的简单性（不经过压缩编码），其数据格式容易为大多数程序设计人员和用户所理解，基于栅格数据结构基础之上的信息共享也较矢量数据结构容易。最后，遥感影像本身就是以像元为单位的栅格结构，所以，可以直接把遥感影像应用于栅格结构的地理信息系统中，也就是说栅格数据结构比较容易和遥感相结合。

矢量数据结构类型具有“位置明显、属性隐含”的特点，它操作起来比较复杂，许多分析操作(如叠置分析等)用矢量数据结构难以实现；但它的数据表达的精度较高，数据存储量小，输出图形美观且工作效率较高。两者对比见表 2-14。

表 2-14　栅格、矢量数据结构对比

	优点	缺点
矢量数据结构	1. 数据结构严密，冗余度小，数据量小； 2. 空间拓扑关系清晰，易于网络分析； 3. 面向对象目标的，不仅能表达属性编码，而且能方便地记录每个目标的具体的属性描述信息； 4. 能够实现图形数据的恢复、更新和综合； 5. 图形显示质量好、精度高	1. 数据结构处理算法复杂； 2. 叠置分析与栅格图组合比较困难； 3. 数学模拟比较困难； 4. 空间分析技术上比较复杂，需要更复杂的软件、硬件条件； 5. 显示与绘图成本比较高
栅格数据结构	1. 数据结构简单，易于算法实现； 2. 空间数据的叠置和组合容易，有利于与遥感数据匹配应用和分析； 3. 各类空间分析，地理现象模拟均较为容易； 4. 输出方法快速，成本低廉	1. 图形数据量大，用像元减小数据量时，精度和信息量受损失； 2. 难以建立空间网络连接关系； 3. 投影变化实现困难； 4. 图形数据质量低，地图输出不精美

目前，大多数地理信息系统平台都支持这两种数据结构，而在应用过程中，应该根据具体的目的，选用不同的数据结构。例如，在集成遥感数据以及进行空间模拟运算(如污染扩散)等应用中，一般采用栅格数据为主要数据结构；而在网络分析、规划选址等应用中，通常采用矢量数据结构。

(2) 矢栅一体化数据结构

矢量和栅格数据结构各有优缺点，如何充分利用两者优点，在同一个系统中将两者结合起来，是 GIS 中的一个重要理论和技术问题。为将矢量与栅格数据更加有效地结合与处理，龚健雅(2001)提出了矢栅一体化数据结构。这种数据结构中，同时具有矢量实体的概念，又具有栅格覆盖的思想。其理论基础是：多级格网方法、三个基本约定和线性四叉树编码。

多级格网的方法是将栅格划分成多级格网：粗格网、基本格网和细分格网(图 2-20)。粗格网用于建立空间索引，基本格网的大小与通常栅格划分的原则基本一致，即基本栅格的大小。由于基本栅格的分辨率较低，难以满足精度要求，所以在基本格网的基础上又细分为 256×256 或 16×16 个格网，以增加栅格的空间分辨率，从而提高点、线的表达精度。粗格网、基本格网和细分格网都采用线性四叉树编码的方法，用三个 Morton 码(M_0、M_1、M_2)表示，其中 M_0 表示点或线所通过的粗格网的 Morton 码，是研究区的整体编码；M_1 表示点或线所通过的基本格网的 Morton 码，也是研究区的整体编码；M_2 表示点或线所通过的细分格网的 Morton 码，是基本栅格内的局部编码。

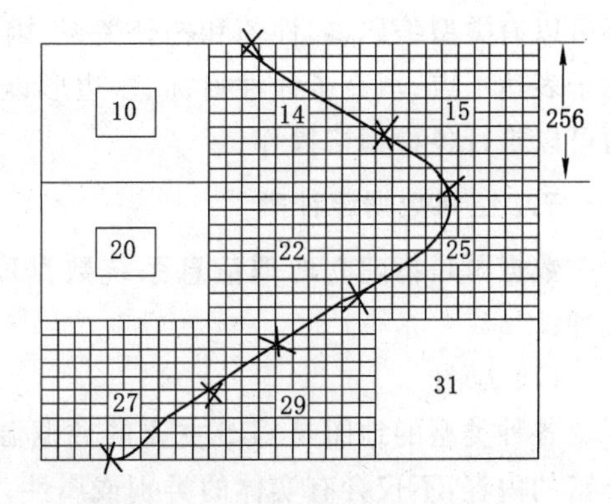

图 2-20　一体化数据结构细分格网

以上编码是基于栅格的,因而据此设计的数据结构必定具有栅格的性质。为了使之具有矢量的特点,对点状地物、线状地物和面状地物作三个约定:

① 点状地物仅有空间位置而无形状和面积,在计算机中仅有一个坐标数据。

② 线状地物有形状但无面积,除了要记录节点坐标之外,还要记录线状路径通过的栅格单元。

③ 面状地物有形状和面积,除了记录多边形边界之外,还要记录内部填充栅格单元。

据此,点状地物、线状地物、面状地物的数据组织方式如下:

点状地物:用(M_1,M_2)代替矢量数据结构中的(x,y):

点标识号	M_1	M_2	属性值

线状地物:用 Morton 码代替(x,y)记录原始采样的中间点的位置;必要时,还可记录线状目标所穿过的基本网格的交线位置:

起点 ID	终点 ID	左域 ID	右域 ID	中间点坐标(M_1,M_2)序列	…

面状地物:除用 Morton 码代替(x,y)记录面状地物边界原始采样的中间点位置,以及它们所穿过的所有基本网格的交线位置之外,还要用链指针记录多边形的内部栅格。必要时,还可以记录边界所穿过的所有基本网格的交线位置:

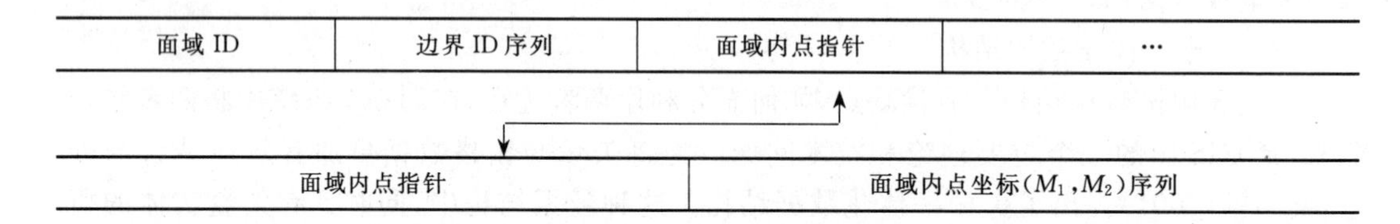

面域 ID	边界 ID 序列	面域内点指针	…

面域内点指针	面域内点坐标(M_1,M_2)序列

因此,点状地物、线状地物和面状地物不仅具有如同矢量数据结构的位置"坐标",而且还可以有类型编码、属性值和拓扑关系,因而具有完全的矢量特性。与此同时,由于用栅格元子表达了点、填充了线性目标、多边形边界及其内部(空洞除外),实际是进行了栅格化,因而可以进行各种栅格操作。

三、空间数据源种类

数据源是指建立地理信息系统数据库所需要的各种类型数据的来源,主要包括以下几种:

(1) 地图

各种类型的地图是 GIS 主要的数据源,因为地图是地理数据的传统描述形式,包含着丰富的内容,不仅含有实体的类别或属性,而且实体的类别或属性可以用各种不同的符号加以识别和表示。我国大多数的 GIS 系统,其图形数据大部分来自地图,主要包括普通地图、地形图和专题图。但由于地图以下的特点应用时需加以注意:① 地图存储介质的缺陷。地图多为纸质,由于存放条件的不同,都存在不同程度的变形,在具体应用时,需对其进行操作。② 地图现势性较差。由于传统地图更新需要的周期较长,造成现存地图现势性不能完全满足实际的需要。③ 地图投影的转换。由于地图投影的存在，使得不同地图投影的地图数据在进行交流前，需先进行地图投影的转换。

(2) 遥感影像数据

遥感影像数据是一种大面积的、动态的、近实时的数据源，是 GIS 的重要数据源。遥感影像数据含有丰富的资源与环境信息。在 GIS 的支持下，可以与地质、地球物理、地球化学、地球生物、军事应用等方面的信息进行复合和综合分析。

(3) 社会经济数据

社会经济数据是 GIS 的数据源，尤其是 GIS 属性数据的重要来源。

(4) 实测数据

各种实测数据特别是一些 GPS 数据、大比例尺地形图测量数据、实验观测数据等常常是 GIS 的一个准确和很现实的资料。

(5) 数字数据

随着各种 GIS 系统的建立，直接获取数字图形数据和属性数据的可能性越来越大，数字数据成为 GIS 信息源不可缺少的一部分。

(6) 各种文本资料

文本资料是指各种行业、各部门的有关法律文档、行业规范、技术标准、条文条例等，如边界条约。各种文字报告和立法文件在一些管理类的 GIS 中有很大的应用，如在城市规划管理信息系统中，各种城市管理法规及规划报告在规划管理工作中起着很大作用。

四、地图矢量化

地图矢量化是重要的地理数据获取方式之一。所谓地图矢量化，就是把栅格数据转换成矢量数据的处理过程。当纸质地图经过计算机图形、图像系统光-电转换量化为点阵数字图像，经图像处理和曲线矢量化，或者直接进行手扶跟踪数字化后，生成可以为地理信息系统显示、修改、标注、漫游、计算、管理和打印的矢量地图数据文件，这种与纸质地图相对应的计算机数据文件称为矢量化电子地图。

任务实施

一、任务内容

随着社会发展和计算机技术的普及，传统的生活方式正逐渐发生改变，在许多领域，人们需要使用计算机技术模拟现实世界的各种信息，并对信息进行查询和处理。由此需要对实际信息进行数字化处理，即进行各种数据的采集和矢量化处理。通过对以上空间数据采集的学习，在 MapGIS 平台上完成木湖瓦窑这一幅地图的扫描矢量化任务。

二、任务实施步骤

(1) 文件转换

① 第一步：进入 MapGIS 图像分析子系统，单击“文件”菜单下的“数据输入”，系统弹出“数据转换”对话框。

② 第二步：选择“数据转换类型”。这里选择“. tif 文件”。

③ 第三步：单击“添加文件”，在弹出的对话框中选择要转换的文件，单击“打开”按钮，装入“木湖瓦窑. tif”栅格文件。

④ 第四步：单击“转换”按钮，系统提示保存结果文件，将文件保存为“木湖瓦窑. msi”

格式。

(2) 影像校正

① 单击“文件”菜单下“打开影像”命令，打开待校正的“木湖瓦窑. msi”影像。

② 单击“镶嵌融合”菜单下“打开参照文件/参照线文件”命令。

③ 单击“镶嵌融合”菜单下“删除所有控制点”命令。

④ 单击“镶嵌融合”菜单下“添加控制点”命令，依次添加至少四个控制点。

添加方法如下：分别单击左边影像内一点和右边线文件中相应的点，并分别按“空格键”确认，系统会弹出提示对话框，单击“是”按钮，系统会自动添加一控制点。

⑤ 单击“镶嵌融合”菜单下“校正预览”命令，预览效果如图 2-21 所示。

⑥ 单击“镶嵌融合”菜单下“影像校正”命令，并保存校正结果。

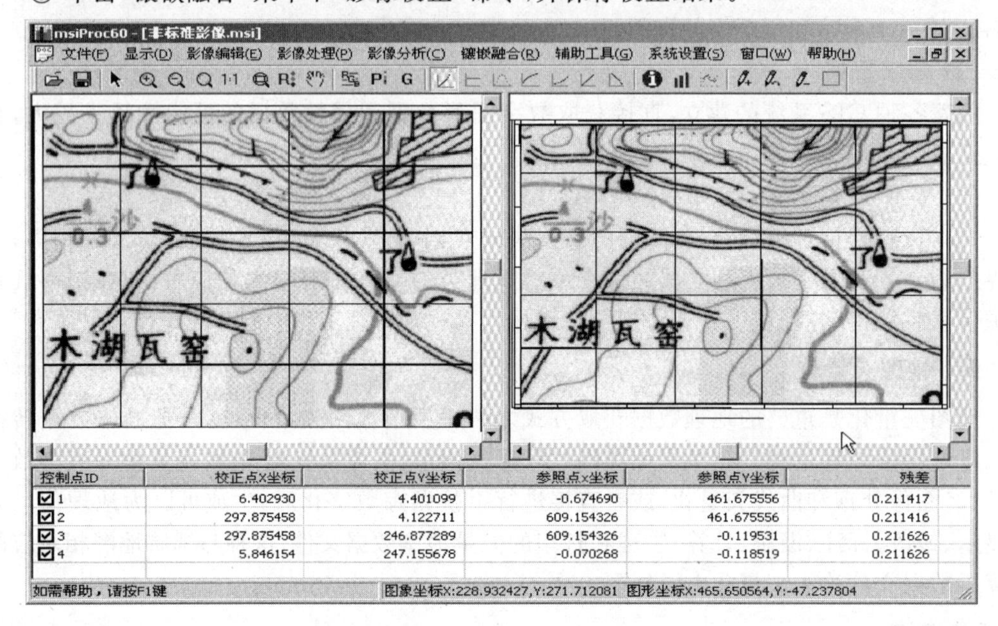

图 2-21 影像校正预览

(3) 新建工程

① 单击“输入编辑”子系统，在弹出的每个对话框中默认设置，依次单击“确定”按钮，新建一工程。

② 单击“矢量化”菜单下的“装入光栅文件”命令。装入光栅矢量化的光栅文件。

③ 读图、分层，建立点、线、面文件，如图 2-22 所示。

④ 单击“文件”菜单下的“保存工程文件”命令，保存创建工程为“木湖瓦窑. mpj”。

图 2-22 新建点、线、面文件

(4) 创建图例板

矢量化时，在输入每一类图元之前，都要进入菜单修改此类图元的缺省参数，这样无疑是重复操作，并且影响工作效率。为此，可以生成含有固定参数的工程图例，系统将其放到图例板中，在数据输入时，直接拾取图例板中某一图元的固定参数，这样就可以灵活输入了。

① 在“工程管理窗口”中，单击鼠标右键，在弹出的快捷菜单中，选择“新建工程图例”命令，系统弹出“工程图例编辑器”对话框，如图 2-23 所示。

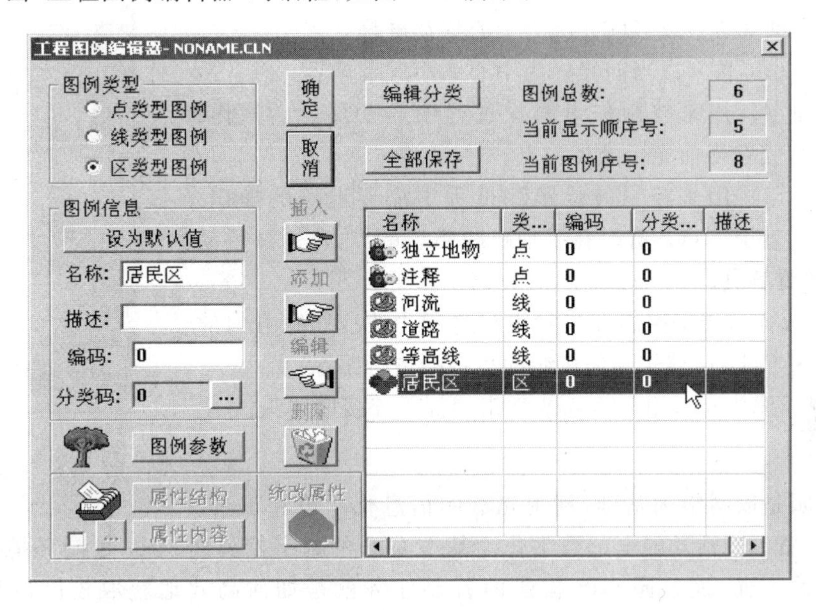

图 2-23 工程图例编辑器对话框

② 选择“图例类型”，然后给该图例命名，并修改其对应的编码和分类码（这里采用默认为 0）。

③ 单击“图例参数”按钮，设定图例的各项参数，按照表 2-15 的内容分别对点文件的子图号、子图的高度和宽度等，线文件的线型、颜色，X、Y 方向的比例系数，面文件的填充颜色、图案等进行设置。

表 2-15 **图例符号参数设置**

图例符号	符号参数
独立地物.wt	子图号为 216，子图高度、宽度都为 6，子图颜色 6
等高线.wl	线型号为 1，线宽为 0.05，线颜色为 153，X 系数、Y 系数都为 10
地貌.wl	线型号为 20，线宽为 0.05，线颜色为 81，X 系数为 5、Y 系数为 3
水系.wl	线型号为 1，线宽为 0.05，线色为 2，X 系数、Y 系数都为 10
道路.wl	线型号为 1，线宽为 0.05，线颜色为 7，X 系数、Y 系数都为 10
居民地.wp	填充颜色为 3，填充图案为 8，图案高度、亮度都为 5，图案颜色为 5

④ 单击“添加”按钮，依次添加图例符号到当前的图例文件中。

⑤ 所有的图例编辑完成后，单击“全部保存”按钮，保存为“图例板.cln”的图例文件，如图 2-24 所示。

(5) 矢量化

借助图例板,分别对各图层要素逐一矢量化。在矢量化时,可利用以下功能键:

F5 键(放大屏幕):以当前光标为中心放大屏幕内容。

F6 键(移动屏幕):以当前光标为中心移动屏幕。

F7 键(缩小屏幕):以当前光标为中心缩小屏幕内容。

F8 键(加点):用来控制矢量跟踪过程中需要加点的操作。按一次 F8 键,就在当前光标处加一点。

F9 键(退点):用来控制矢量跟踪过程中需要退点的操作。按一次 F9 键,就退一点。有时在手动跟踪错误的点,再通过手动加点跟踪,即可解决。

F11 键(改向):用来控制在矢量跟踪过程中改变跟踪方向的操作。按一次 F11 键,就转到矢量线的另一端进行跟踪。

F12 键(抓线头):可用 F12 功能键来捕捉需连接的线头。

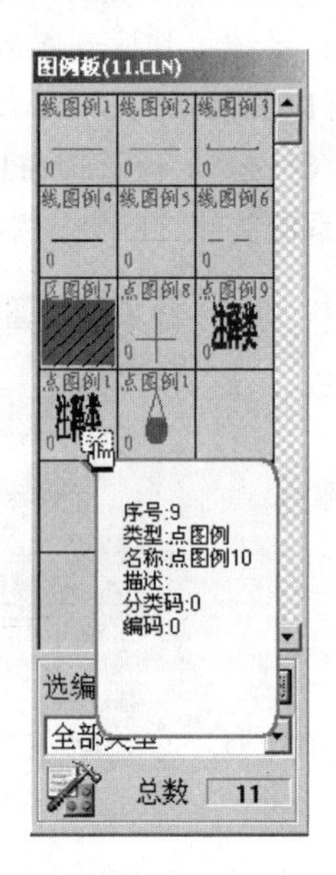

图 2-24 图例板

技能训练

数字校园是以网络为基础,利用先进的信息化手段和工具,实现从环境、资源到活动的全部数字化。基于 GIS 的数字校园建设中,校园环境的数字化是一个重要的方面,而校园 GIS 构建的首要任务就是如何高效地获取校园的地理空间数据。

(1) 野外数据采集。利用全站仪、GPS 进行学校碎部点数据采集。

(2) 内业数据采集。利用南方 CASS 软件实现学校地形图碎部点成果成图。利用 MapGIS 软件实现学校地形图碎部点成果成图。

(3) 扫描矢量化。利用 MapGIS 软件实现学校原有地形图或总体平面规划图的扫描矢量化。

(4) 利用摄影测量与遥感影像进行立体测图和属性数据提取。

思考练习

1. 生产实践中使用的空间数据采集方法主要有哪些?并分析。
2. 总结扫描矢量化过程中应注意的问题。

任务二 属性数据采集

任务描述

属性数据是空间数据的重要组成部分,是地理信息系统进行应用分析的核心对象。如何采集、整理、录入属性数据是采集过程中必不可少的内容。

相关知识

属性数据在 GIS 中是空间数据的组成部分。例如,道路可以数字化为一组连续的像素或矢量表示的线实体,并可用一定颜色、符号把 GIS 的空间数据表示出来,这样,道路的类型就可用相应的符号来表示。而道路的属性数据则是指用户还希望知道的道路宽度、表面类型、建筑方法、建筑日期、入口覆盖、水管、电线、特殊交通规则、每小时的车流量等。这些数据都与道路这一空间实体相关。这些属性数据可以通过给予一个公共标识符与空间实体联系起来。

属性数据的录入主要采用键盘输入的方法，有时也可以辅助于字符识别软件。

当属性数据的数据量较小时，可以在输入几何数据的同时，用键盘输入；但当数据量较大时，一般与几何数据分别输入，并检查无误后转入到数据库中。

为了把空间实体的几何数据或属性数据联系起来，必须在几何数据与属性数据之间有一公共标识符。标识符可以在输入几何数据或属性数据时手工输入，也可以由系统自动生成（如用顺序号代表标识符）。只有当几何数据与属性数据没有公共数据项时，才能将几何数据与属性数据自动地连接起来；当几何数据或属性数据没有公共标识码时，只有通过人机交互的方法，如选取一个空间实体，再指定其对应的属性数据表来确定两者之间的关系，同时自动生成公共标识码。

一、属性数据的来源

属性数据获取的方法多种多样，主要有：

① 摄影测量与遥感影像判读获取。

② 实地调查或研讨。

③ 其他系统属性数据共享。

④ 数据通信方式获取。

二、属性数据的分类

属性数据根据其性质可分为定性属性、定量属性和时间属性。

① 定性属性是描述实体性质的属性，例如建筑物结构、植被种类、道路等级等属性。

② 定量属性是量化实体某一方面量的属性，例如质量、重量、年龄、道路宽度等属性。

③ 时间属性是描述实体时态性质的属性。

三、属性数据的编码

对于要直接记录到栅格或矢量数据文件中的属性数据，则必须先对其进行编码，将各种属性数据变为计算机可以接受的数字或字符形式，便于 GIS 存储管理。下面，主要从属性数据的编码原则、编码内容和编码方法方面进行说明。

1. 编码原则

属性数据编码一般要基于以下五个原则：

① 编码的系统性和科学性。编码系统在逻辑上必须满足所涉及学科的科学分类方法，以体现该类属性本身的自然系统性。另外，还要能反映出同一类型中不同的级别特点。一个编码系统能否有效运作，其核心问题就在于此。

② 编码的一致性。一致性是指对象的专业名词、术语的定义等必须严格保证一致，对代码所定义的同一专业名词、术语必须是唯一的。

③ 编码的标准化和通用性。为满足未来有效地进行信息传输和交流，所制定的编码系统必须在有可能的条件下实现标准化。

④ 编码的简洁性。在满足国家标准的前提下每一种编码应该是以最小的数据量载负最大的信息量，这样，既便于计算机存储和处理，又具有相当的可读性。

⑤ 编码的可扩展性。虽然代码的码位一般要求紧凑经济、减少冗余代码，但应考虑到实际使用时往往会出现新的类型需要加入到编码系统中，因此编码的设置应留有扩展的余地，避免新对象的出现使原编码系统失效，造成编码错乱。

2. 编码内容

属性编码一般包括三个方面的内容：

① 登记部分，用来标识属性数据的序号，可以是简单的连续编号，也可划分不同层次进行顺序编码。

② 分类部分，用来标识属性的地理特征，可以采用多位代码反映多种特征。

③ 控制部分，用来通过一定的查错算法，检查在编码、录入和传输中的错误，在属性数据量较大的情况下具有重要意义。

3. 编码方法

编码的一般步骤是：① 列出全部制图对象清单。② 制定对象分类、分级原则和指标将制图对象进行分类、分级。③ 拟定分类代码系统。④ 设定代码及其格式。设定代码使用的字符和数字、码位长度、码位分配等。⑤ 建立代码和编码对象的对照表。这是编码最终成果档案，是数据输入计算机进行编码的依据。

属性的科学分类体系无疑是 GIS 中属性编码的基础。目前，较为常用的编码方法有层次分类编码法与多源分类编码法两种基本类型。

(1) 层次分类编码法

层次分类法是将初始的分类对象按所选定的若干个属性或特征一次分成若干层目录，并编制成一个有层次、逐级展开的分类体系。其中，同层次类目之间存在并列关系，不同层次类目之间存在隶属关系，同层次类目互不交叉、互不重复。层次分类法的优点是层次清晰，使用方便；缺点是分类体系确定后，不易改动，当分类层次较多时，代码位数较长。考虑到人对图形符号等级的感受，分级数不宜超过8级。编码的基础是分类分级，而编码的结果是代码。代码的功能体现在三个方面：代码表示对象的名称，是对象唯一的标志；代码也可作为区分分类对象类别的标志；代码还可以作为区别对象排序的标志。图 2-25 以土地利用类型的编码为例，说明层次分类编码法所构成的编码体系。

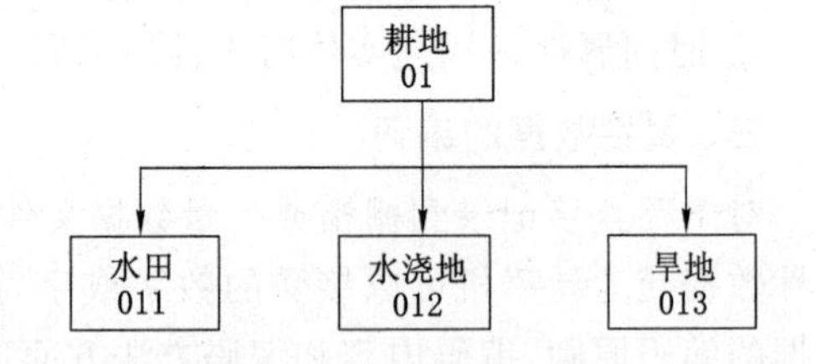

图 2-25 土地利用类型编码

(2) 多源分类编码法

多源分类编码法又称独立分类编码法，是指对于一个特定的分类目标，根据诸多不同的分类依据分别进行编码，各位数字代码之间并没有隶属关系。表 2-16 以河流为例说明了属性数据多源分类编码法的编码方法。

例如，11234 表示常年河，通航，河流长 2 km，宽 2～5 m，深度为 30～60 m。由此可见，这种编码方法一般具有较大的信息量，有利于对空间信息进行综合分析。

在实际工作中，也往往将以上两种编码方法结合使用，以达到更理想的效果。

表 2 16　　河流编码的标准分类方法

是否通航	流水季节	河流长度	河流宽度	河流深度
通航：1 不通航：2	常年河：1 时令河：2 消失河：3	＜1 km：1 ＜2 km：2 ＜5 km：3 ＜10 km：4 ＞10 km：5	＜1 m：1 1～2 m：2 2～5 m：3 5～20 m：4 20～50 m：5 ＞50 m：6	5～10 m：1 10～20 m：2 20～30 m：3 30～60 m：4 60～120 m：5 120～300 m：6 300～500 m：7 ＞500 m：8

任务实施

一、任务内容

在空间数据库系统中，图形数据与属性数据一般采用分离组织的方法存储，以增强整个系统数据处理的灵活性，尽可能减少不必要的机时与空间上的开销。然而，地理数据处理又要求对区域数据进行综合性处理，其中包括图形数据与属性数据的综合性处理。因此，图形数据与属性数据的连接是很重要的。MapGIS 提供了强大的属性数据管理功能，利用 MapGIS 属性数据管理子系统建立中国人口属性数据与行政区空间数据的连接。

二、任务实施步骤

在输入空间数据时，对于矢量数据结构，通过拓扑造区建立多边形，直接在图形实体上附加一个识别符或关键字。属性数据的数据项放在同一个记录中，记录的顺序号或某一特征数据项作为该记录的识别符或关键字。空间和数据连接较好的方法是通过识别符或关键字把数据与已数字化的点、线、面空间实体连接在一起。识别符或关键字都是空间与非空间数据的连接和相互检索的联系纽带。因此，要求空间实体带有唯一性的识别符或关键字。

(1) 关键字设置

为了将中国人口属性数据与行政区空间数据连接，必须建立两者之间的关系。可通过人口属性数据的 ID 字段和中国地图区属性的 ID 字段来实现，但一定要使两者的 ID 号一一对应。

(2) 行政区空间数据与人口属性数据连接

① 在主界面中选择库管理→属性库管理→文件→导入，通过“导入”把“人口属性. xls”“人口属性. mdb”或“人口属性. dbf”中的任一文件导入保存为“人口属性. wb”文件。这里“以人口属性. mdb”为例说明导入方法，当界面进入到“导入外部数据”对话框后，选择数据源后的“+”图标，打开 ODBC 数据源管理器，选择 MS Access Database 数据源进行配置，选择数据库，如图 2-26 所示，确定后回到“导入外部数据”对话框，如图 2-27 所示。

② 连接属性：把区文件“中国地图. wp”和“人口属性. wb”文件以“ID”为关键字连接。选择属性→连接属性菜单，弹出属性连接对话框，如图 2-28 所示。

点击“确定”按钮，系统即自动连接属性。装入“中国地图. wp”文件，可以在窗口中看到连入字段及属性数据被连接到“中国地图. wp”文件中。

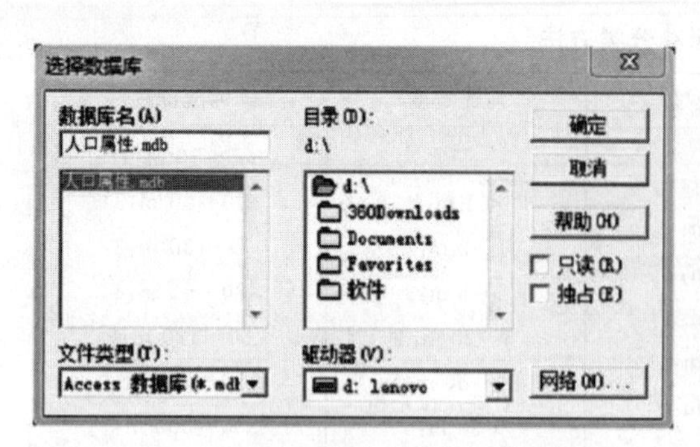

图 2-26 选择人口属性.mdb 数据库

图 2-27 导入人口属性.mdb 为人口属性.wb

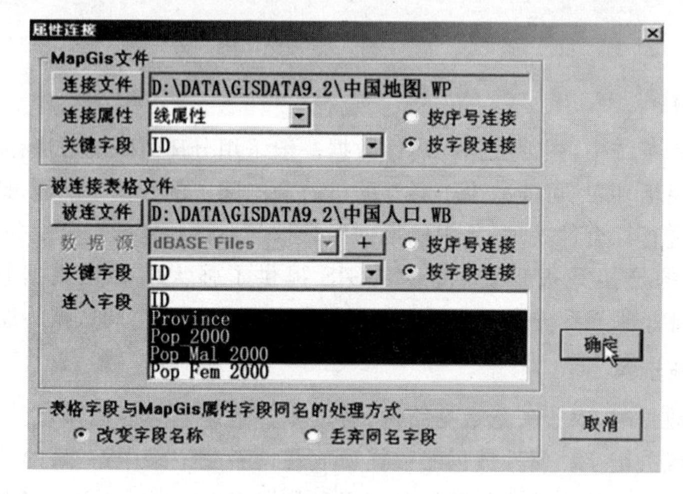

图 2-28 属性连接对话框

技能训练

校园 GIS 除具有准确的图形数据外，还应该具有丰富的属性数据，才能为管理决策提供足够的信息。校园 GIS 建设过程中，在图形数据采集整理的同时还应采集图形数据对应的属性数据。

（1）建立属性数据表

通过对学校基建科、教务处、网络中心、后勤等管理部门的实际工作进行调研，收集、整理数据资料，建立属性数据表。

（2）属性数据和图形数据连接

将整理好的属性数据和图形数据用 MapGIS 软件进行连接。

思考练习

1. 属性数据采集的方法有哪些？
2. 属性数据编码的方法有哪些？
3. 属性数据和图形数据连接过程中要注意哪些问题？

任务三　空间数据格式转换

任务描述

地理信息系统经过30多年的发展，应用已经相当广泛，积累了大量数据资源。由于使用了不同的GIS软件，数据存储的格式和结构有很大的差异，为多源数据综合利用和数据共享带来不便。在这一任务当中我们将解决空间数据格式之间变换的问题，为实现数据共享利用提供方便。

相关知识

一、空间数据交换模式

(1) 基于通用数据交换格式的数据转换共享模式

在地理信息系统发展初期，地理信息系统的数据格式被当作一种商业秘密，因此对地理信息系统数据的交换使用几乎是不可能的。为了解决这一问题，通用数据交换格式的概念被提了出来。目前，国内外GIS软件都提供了图形标准数据交换格式(dxf)的输入输出功能，实现了不同GIS软件数据的交换，如图2-29所示。

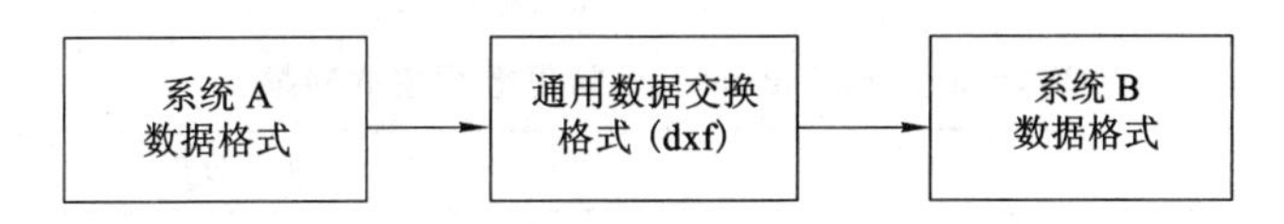

图2-29　基于通用数据交换格式的数据转换

(2) 基于外部文本文件的数据转换共享模式

由于商业秘密或安全等原因，用户难以读懂GIS软件本身的内部数据格式文件，为促进软件的推广应用，部分GIS软件向用户提供了外部文本文件。通过该文本文件，不同的GIS软件也可实现数据的转换，根据GIS软件本身的功能不同，数据转换的次数也有差别，如图2-30所示。

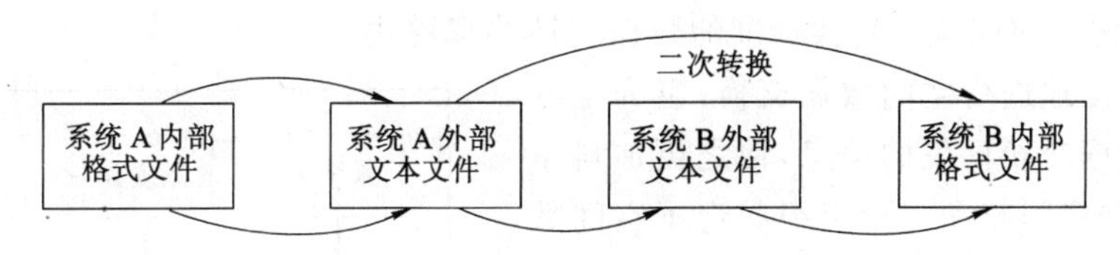

图2-30　基于外部文本文件的数据转换

(3) 基于直接数据访问的共享模式

直接数据访问是指在一个GIS软件中实现对其他软件数据格式的直接访问。对于一些典型的GIS软件，尤其是国外GIS软件，用户可以在一个GIS软件中存取多种其他格式的数据，如Intergraph公司的Geomedia软件可存取其他各种软件的数据，如图2-31所示。直接访问可避免烦琐的数据转换，为信息共享提供了一种经济实用的模式，但这种模式的信息共享要求建立在对宿主软件的数据格式充分了解的基础上，如果宿主软件的数据格式发生变化，数据转换的功能则需要升级或改善。一般这种数据转换功能要通过 GIS 软件开发商相互合作实现。

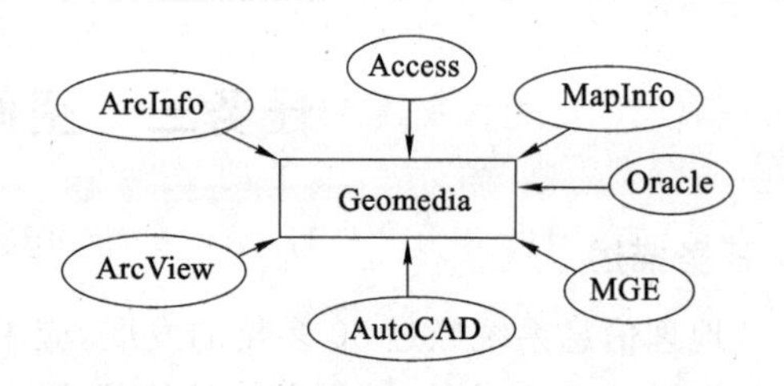

图 2-31 基于直接数据访问的共享模式

(4) 基于通用转换器的数据转换共享模式

由加拿大 Safesoftware 公司推出的 FME (Feature Manipulate Engine, FME) universal translator 可实现不同数据格式之间的转换。该方法是基于 OpenGIS 组织提出的新的数据转换理念“语义转换”，通过在转换过程中重构数据的功能，实现了不同空间数据格式之间的相互转换。由于 FME 在数据转换领域的通用性，它正在逐渐成为业界在各种应用程序之间共享地理空间数据的事实标准。作为 FME 的旗舰产品，FME universal translator 是个独立运行的强大的 GIS 数据转换平台，它能够实现 100 多种数据格式如 dwg、dxf、dgn、Arc/Info Coverage、ShapeFile、ArcSDE、Oracle SDO 等的相互转换。从技术层面上说，FME 不再将数据转换问题看作是从一种格式到另一种格式的变换，而是完全致力于将 GIS 要素同化并向用户提供组件，以使用户能够将数据处理为所需的表达方式。FME universal translator 支持的常用空间数据格式之间的转换及效果见表 2-17。

表 2-17 FME universal translator 常见数据模式转换

转换格式		转换效果
dgn→ArcSDE	dgn→dwg	1. 保证属性信息和图形信息一致
ArcSDE→dgn	E00→dgn	2. 保证转换前后图面内容一致
dgn→MapInfo	dgn→E00	3. 转换不丢失信息
MapInfo→dgn	EPSW→dgn	4. 自动进行坐标系转换
MapInfo→Arc/Info	dgn→EPSW	5. 自动进行投影变换
Arc/Info→MapInfo	VirtuoZo→dgn	6. 可以完成比较复杂的数据处理过程，比如给数据加属性值等
dwg→dgn		

(5) 基于国家空间数据转换标准的数据转换共享模式

为了更方便地进行空间数据交换，也为了尽量减少空间数据交换损失的信息，使之更加科学化和标准化，许多国家和国际组织制定了空间数据交换标准，如美国的 STDS，中国也制定了相应的空间数据交换格式标准(CNSDTF)。有了空间数据交换的标准格式后，每个系统都提供读写这一标准格式空间数据的程序(图 2-32)，从而避免大量的编程工作，但目前国内 GIS 软件较少具备国家空间数据交换格式读写功能。

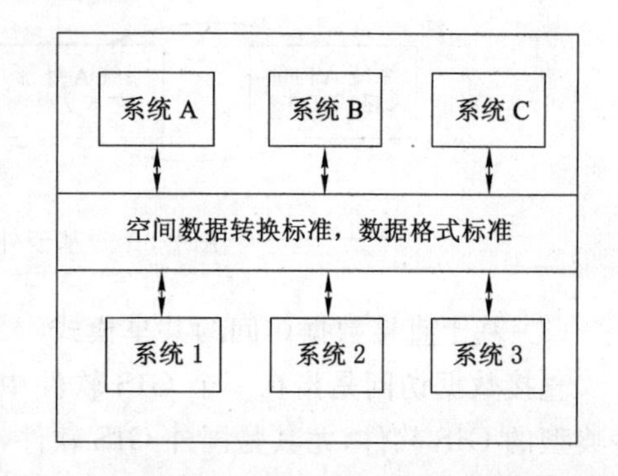

图 2-32 基于空间数据转换标准的数据转换

二、数据转换内容

(1) 图形数据

图形数据格式转换要求：① 图形数据没有丢失坐标，形状不发生变化；② 数据分层有一一对应的转换关系；③ 拓扑结构不发生变化。

（2）属性数据

空间数据转换为其他平台数据时图形数据对应的属性数据无错漏。

三、空间数据转换途径

基于以上数据转换模式，几乎所有的GIS软件都提供了面向其他平台的双向转换工具，如ArcInfo提供了AutoCAD、MapInfo等格式的双向转换工具，MapInfo也提供了对ArcInfo和dwg/dxf格式数据的双向转换工具，国产软件如MapGIS、SuperMap等软件也提供了和大多数其他格式数据交换的转换工具。

任务实施

一、任务内容

随着各行各业数字化进程的不断推进，各类GIS软件在不同领域的应用日益广泛，GIS软件数据格式转换问题也越来越突出，目前各类GIS软件都自带了与当前主流GIS软件的数据格式转换功能。通过对以上空间数据格式转换知识的学习，在MapGIS平台上完成dxf/dwg格式数据到其他格式数据之间的转换。

二、任务实施步骤

AutoCAD格式的图件转入MapGIS平台要注意以下几点：

① 每一张图纸必须作为一个单独的文件，不能有其他不相关的内容。

② AutoCAD图件中的图层划分要清晰，不同性质的要素放在不同的图层中。图层划分的原则可以参照建库要求中对图层划分的规定。如果在AutoCAD中的分层能满足建库要求转入MapGIS，则不需要再分层。

③ AutoCAD图件转入MapGIS前，要将所有的充填内容炸开分解，不能炸开分解的全部删除，在点和线转入MapGIS后，再建区充色。

④ AutoCAD图件转出时，存储为dxf文件，dxf是用于与MapGIS进行数据交换的AutoCAD格式文件。

下面以AutoCAD 2004软件下的一张1∶5 000地形图转换进行说明。

① 将AutoCAD文件另存为dxf文件（R12版本）；存储文件类型选为AutoCAD R12/LT2 dxf（命名为*.dxf）。

② 在将AutoCAD数据转换为MapGIS数据时，经常会遇到两边的线型库、颜色库的编码不一致，而且在AutoCAD中有些图元是以块的形式组成，这样就造成转换后形成“张冠李戴”，有时两边无法对应。另外，在转换时还经常需要将AutoCAD的某层转换为MapGIS的对应层。因此，系统提供了一套对照表文件接口：符号对照表——arc_map.pnt；线型对照表——arc_map.lin；颜色对照表——cad_map.clr；层对照表——cad.map.tab。

将系统库目录设为..\suvslib，并将..\slib目录下的上述四个对照表文件拷贝至系统库目录..\suvslib下；对系统库目录..\suvslib下这四个对照表文件进行编辑，可直接用记事本的方式打开，需注意的是对照表中MapGIS编码是在“数字测图”系统中查到的，并且要区分对照表的大小写。

符号对照表——arc_map.pnt

AutoCAD(块名)	MapGIS(编码)
CG2341	12
CG2342	13
CG2343	14

线型对照表——arc_map. lin

AutoCAD(线型)	MapGIS(编码)
cunjie	12
xianjie	13
shengjie	14

颜色对照表——cad_map. clr

MapGIS(颜色号)	AutoCAD(颜色号)
1	10
2	4
3	6

层对照表——cad. map. tab

MapGIS(图层号)	AutoCAD(图层名)
0	TREE_LAYER
1	STREET
2	TIC
255	HOUSE

③ 运行 MapGIS 图形处理的文件转换，装入 dxf 文件。

④ 此时地形图中所有分层都在其中，为了在 MapGIS 中修改图层的方便，分成 4 层(可以按照图层先后顺序进行转出)。

⑤ 处理实体完成后，点击右键“复位窗口”，即可显示转入的“图框”。

⑥ 在文件窗口中，按提示另存 MapGIS 所需的点. wt、线. wl 文件，根据所转入图层名称进行命名。

其他各图层转入方法类似。

技能训练

校园 GIS 建设中，dwg 格式的校园地形图是最主要的一种空间数据，通过数据格式转换，将其转换到 MapGIS、MapInfo、ArcGIS 等平台。

思考练习

1. 分析空间数据格式转换模型的特点。
2. 说明空间数据格式转换过程中涉及的内容。

项目小结

GIS 的核心是空间数据库，而空间数据又是空间数据库的核心，所以获取数据是 GIS 的重要环节。掌握空间数据获取的相关知识，对保证 GIS 分析应用的有效性具有重要意义。

本项目的重点是空间数据采集和属性数据采集，其中矢量数据结构和栅格数据结构尤为重要。在矢量数据结构中，重点是矢量数据双重独立式结构和链状双重独立式结构以及属性数据的采集，这两种结构具有拓扑信息，在栅格数据结构中应主要掌握几种编码方式，并能根据栅格数据的属性值绘制出四叉树状图。

职业知识测评

1. 单选题

(1) 某校的课程设计是建立某市的旅游电子地图，其正确的流程是________。

A. 旅游图扫描→非标准图幅校正→制作图例板→分层矢量化→属性数据录入

B. 旅游图扫描→标准图幅校正→分层矢量化→制作图例板→属性数据录入

C. 旅游图扫描→非标准图幅校正→分层矢量化→制作图例板→属性数据录入

D. 旅游图扫描→非标准图幅校正→属性数据录入→制作图例板→分层矢量化

(2) 组成区域边界的曲线段称为________。

A. 弧段　　B. 线段　　C. 边线　　D. 边界

(3) 下列哪些数据格式为栅格数据？________

A. *.dwg　　B. *.dat　　C. *.wl　　D. *.jpg

(4) 下列哪些数据格式为矢量数据？________

A. *.mpg　　B. *.dat　　C. *.wl　　D. *.jpg

(5) MapGIS中上标的输入方式为________。

A. #－　　B. #＝　　C. #※　　D. #＋

(6) MapGIS对图像进行校正使用的是哪些菜单下的功能？________

A. 影像编辑　　B. 影像处理　　C. 影像分析　　D. 镶嵌融合

(7) MapGIS中注释如何输入分子式？________

A. 分子/分母　　B. /分子/分母/　　C. 分子|分母　　D. |分子|分母|

(8) 在MapGIS属性库管理模块中，连接属性时，关键字段的________必须相同。

A. 字段名称　　B. 字段序号　　C. 字段长度　　D. 字段类型

(9) 点元编辑包括空间数据编辑和________编辑。前者是改变控制点的位置，增减控制点等操作；后者包括改变点元内容、颜色、角度、大小等。

A. 属性　　B. 位置　　C. 参数　　D. 坐标

(10) MapGIS中对于属性结构的改变是否只能在属性库管理模块中进行？________

A. 是　　B. 不是　　C. 不确定　　D. 以上都不对

(11) MapGIS中图像文件转换使用的是哪一个功能模块？________

A. 输入编辑　　B. 投影变换　　C. 图像分析　　D. 误差校正

(12) MapGIS数据格式转换所使用的功能模块为________。

A. 输入编辑　　B. 输出　　C. 文件转换　　D. 误差校正

(13) 在MapGIS属性库管理模块中，连接属性时，属性数据存储在哪类文件中？________

A. dbf　　B. bb　　C. wb　　D. wp

2. 判断题

(1) 栅格数据精度的提高就意味着数据冗余的增加。 (　　)

(2) 栅格结构与矢量结构相比较数据结构简单,冗余度大。 (　　)

(3) 得到栅格数据的唯一方法是扫描输入。 (　　)

(4) 对一幅地图而言,要保持同样的精度,栅格数据量要比矢量数据量小。 (　　)

(5) 在描述空间对象时,可以将其抽象为点、线、面三类基本元素。 (　　)

(6) 在栅格数据结构中,整个地理空间被随意地分为了一个个小块。 (　　)

(7) 栅格数据表示地物的精度取决于数字化方法。 (　　)

(8) 数据处理是对地图数字化前的预处理。 (　　)

(9) 遥感影像属于典型的栅格数据结构,其特点是位置明显,属性隐含。 (　　)

(10) GIS 所包含的数据均与地理空间位置相联系。 (　　)

职业能力训练

训练 2-1　矢量数据结构编码

根据图 2-33 所示的矢量数据进行链状双重独立式结构编码,多边形文件、弧度文件、弧度坐标文件分别参照表 2-8、表 2-9 和表 2-10 的格式进行填写。

训练 2-2　栅格数据结构编码

根据图 2-34 所示的栅格数据分别进行直接栅格编码、游程长度编码、块状编码和四叉树编码。

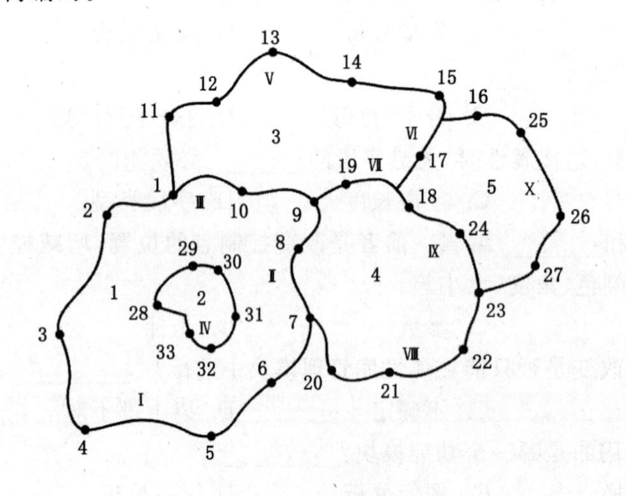

图 2-33　矢量数据

2	2	3	3	3	0	0	0
2	3	3	3	0	0	0	0
1	1	0	0	0	0	5	5
1	0	0	0	4	4	5	5
0	0	0	4	5	5	5	5
6	0	0	4	5	5	5	5
6	6	6	5	5	5	5	5
6	6	5	5	5	5	5	5

图 2-34　栅格数据

训练 2-3　栅格数据转换为矢量数据

准备一份扫描好的地形图,按照 GIS 的格式要求,利用屏幕数字化的方法把栅格数据转换为矢量数据。

项目三　GIS空间数据处理

【项目概述】

由于空间数据源的复杂性，加上面临问题的多样性，使得GIS中数据源种类繁多，表达方法各不相同。数据源中往往存在着比例尺及投影坐标不统一、数据结构类型不一致、数据冗余、数据错误等一系列问题。通过空间数据处理可实现数据的规范化。

通过本项目的学习，学生将为从事GIS数据处理岗位工作打下基础。

【教学目标】

◆知识目标

1. 掌握地理实体要素编辑与处理、建立矢量数据拓扑关系的方法。
2. 掌握空间数据误差校正、投影变换、图形剪裁与合并的内容和方法。

◆能力目标

1. 能进行实体要素编辑与处理、建立矢量数据拓扑关系。
2. 能进行空间数据误差校正、投影变换。
3. 能进行图形剪裁与合并。

任务一　空间数据编辑

任务描述

由于各种空间数据源本身的误差，以及数据采集过程中不可避免的错误，使获得的空间数据不可避免地存在各种错误。为了净化数据，满足空间分析与应用的需要，在采集完数据之后，必须对数据进行必要的检查，包括空间实体是否遗漏、是否重复录入某些实体、图形定位是否错误、属性数据是否准确以及与图形数据的关联是否正确等。数据编辑是数据处理的主要环节，并贯穿于整个数据采集与处理过程。

相关知识

地理信息系统中对空间数据的编辑主要是对输入的图形数据和属性数据进行检查、改错、更新及加工，以完成GIS空间数据在装入GIS地理数据库前的准备工作，是实现GIS功能的基础。

一、图形数据编辑

1. 图形数据错误及检查方法

空间数据采集过程中，人为因素是造成图形数据错误的主要原因。如数字化过程中手的抖动，两次录入之间图纸的移动，都会导致位置不准确，并且在数字化过程中难以实现完全精确的定位。常见的数字化错误是线条连接过头和不及两种情况。此外，在数字化后的地图上，经常出现的错误有以下几种(图 3-1)：

① 伪节点：当一条线没有一次录入完毕时，就会产生伪节点。伪节点使一条完整的线变成两段。

② 悬挂节点：当一个节点只与一条线相连接，那么该节点称为悬挂节点。悬挂节点有过头和不及、多边形不封闭、节点不重合等几种情形。

③ 碎屑多边形：碎屑多边形也称条带多边形。因为前后两次录入同一条线的位置不可能完全一致，就会产生碎屑多边形，即由于重复录入而引起。另外，当用不同比例尺的地图进行数据更新时也可能产生。

④ 不正规的多边形：在输入线的过程中，点的次序倒置或者位置不准确会引起不正规的多边形。在进行拓扑生成时，会产生碎屑多边形。

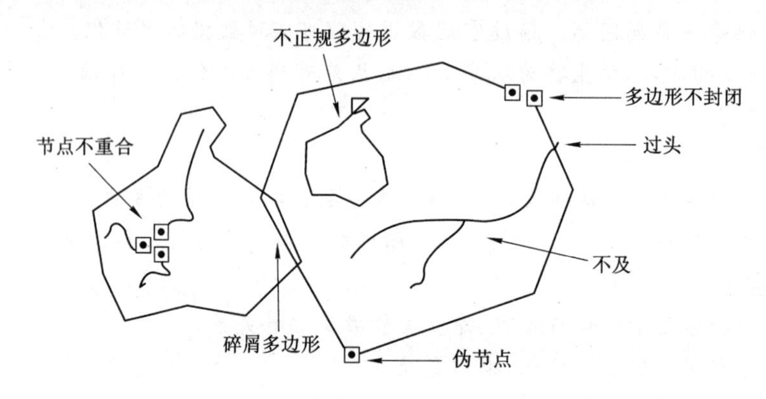

图 3-1　数据错误示意图

上述错误一般会在建立拓扑的过程中发现。其他图形数据错误，包括遗漏某些实体、重复录入某些实体、图形定位错误等的检查一般可采用如下方法进行：

① 叠合比较法，即把成果数据打印在透明材料上，然后与原图叠合在一起，在透光桌上仔细观察和比较。叠合比较法是空间数据数字化正确与否的最佳检核方法，对于空间数据的比例尺不准确和空间数据的变形马上就可以观察出来。如果数字化的范围比较大，分块数字化时，除检核一幅(块)图内的差错外，还应检核已存入计算机的其他图幅的接边情况。

② 目视检查法，指在屏幕上用目视检查的方法，检查一些明显的数字化误差与错误。

③ 逻辑检查法，根据数据拓扑一致性进行检验，如将弧段连成多边形，数字化节点误差的检查等。

2. 图形数据编辑

图形数据编辑是纠正数据采集错误的重要手段，图形数据的编辑分为图形参数编辑及图形几何数据编辑，通常用可视化编辑修正。图形参数主要包括线型、线宽、线色、符号尺寸和颜色、面域图案及颜色等。图形几何数据的编辑内容较多，其中包括点的编辑、线的编辑、面的编辑等，编辑命令主要有增加数据、删除数据和修改数据等三类，编辑的对象是点元、线元、面元及目标。点的编辑包括点的删除、移动、追加和复制等，主要用来消除伪节点或者将两弧段合并等；线的编辑包括线的删除、移动、复制、追加、剪断和使光滑等；面的编辑包括面的删除、面形状变化、面的插入等。编辑工作的完成主要利用 GIS 的图形编辑功能(表 3-1)来完成。

表 3-1 地理信息系统的图形编辑功能

点编辑	线编辑	面编辑	目标编辑
删除 移动 拷贝 旋转 追加 水平对齐 垂直对齐 节点平差	删除 移动 拷贝 追加 旋转(改向) 剪断 光滑 求平行线	弧段加点 弧段删点 弧段移动 删除弧段 移动弧段 插入弧段 剪断弧段	删除目标 旋转目标 拷贝目标 移动目标 放大目标 缩小目标 开窗口

节点是线目标(或弧段)的端点,节点在 GIS 中地位非常重要,它是建立点、线、面关联拓扑关系的桥梁和纽带。GIS 中编辑相当多的工作是针对节点进行的。针对节点的编辑主要分为以下几类:

(1) 节点吻合

节点吻合也称节点匹配和节点咬合。例如三个线目标或多边形的边界弧段中的节点本来应是一点,坐标一致,但是由于数字化的误差,三点坐标不完全一致,造成它们之间不能建立关联关系。为此需要经过人工或自动编辑,将这三点的坐标匹配成一致,或者说三点吻合成一个点。

节点匹配有多种方法。第一种是节点移动,分别用鼠标将其中两个节点移动到第三个节点上,使三个节点匹配一致;第二种方法是用鼠标拉一个矩形,落入这种矩形中的节点坐标符合成一致,即求它们的中点坐标,并建立它们之间的关系;第三种是通过求交点的方法,求两条线的交点或延长线的交点,即是吻合的节点;第四种方法是自动匹配,给定一个容差,在图形数字化时或图形数字化之后,在容差范围之内的节点自动吻合在一起(图 3-2)。一般来说,如果节点容差设置合适,大部分节点能够互相吻合在一起,但有些情况下还需要使用前三种方法进行人工编辑。

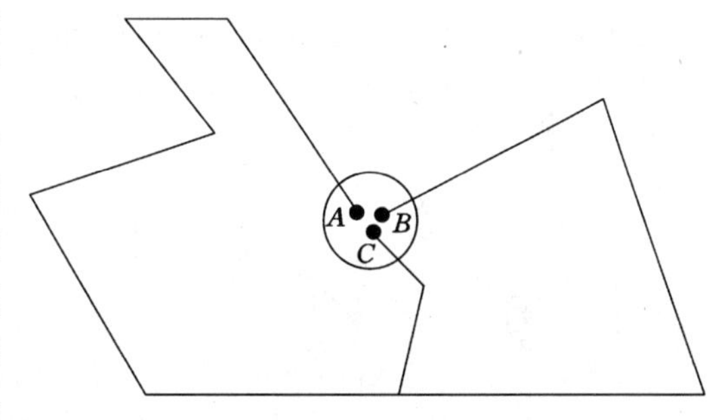

图 3-2 没有吻合在一起的三个节点

(2) 节点与线的吻合

在数字化过程中,经常遇到一个节点与一个线状目标的中间相交,这时由于测量误差,它也可能不完全交于线目标上,而需要进行编辑,称为节点与线的吻合(图 3-3)。编辑的方法也有多种:一是节点移动,将节点移动到线目标上;二是使用线段求交,求出 AB 与 CD 的交点;第三种方法是使用自动编辑的方法,在给定的容差内,将它们自动求交并吻合在一起。

节点与节点的吻合以及节点与线目标的吻合可能有两种情况需要考虑:一种情况是仅要求它们的坐标一致,而不建立关联关系;另一种情况是不仅坐标一致,而且要建立它们之间的空间关联关系。后一种情况下,在图 3-3 中,CD 所在的线目标要分裂成两段,即增加个节点，再与节点 B 进行吻合，并建立它们之间的关联关系，但对于前一种情况，线目标 CD 不变，仅 B 点的坐标作一定修改，使它位于直线 CD 上。

(3) 清除假节点

仅有两个线目标相关联的节点称为假节点，如图 3-4 所示，有些系统要将这种假节点清除掉(Arc/Info)，即将线目标 a 和 b 合并成一条，使它们之间不存在节点，但有些系统不要求清除假节点，如 GeoStar 等，因为这些所谓的假节点并不影响空间查询、空间分析和制图。

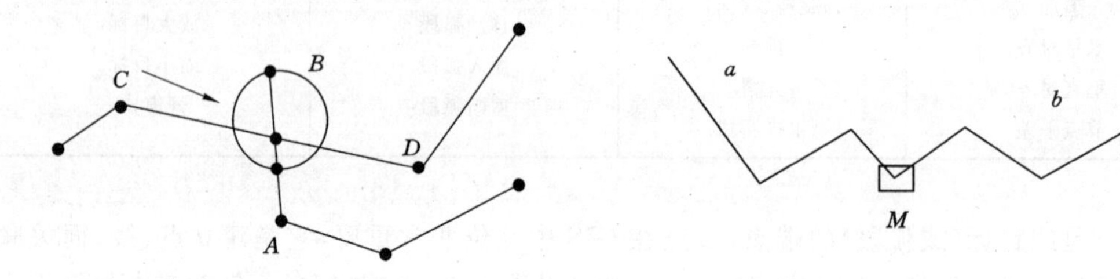

图 3-3 节点与线的吻合　　　　图 3-4 两个目标间的假节点

(4) 删除与增加一个节点

如图 3-5(a)所示，删除顶点 d，此时由于删除顶点 d 后线目标的顶点个数比原来少，所以该线目标不用整体删除，只是在原来存储的位置重新写一次坐标，拓扑关系不变。相反，对有些系统来说，如果要在 cd 之间增加一个顶点，则操作和处理都要复杂得多。在操作上，首先要找到增加顶点对应的线 cd，给一个新顶点位置，如图 3-5(b)所示的 k 点，这时 7 个顶点的线目标 $abcdefg$ 变成由 $abckdefg$ 8 个顶点组成，由于增加了一个顶点，它不能重写于原来的存储位置(指文件管理系统而言)，而必须给一个新的目标标识号，重写一个线状目标，将原来的目标删除，此时需要作一系列处理，调整空间拓扑关系。

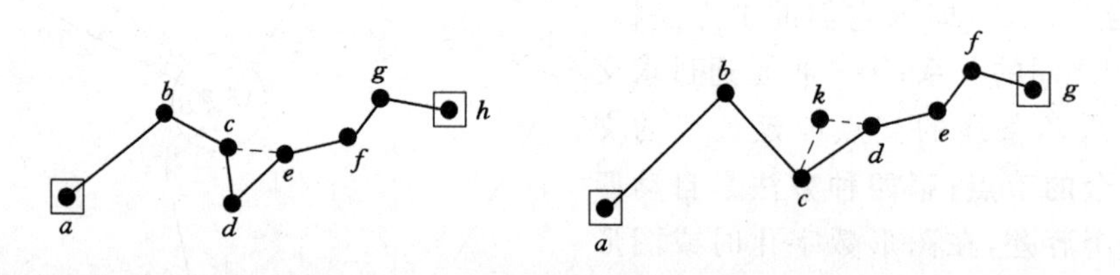

图 3-5

(a) 删除一个顶点；(b) 增加一个顶点

(5) 移动一个顶点

移动一个顶点比较简单，因为只改变某个点的坐标，不涉及拓扑关系的维护和调整。如图 3-6 所示中的 b 点移到 p 点，所有关系不变。

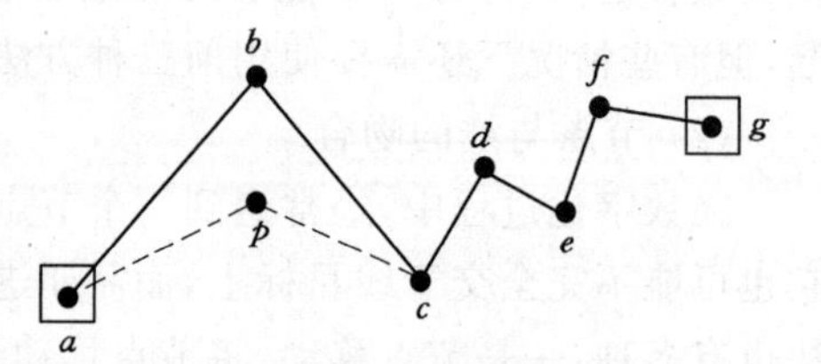

图 3-6 顶点移动

二、属性数据编辑

属性数据校核包括两部分：

① 属性数据与空间数据是否正确关联，标识码是否唯一、不含空值。

② 属性数据是否准确，属性数据的值是否超过其取值范围等。

对属性数据进行校核很难,因为不准确性可能归结于许多因素,如观察错误、数据过时和数据输入错误等。属性数据错误检查可通过以下方法完成:

① 首先可以利用逻辑检查,检查属性数据的值是否超过其取值范围,属性数据之间或属性数据与地理实体之间是否有荒谬的组合。在许多数字化软件中,这种检查通常使用程序来自动完成。例如有些软件可以自动进行多边形节点的自动平差、属性编码的自动查错等。

② 把属性数据打印出来进行人工校对,这和用校核图来检查空间数据准确性相似。对属性数据的输入与编辑,一般在属性数据处理模块中进行。但为了建立属性描述数据与几何图形的联系,通常需要在图形编辑系统中设计属性数据的编辑功能,主要是将一个实体的属性数据连接到相应的几何目标上,亦可在数字化及建立图形拓扑关系的同时或之后,对照一个几何目标直接输入属性数据。一个功能强的图形编辑系统可提供删除、修改、拷贝属性等功能。

任务实施

一、任务内容

对采集后的数据进行编辑操作,是丰富和完善数据以及纠正错误的重要手段,空间数据的编辑主要包括点、线、面、弧段的编辑方法。通过以上基础知识的学习,在MapGIS平台上完成对项目二获取的空间数据编辑。

二、任务实施步骤

1. 确定数据编辑的目的和标准

目的:利用计算机在屏幕上套合检查,要求图内各要素表示清楚、正确、合理,图内各要素代码及附属信息完整、正确。

标准:图内要素分层正确合理,文件名称正确合理,图形要素编辑合理,属性数据正确。

① 点要素正确无误——如名称注记正确,符号定位的位置正确等;

② 线状要素连续、位置正确,符合限差要求——如道路、河流、境界的走向,名称、等级一致,等高线连续,位置正确等;

③ 面状地物闭合,位置正确——如水域、植被、房屋及大型工矿建筑物等闭合;

④ 图内各要素代码及附属信息完整、正确。

2. 线数据编辑

(1) 线图形编辑

通过线编辑菜单可以编辑指定线,但被编辑的线所在的线文件必须设置为当前可编辑状态。

① 选中要编辑的线文件,点击右键,在右键菜单中选择“编辑”,将要编辑的线设置为编辑状态。

② 利用“线编辑”菜单,选择要执行的工作,如“移动线”。

③ 捕获要进行编辑的线。移动光标指向要捕获的线上任意两点,按鼠标左键,如果捕获成功,则这条线变成闪烁显示,如果不成功则不会变。如果光标所指的点是几条线的交点,系统将逐个闪烁显示这几条线,并提示选择所捕获的是哪一条线。

④ 进行线编辑。如“移动线”,移动鼠标将该线拖到适当位置按下左键即完成移动操

作。移动一组线操作过程可分解为两个过程：第一个拖动过程确定一个窗口，落入此窗口的所有线为将要被移动的线；第二个拖动过程确定移动的增量。在屏幕上，用窗口（拖动过程）捕获若干线，按下鼠标左键，拖动鼠标光标到指定的位置松开鼠标即可。

⑤ 点击“确定”，线移动完毕。

⑥ 利用“线编辑”菜单，进行其他功能的编辑，主要包括以下方面：

删除线：删除一条线——捕获一条线将之删除。删除一组线——在屏幕上开一个窗口，将用窗口捕获到的所有曲线全部删除。该功能为一个拖动过程。

移动线：坐标调整——在屏幕上，用窗口（拖动过程）捕获若干线，按下鼠标左键，拖动鼠标光标到指定的位置松开鼠标后，屏幕弹出具体移动的距离，供用户修改。

推移线：移动光标指向要移动的线，按下鼠标左键捕获该线，拖动鼠标光标到指定的位置松开鼠标后，屏幕弹出具体移动的距离，供用户修改。

复制线：复制一条线——捕获一条线，移动鼠标将该线拖到适当位置按下左键将之复制。继续按左键将连续复制直到按右键为止。复制一组线——此操作过程可分解为两个拖动过程，第二个拖动过程确定一个窗口，落入此窗口的所有线为将要被复制的线，第二个拖动过程确定复制线的移动的增量。

阵列复制线：点击“阵列复制”按钮，选择某线，弹出“阵列复制”对话框，进行相应设置后点击“确定”，所复制的线出现在视图中，操作结束。

此时按系统提示输入拷贝阵列的行、列数（行数是基础元素在纵向的拷贝个数，列数是基础元素在横向的拷贝个数）和元素在 X、Y（水平、垂直）方向的距离。依次输入行、列数及 X、Y 方向距离值后系统将完成拷贝工作。

剪断线：点击“剪断线”按钮，在视图上左击选择单个线，该线呈高亮显示，移动鼠标到线需要剪断的位置处左击，线即从该处被剪断，剪断点呈高亮显示。可以重复上述操作单击鼠标右键，数据生成，操作完成。

钝化线：对线的尖角或两条线相交处倒圆。操作时在尖角两边取点，然后系统弹出橡皮筋弧线，此时移到合适位置点按左键，即将原来的尖角变成了圆角。

连接线：将两条曲线连成两条曲线。移动光标到第一条被连接曲线上某点，按下鼠标左键，如捕获成功，该曲线即变成闪烁。然后捕获第二条被连接线，连接时系统把第一条线的尾端和第二条线的最近的一端相连。

延长缩短线：点击“延长缩短线”功能按钮，在视图上选择单个折线选中后即可接着该弧段终点通过加点、退点等操作延长或者缩短该折线，其操作同输入“任意线”。

线上加点：点击“线上加点”按钮，在视图上左击选择单个线，线和线上所有点都高亮显示；在线上左击“添加点”，在加点处按下鼠标左键（不松开）拖动鼠标，可拖选中点到任意位置；松开鼠标左键，点的位置确定；可以重复上述操作单击鼠标右键，数据更新生成，操作完成。在按下鼠标左键拖动点时，按下热键“Ctrl+D”，可弹出对话框，输入地图坐标 X,Y 值，回车后，点自动被移动到输入的位置。

线上删点：点击“线上删点”按钮，在视图上左击选择单个线，该线以及线上所有点都高亮显示。在欲删除的点上按下鼠标左键，该点即被删除，可以重复上述操作，直至该线只剩两个点，单击鼠标右键，数据生成，操作完成。

线上移点：点击“线上移点”按钮，在视图上左击选择单个线，线和线上所有点都高亮显示把鼠标移动到线某点处，按下鼠标左键(不松开)拖动鼠标以改变点的位置，松开鼠标，点位置即被确定。可以重复上述操作，单击鼠标右键，数据生成，操作完成。

造平行线：点击“造平行线”按钮，选择某线，弹出“造平行线”对话框进行相应设置后点击“确定”，平行线出现在视图中，操作结束。可以指定在左侧、右侧或两侧造线，可以指定新线的参数。执行这项功能时，系统会提示输入产生的平行线与原线的距离，距离以 mm 为单位。

改线方向：改变选定的曲线的行进方向，变成它的反方向。

线节点平差：取圆心值落入平差圆中的线头坐标将置为平差圆的圆心坐标，操作和圆心、半径造圆相同。取平均值是一拖动过程，落入平差圆中的线头坐标将置为诸线头坐标的平均值，操作和开窗口相同。

旋转线：可以旋转一条线及一组线。选中线，然后确定旋转中心并拖动鼠标，所选线即跟着转动，到合适位置后放开鼠标，即得到旋转后的结果。

镜像线：可镜像一条或一组，分别可对 X 轴、Y 轴、原点进行镜像，选好以上基本要求后，即可选择欲镜像的线，然后确定轴所在的具体位置，系统即在相关位置生成新的线。

(2) 线参数编辑

参数编辑用于对线图元的属性参数进行修改和设置缺省参数。

修改线参数：用光标捕获一条曲线，然后在线参数板中修改其参数。线参数板中的“线型”按钮和“颜色”按钮，分别用于选线型和线颜色。

统改线参数：统改线参数功能是将满足条件的参数统改为用户设定的参数。若所列的替换条件都没有选择，则为无条件替换，即将所有区域参数统一改为用户设定的参数。相反，若所列的替换结果都没有选择，则不进行替换。各选项前的小方框内若打钩为选择，否则为不选择。选中该功能项后，编辑器弹出线参数统改面板，供用户输入统改条件与替换结果。用户根据自己的要求设置好替换条件和替换结果的参数后，按“OK”键系统即自动搜索满足条件的线参数，并将其替换为结果设定的值。在替换时，凡是替换结果选项前没有打钩的项，都保持原先的值不变。如要统改线颜色，只需将线颜色前的小方框按鼠标左键打钩，其他项不设置，那么替换的结果就只是线颜色，其他值不变。

注：在以上替换中的条件和结果中有关于图层号的选择，利用此功能可以将符合某种条件的图元放到某一层中，然后对该层进行处理，如删除等(对点和区的统改也有相应功能)。

修改缺省线参数：通过本菜单设置缺省线参数，以加快输入的速度。

(3) 线属性编辑

编辑线属性结构步骤如下(与编辑点、线、区属性结构的步骤基本相同)：

① 首先选择属性文件(*. wl)和属性类型。按“OK”键后系统弹出属性结构编辑窗口。

② 输入欲编辑字段结构(名称、类型、长度、小数位数)，每输入完一个结构项，按回车键确认，输入光标跳到下一个结构项，若输入光标位于字段类型上，则系统弹出类型选择模板，用户可以直接选择字段类型。字段长度是该字段最长的字符数，包括正负号和小数点，用户输入的字段长度可以大于实际最大长度，但若小于实际长度，则在表格输出时，将截掉超出部分。

③ 插入项：在当前位置上插入一空行，后面的记录往后移。

④ 删除当前项：将当前结构项删除。

⑤ 移动当前项：移动当前结构项的位置。选择此功能后，光标变为上下移动光标，用户按上下箭头可以移动当前结构项的位置，按回车键或者鼠标右键确认，按 Esc 键或鼠标右键取消移项操作。

⑥ 用户使用上下箭头或上页、下页键可以移动光条位置，即改变当前项。缺省属性项不能修改、删除和移动。

⑦ 属性结构编辑完毕，选择"OK"，则系统用最新结构更换原来的属性结构，并且更新所有的记录；若选择"Cancel"，则当前编辑作废，原属性结构不变。

修改线属性："修改线属性"工具用来编辑修改线图元的专业属性信息，该功能主要用于地理信息系统。

根据属性赋参数：该功能根据用户输入的属性条件，将满足条件的图元参数自动更新为用户设置的参数。该操作过程分为两步：首先，输入属性查询条件，选中该功能后系统会弹出属性条件表达式输入窗口，由用户输入替换条件；然后，系统会弹出图元参数输入窗口，供用户输入统改后的图元参数，输入完毕，系统自动搜索满足条件的图元，并进行修改。

根据参数赋属性：该功能根据两个条件，即图形参数条件和属性条件，属性条件表达式为空时，只根据图形参数条件；图形参数条件没设置时，只根据属性条件；两项条件都已设置时，将同时要满足两项条件。满足条件后欲改的属性项必须确认(打"√")，将满足条件的图元属性更新为用户设置的值。

3. 区数据编辑

(1) 区图形编辑

在面元编辑子菜单中，提供了多种区编辑和弧段编辑的功能。区编辑的一般步骤为：

① 选中要编辑的面文件，点击右键，在右键菜单中选择"编辑"，将要编辑的区设置为可编辑状态。

② 利用"区编辑"菜单，选择要执行的工作，如"删除区"。

③ 捕获要进行编辑的区。

捕获区域：移动光标指向要捕获的区域内的任意地方，按鼠标左键，如果捕获成功，则该区变成闪烁显示，如果不成功则区域不变。如果要捕获的区域有重叠压盖的情况，系统会将重叠的区域逐个闪烁显示，提示选择要捕获的是哪一个区。

捕获弧段：移动光标指向要捕获的弧段上任意一点，按鼠标左键，如果捕获成功，则该弧段变成闪烁显示，如果不成功则弧段不变。如果光标所指的点是几个弧段的交会点，系统逐个闪烁显示这几个弧段，提示选择要捕获的是哪一个弧段。

④ 进行区的编辑。如"删除区"，删除一个区：从屏幕上将指定的区域删除，移动图屏光标，捕获到被删除区域，该区域加亮显示一下后马上变成屏幕背景颜色，这样该区就被删除。删除一组区：在屏幕上开一个窗口，将用窗口捕获到的所有区全部删除。此过程为一个拖动过程。

⑤ 区编辑完毕。

⑥ 利用"区编辑"菜单，进行其他功能的编辑，主要包括以下方面。

编辑指定区图元：用户输入将要编辑的区的号码，编辑器将此区黄色加亮，然后用户可再进入其他区编辑功能，可对该区进行编辑。例如，在图形输出过程中，输出系统报告出错图元的图元号，利用此功能将出错图元定位，便可对出错图元进行修改。

输入区:用来在屏幕上以选择的方式构造多边形(面元)。在输入子系统中我们曾说过,区的生成有两种方式:一种是经“拓扑处理”自动生成区,称为自动化方式;另一种是在“编辑子系统”中,用光标选择生成区,称为“手工方式”。这里的造区就是“手工方式”。为了生成区域,首先要有构成区的曲线(弧段),这些曲线可以是数字化或矢量采集的线用“线转弧”或“线工作区提取弧段”得来,也可以是屏幕上由编辑器生成的(即由“输入弧段”功能生成)。在输入区之前,这些弧段应经过“剪断”“拓扑查错”“节点平差”等前期处理,否则造区失败。该操作与“自动拓扑处理”原理差不多,前者是有选择地生成面元,后者是自动生成所有面元。

具体操作如下:移动光标到欲生成的面元内,按下鼠标左键,此时如果弧段拓扑关系正确,则立即生成区。若造区失败说明弧段拓扑关系不正确,请用“剪断”“拓扑查错”“节点平差”等功能将错误修正。

查组成区的弧段:选取此功能菜单后,选定一区域,则弹出窗口显示所选定区域的弧段编号及相关节点。

挑子区(岛):挑子区的操作非常简单,选中母区即可,由编辑器自动搜索属于它的所有子区。

区镜像:有镜像一个、一组两种选择,分别可对 X 轴、Y 轴、原点进行镜像,选好以上基本要求后,即可选择欲镜像的区,然后确定轴所在的具体位置,系统即在相关位置生成一个新的区。

复制区:复制一个区——用鼠标左键单击欲复制的区,捕获选择的对象,移动鼠标将该区拖到适当位置按下左键将其复制。继续按左键将连续复制直到按右键为止。复制一组区——在屏幕上,用窗口(拖动过程)捕获若干区,然后拖动鼠标将对象拷贝到新的指定的位置。继续按左键将连续复制直到按右键为止。

阵列复制区:在屏幕上,用窗口(拖动过程)捕获若干曲线,并将它们作为阵列一个元素进行拷贝。捕获到的所有曲线构成一个阵列元素。我们把这元素称为基础元素。此时按系统提示输入拷贝阵列的行、列数(行数是基础元素在纵向的拷贝个数;列数是基础元素在横向的拷贝个数)和元素在 X、Y(水平、垂直)方向的距离。依次输入行、列数及 X、Y 方向距离值后系统将完成拷贝工作。

合并区:该功能可将相邻的两个面元合并为一个面元,移动鼠标依次捕获相邻的两个面元。系统即将先捕获的面元合并到后捕获的面元中,合并后的面元的图形参数及属性与后捕获的面元相同。

分割区:该功能可将一个面元分割成相邻的两个面元,执行该操作前必须在该面元分割处形成一分割弧段(用“输入弧段”或“线工作区提取弧段”均可),后移动鼠标捕获该弧段,系统即用捕获的弧段将面元分割成相邻的两个面元(其中隐含“自动剪断弧段”及“节点平差”操作),分割后的面元的图形参数及属性与分割前的面元相同。

自相交检查:面元自相交检查是检查构成面元的弧段之间或弧段内部有无相交现象。这种错误将影响到区输出、裁剪、空间分析等,故应预先检查出来。本菜单项有两个选项,检查一个区和所有区。检查一个区——单击鼠标左键捕获一个面元并对它的弧段进行自相交检查;检查所有区——需要用户给出检查范围(开始面元号,结束面元号),系统即对该范围内的面元逐一进行弧段自相交检查。

（2）区参数编辑

菜单项中都包括区和弧段两部分，我们只对区的相关项进行说明，弧段的参数及属性是一样的处理。

修改参数：移动光标捕获某一个区后，系统就将该区的参数显示出来供修改。修改参数后，该区域立即按重新给定的参数显示在图屏上。区参数板上的“填充图案”“填充颜色”“图案颜色”以按钮形式出现，可供用户选择。透明输出的选项允许用户选择图案填充时是否以透明方式进行。

统改参数：区域统改参数功能是将满足条件的参数统改为用户设定的参数，若所列的替换条件都没有选择，则为无条件替换，即将所有区域参数统一改为用户设定的参数。相反，若所列的替换结果都没有选择，则不进行替换。各选项前的小方框内若打钩为选择，否则为不选择。选中该功能项后，编辑器弹出区参数统改面板，供用户输入统改条件与替换结果。用户根据自己的要求设置好替换条件和替换结果的参数后，按“OK”键系统即自动搜索满足条件的区域参数，并将其替换为结果设定的值。在替换时，凡是替换结果选项前没有打钩的项，都保持原先的值不变。如要统改填充颜色，只需将填充颜色前的小方框按鼠标左键打钩，其他项不设置，那么替换的结果就只是颜色，其他值不变。

注：在以上替换中的条件和结果中有关于图层号的选择，利用此功能可以将符合某种条件的图元放到某一层中，然后对该层进行处理，如删除等。

（3）区属性编辑

修改属性：用来编辑修改图元的属性信息。该功能主要用在地理信息系统进行信息分析查询的软件系统中。选中“修改属性”功能项后，移动光标捕获某一个区域后，系统将该区的属性信息显示出来，供用户作修改。

根据属性赋参数：该功能根据用户输入的属性条件，将满足条件的图元参数自动更新为用户设置的参数。该操作过程分为两步：首先，输入属性查询条件，选中该功能后系统会弹出属性条件表达式输入窗口；然后，系统会弹出图元参数输入窗口，供用户输入统改后的图元参数，输入完毕，系统自动搜索满足条件的图元，并进行修改。

根据参数赋属性：该功能根据两个条件，即图形参数条件和属性条件。属性条件表达式为空时，只根据图形参数条件；图形参数条件没设置时，只根据属性条件；两项条件都已设置时，将同时满足两项条件。满足条件后欲改的属性项必须确认（打“√”），将满足条件的图元属性更新为用户设置的值。

4. 弧段编辑

组成区域边界的曲线段称为弧段，弧段编辑属于区域几何数据的编辑。它的功能包括：纠正弧段上的偏离点，增加、删除弧段，改正“造区域”中反向的弧段等。弧段编辑主要用来修改区域形态。将该编辑功能与“窗口”技术相结合，可以精确修正区域边界线，以提高绘图精度。

弧段编辑的具体操作和线编辑一样，这里不再赘述。弧段编辑之后，编辑器会更新与之相关的区。

5. 点数据编辑

（1）点图形编辑

利用“点编辑”菜单，我们可以修改点元图形的空间数据，它包括增删点，改变点的空间位置等，一般步骤为：

① 选中要编辑的点文件，点击右键，在右键菜单中选择“编辑”，将要编辑的点文件设置为可编辑状态。

② 利用“点编辑”菜单，选择要执行的工作。如“删除点”。

③ 捕获要进行编辑的点。

捕获单个点时，移动光标指向要捕获的注释、子图等点图元，按鼠标左键，如果捕获成功，则该点变成闪烁显示，如果不成功则该点不变。如果要捕获的点有重叠压盖的情况，系统会将重叠的点逐个加亮显示，并让操作人员选择要捕获的是哪一个点。

④ 进行点的编辑。如“删除点”，删除一个点：从屏幕上将指定的点删除。移动图屏光标，捕获到被删除点，该点加亮显示一下后马上消失，这样该点就被删除。删除一组点：在屏幕上开一个窗口，将用窗口捕获到的所有点全部删除。此过程为一个拖动过程。

⑤ 点编辑完毕。

⑥ 利用“点编辑”菜单，进行其他功能的编辑，主要包括以下方面。

编辑指定图元：编辑指定的点图元是用户输入将要编辑的点号，编辑器将此点黄色加亮，然后用户可再进入其他点编辑功能，对该点进行编辑。例如：在图形输出过程中，输出系统报告出错图元的图元号，利用此功能将出错图元定位，便可对出错图元进行修改。

移动点、移动点坐标调整、复制点与线编辑类似，在此不再赘述。

点定位：将指定的点移到指定的位置。用鼠标左键来捕获点图元，捕获要定位的点后，按系统提示依次输入这些点的准确位置坐标，这些点就移到了坐标指定的位置。

对齐坐标：用一拖动过程定义一窗口来捕获一组点图元，将捕获的所有点在垂直方向或水平方向排成一直线。它分“垂直方向左对齐”“垂直方向右对齐”和“水平方向对齐”三项子功能。垂直方向左对齐是指靶区内所有点的控制点 X 坐标取用户给定的同一值，Y 值各自保留原值。垂直方向右对齐是指靶区内所有点的控制点 X 坐标变化，使点图元的右边符合用户给定的同一值，Y 值各自保留原值。水平方向对齐是指靶区内所有点的坐标取用户给定的同一值，X 值各自保留原值。

剪断字串：是将一个字串剪断，使之成为两个字串。用鼠标左键来捕获一个需剪断的字串后，编辑器弹出须剪断的字串对话框，这时可按“增”“减”来确定剪断位置。

连接字串：“连接字串”的功能是将两个字串连接起来，使之成为一个字串。用鼠标左键来捕获第一个字串后，再用鼠标左键来捕获第二个字串，系统自动将第二个字串连接到第一个字串的后面。

修改图像：用鼠标左键来捕获图像，修改插入图像的文件名。

修改文本：用鼠标左键来捕获注释或版面，修改其文本内容。

子串统改文本：系统弹出统改文本的对话框，用户可输入“搜索文本内容”和“替换文本内容”，系统即将包含有“搜索文本内容”的字串替换成“替换文本内容”，它的替换条件是只要字符串包含有“搜索文本内容”即可替换。

全串统改文本：系统弹出统改文本的对话框，用户可输入“搜索文本内容”和“替换文本内容”，系统即将符合“搜索文本内容”的字串替换成“替换文本内容”，它的替换条件是只有字符串与“搜索文本内容”完全相同时才进行替换。

改变角度：用鼠标左键来捕获点，再用一拖动过程定义角度来修改点与 X 轴之间的夹角。

(2) 点参数编辑

点参数编辑是用于对点图元的属性进行修改或对系统的缺省参数进行修改、设置,以及对注释的文本内容进行修改。点图元包括注释参数、子图参数、圆参数、弧参数、图像参数和版面。

修改点参数:修改指定的一个或多个点图元的参数。

统改点参数:编辑器弹出点参数统改板,供用户输入统改条件与结果。点参数统改的替换条件和替换结果的输入与线参数统改相似。

缺省参数:输入或修改"注释参数""子图参数""圆参数""弧参数""图像参数"等点图元的缺省参数值。

修改点属性:用来编辑修改点图元的专业属性信息,该功能主要用在地理信息系统中。

根据属性标注释:在点文件中,图面上有很多字符串是作为点图元的属性存储的。如一幅图中的地名,反映其地理位置的是一个子图符号,而其名称是一个字符串,而且其地名往往作为属性的一个字段参与分析统计等。这样,既要在属性库中输入其地名,又要在地图上输入其地名串。借助该功能,只要在属性库中输入其地名后,选择该功能,系统随即弹出属性字段选择窗口,由用户选择欲生成注释串的字段,如"地名"字段,输入要注释的字符串左下角与该点的相对位移的 X、Y 值。接下来,系统要求用户输入生成字符串的参数,输入完毕,系统自动将该属性字段的内容在其相应的位置上生成指定参数的注释串。

注释赋为属性:这个功能与上一个功能刚好相反,该功能把点文件中的注释字符串赋到属性中的某一个字段。执行该功能时,系统首先让选择一个字符串型的字段,然后自动将注释字符串的内容自动写到该字段中。如果在属性中没有字符串型的字段,系统会提示出请在修改属性结构功能中建立一个字段。

6. 其他编辑

(1) 整图变换

包括整幅图形的平移、比例和旋转三种变换。整图变换包括线文件、点文件和区文件的变换,前边打钩时表示对应的图元文件要进行变换。该功能有如下两种情况:

① 键盘输入参数:选择键盘输入参数编辑器弹出变换输入板,用户可选择变换文件类型。特别地,对于点类型文件可选择"参数是否变化",即在坐标变换的同时,点的本身大小和角度是否变化。用户根据需要输入相应的平移、比例、旋转参数。

② 光标定义参数:选择光标定义参数,系统需要用户用光标先定义平移原点、旋转角度后弹出变换输入板,并将这些参数放入对话框中,用户可进行修改。

平移参数:按系统提示从键盘上输入相应的相对位移量后,即将图形移到了相应的位置。

比例参数:利用这个变换可以将图形放大或缩小。在 X、Y 两个方向的比例可以相同也可以不同。当输入 X、Y 方向的比例系数后,系统就按输入的系数对图形进行变换。

旋转参数:将整幅图绕坐标原点(0,0),按输入的旋转角度旋转,当旋转角为正时,逆时针旋转,为负时顺时针旋转。

另外,在点变换的下边,有一个"参数变化"选择项,当选择时,表示在进行点图元变换时,除位置坐标跟着变换外,其对应的点图元参数也跟着变化,如注释高宽、宽度等。

(2) 整块处理

整块移动:将所定义的块中所有图元(包括点、线、区)移动到新位置。

整块复制:将所定义的块中所有图元(包括点、线、区)拷贝到新位置。

边沿处理:包括线边沿处理和弧边沿处理。靠近某一条线 X 的几条线,由于数字化误差,这几条线在与 X 线交叉或连接处的端点没有落在 X 线上,利用本功能可使这些端点落在 X 线上。具体使用时应给出适当的节点搜索半径,系统将根据此值决定将哪些端点调整使其落在 X 线上。

7. 结果的评价和解释

将编辑处理后的结果与原始的图形用计算机在屏幕上进行套合检查,查看图内各要素是否表示清楚、正确、合理,图内各要素代码及附属信息是否完整、正确,并填写产品质量验收统计表。

技能训练

我国土地管理部门为了解决与土地管理相关的计算机制图问题,利用 AutoCAD 等制图软件生产出大量矢量图形数据,在土地利用信息化建设进程中,急需将这些信息转化成可供土地利用信息系统利用的空间数据。

(1) 将 dxf 格式的数据转换成 MapGIS 数据格式。

(2) 在 MapGIS 平台上进行点编辑、线编辑、区编辑。

思考练习

1. 在数字化后的地图上,经常出现的错误有哪几种?
2. 属性数据校核包括哪些方面的内容?
3. 简述 MapGIS 软件提供了哪些编辑功能。
4. 以线数据为例,简述在 MapGIS 软件中如何进行数据的编辑与处理。

任务二　拓扑关系建立

任务描述

在 GIS 中,为了真实地反映地理实体,不仅要反映实体的位置、形状、大小和属性,还必须反映实体之间的拓扑关系。拓扑关系是对图形数据进行空间查询、分析等操作的基础,拓扑关系的建立是 GIS 数据管理和更新的重要内容。

相关知识

一、拓扑关系的基本内容

1. 拓扑关系的含义

拓扑学是研究图形在保持连续状态下变形时的那些不变的性质,也称“橡皮板几何学”。在拓扑空间中对距离或方向参数不予考虑。拓扑关系是一种对空间结构关系进行明确定义的数学方法,是指图形在保持连续状态下变形,但图形关系不变的性质。可以假设图形绘在一张高质量的橡皮平面上,将橡皮任意拉伸和压缩,但不能扭转或折叠,这时原来图形的有些属性保留,有些属性发生改变,前者称为拓扑属性,后者称为非拓扑属性或几何属性。这种变换称为拓扑变换或橡皮变换。

2. 拓扑元素的种类

点(节点)、链(线、弧段、边)、面(多边形)三种要素是拓扑元素。

(1) 节点

节点是指地图平面上反映一定意义的零维图形。如孤立点,线要素的端点、连接点,面要素边界线的首尾点等。

(2) 链

链是指两节点间的有序线段。如线要素、线要素的某一段、面要素边界线。

(3) 面

面是指一条或若干条链构成的闭合区域。如面要素、线要素和面边界围成的区域。

3. 拓扑关系的种类和表示

(1) 拓扑关系的种类

拓扑关系指拓扑元素之间的空间关系,具有以下几种(图 3-7):

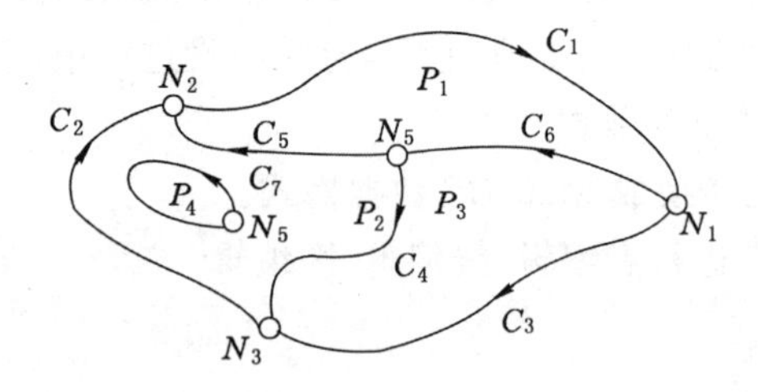

图 3-7 空间数据的拓扑关系

① 拓扑邻接。拓扑邻接指存在于空间图形的同类元素之间的拓扑关系。例如节点之间的邻接关系有 N_1/N_4,N_1/N_2 等;多边形(面)之间的邻接关系有 P_1/P_3,P_2/P_3 等。

② 拓扑关联。拓扑关联指存在于空间图形的不同类元素之间的拓扑关系。例如节点与弧段(链)关联关系有 N_1/C_1、C_3、C_6,N_2/C_1、C_2、C_5 等。多边形(面)与线段(链)的关联关系有 P_1/C_1、C_5、C_6,P_2/C_2、C_4、C_5、C_7 等。

③ 拓扑包含。拓扑包含指存在于空间图形的同类但不同级的元素之间的拓扑关系,例如多边形(面)P_2 包含多边形(面)P_4。

(2) 拓扑关系的表示

在目前的 GIS 中,主要表示基本的拓扑关系,而且表示方法不尽相同。在矢量数据中拓扑关系可以由图 3-8 中四个表格来表示。

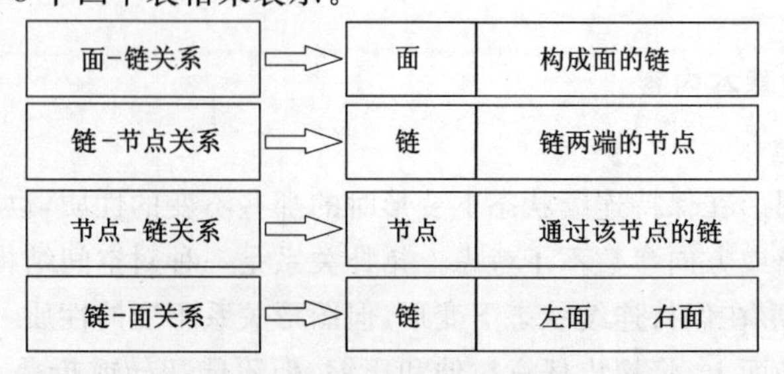

图 3-8 拓扑关系的表示

(3) 拓扑关系的意义

空间数据的拓扑关系对于GIS数据处理和空间分析具有重要的意义，因为：

① 拓扑关系能清楚地反映实体之间的逻辑结构关系，它比几何关系具有更大的稳定性，不随地图投影而变化。

② 有助于空间要素的查询，利用拓扑关系可以解决许多实际问题。如某县的邻接县，面面相邻问题。又如供水管网系统中某段水管破裂要关闭它的阀门，就需要查询该线（管道）与哪些点（阀门）关联。

③ 根据拓扑关系可重建地理实体。例如根据弧段构建多边形，实现面域的选取；根据弧段与节点的关联关系重建道路网络，进行最佳路径选择等。

二、拓扑关系的建立

1. 点、线拓扑关系的建立

点线拓扑关系的实质是建立节点-弧段、弧段-节点的关系表格，有两种方案：

① 在图形采集与编辑时自动建立。主要记录两个数据文件：一个记录节点所关联的弧段，即节点弧段列表；另一个记录弧段的两个端点（起始节点）的列表。数字化时，自动判断新的弧段周围是否已存在节点。若有，将其节点编号登记；若没有，产生一个新的节点，并进行登记。

② 在图形采集和编辑后自动建立。

2. 多边形拓扑关系的建立

(1) 基本多边形

多边形有四种基本图形，如图3-9所示。

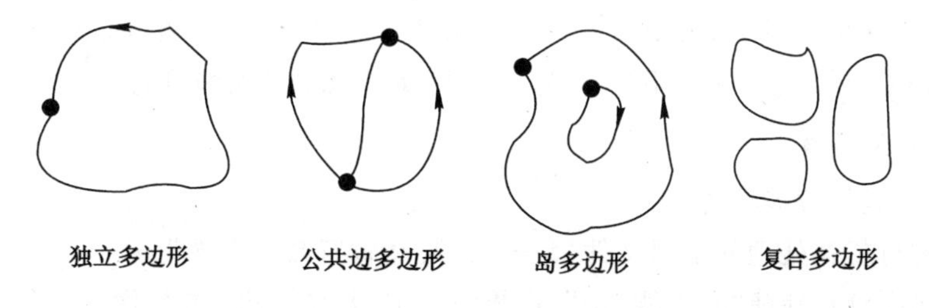

图3-9　基本多边形

第一种是独立多边形，它与其他多边形没有共享边界，例如独立房屋、独立水塘等，这种多边形在数字化过程中直接生成，因为它仅有一条周边弧段，该弧段就是多边形的边界。

第二种是具有公共边的简单多边形，在数据采集时，仅采集弧段数据，然后用一种算法，自动将多边形的边界聚合起来，建立多边形文件。

第三种是带岛的多边形，除了要按第二种方法自动建立多边形以外，还要考虑多变形的内岛。

第四种是复合多边形，它是由两个或多个不相邻的多边形组成，对这种多边形一般是在建立单个多边形以后，用人工或某一种规则组合成复合多边形。

(2) 多边形拓扑关系建立

建立多边形拓扑关系是矢量数据自动拓扑关系生成中最关键的部分，算法比较复杂。多边形矢量数据自动拓扑主要包括四个步骤：

① 链的组织：主要找出在链的中间相交而不是在端点相交的情况，自动切成新链。把链按一定顺序存储（如按最大或最小的 X 或 Y 坐标的顺序），这样查找和检索都比较方便，然后把链按顺序编号。

② 节点匹配：节点匹配是指把一定限差内的链的端点作为一个节点，其坐标值取多个端点的平均值。然后，对节点顺序编号。

③ 检查多边形是否闭合：检查多边形是否闭合可以通过判断一条链的端点是否有与之匹配的端点来进行，如图 3-10 所示，弧 a 的端点 P 没有与之匹配的端点，因此无法用该条链与其他链组成闭合多边形。多边形不闭合的原因可能是由于节点匹配限差的问题，造成应匹配的端点不匹配，或由于数字化误差较大，或数字化错误，这些都可以通过图形编辑或重新确定匹配限差来确定。另外，这条链可能本身就是悬挂链，不需要参加多边形拓扑，这种情况下可以作一标记，使之不参加下一阶段的拓扑建立多边形的工作。

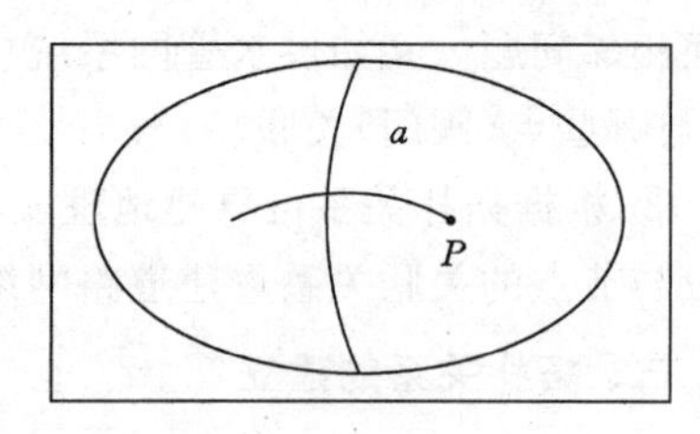

图 3-10

④ 建立多边形拓扑关系：根据多边形拓扑关系自动生成的算法，建立和存储多边形拓扑关系表格。

任务实施

一、任务内容

目前，大多数 GIS 软件都提供了完善的拓扑关系生成功能。MapGIS 拓扑处理子系统作为图形编辑系统的一部分，改变了人工建立拓扑关系的方法，使得区域输入、子区输入等这些原来比较烦琐的工作，变得相当容易，大大提高了地图录入编辑的工作效率。

二、任务实施步骤

(1) 拓扑造区的数据准备

① 建立进行拓扑处理的工程文件，命名为“某某省行政区划图”。

② 根据底图分别新建“省界线. wl”“市界线. wl”“河流. wl”“市名称. wt”等文件。

③ 完成对应线的输入和编辑。

④ 数据的获取。要进行拓扑造区，在绘制线的时候，要求一定要确保实相连，具体方法有两种。第一种为在线连接处，通过 F12 捕捉来实现线和线连接。第二种为在线连接处，相交的位置线出头。这样利用“自动剪断线”功能，可以将线连接在一起。

(2) 拓扑造区数据的预处理

将原始数据中那些与拓扑无关的线（如河流、铁路等）放到其他层，而将有关的线放到一层中，并将该层保存为一新文件，以便进行拓扑处理。

① 新建一线文件“拓扑线. wl”，把省界线、市界线的内容全部合并到“拓扑线. wl”文件。合并的时候可以通过两种方法实现。

a. 复制、粘贴，分别选省界线、市界线文件，通过“选择线”命令选中线，用“Ctrl＋C”复制选中的线，再到“拓扑线. wl”文件中，用“Ctrl＋V”实现粘贴。

b. 合并文件的方式，选中要合并的线文件，右键进行合并。

通过上面的方法就可以把要参与拓扑的线放在一个文件"拓扑线. wl"中。

② 对"拓扑线. wl"进行"自动剪断线"拓扑预处理。

用户在数字化或矢量化时，难免会出现一些失误，在该断开的地方线没有断开，这给造区带来了很大障碍。在造区过程中，遇到线在节点处没有断开，剪断线后才能继续造区，这显得很麻烦，所以系统提供自动剪断功能解决这个问题。"自动剪断"有端点剪断和相交剪断。"端点剪断"用来处理"丁"字形线相交的问题，即一条或数条弧段的端点（也就是节点）落在另一条线上，而这条线由于数字化时出现失误却没有断开，端点剪断处理这类情况，将线在端点处截断。"相交剪断"是处理两条线互相交叉的情况。自动剪断线后，有可能生成许多短线头，而且这些线头并无用处，此时，可执行下边的清除微短线功能。

③ 对"拓扑线. wl"进行"清除微短线"拓扑预处理。

该功能用来清除线工作区中的短线头，将其从文件中删除掉，避免影响拓扑处理和空间分析。选中该功能后，系统弹出最小线长输入窗口，由用户输入最小线长值，输入完毕，系统自动删除工作区中线长小于该值的线。

④ 对"拓扑线. wl"进行"清重坐标"等拓扑预处理。

该功能用来清除某条线或弧段上重叠在一起的多余的坐标点，这些重叠的点有可能是用户重复输入或采集的。查出存在重叠的坐标后，只需按右键即可自动消除重叠坐标。

⑤ 通过"其他"→"拓扑错误检查"→"线拓扑错误检查"，出现拓扑错误信息对话框，对该对话框中的拓扑错误进行解决。

该功能是拓扑处理的关键步骤，只有数据规范，无错误后，才能建立正确的拓扑关系。而这些错误，用户用眼睛是很难发现的，利用此功能，可以很方便地找到错误，并指出错误的类型及出错的位置。所有查错工作都是自动进行的，查错系统在显示错误的同时也提示错误的位置，并在屏幕上动态地显示出来，供改正错误时参考。错误信息显示于窗口，在该窗口中，移动光条到相应的信息提示上，双击鼠标左键，系统自动将出错位置显示出来，并将出错的弧段用亮黄色显示，同时，在错误点上有一个小黑方框不停地闪烁。按右键即可自动修改错误。

⑥ 重复上一步出现拓扑错误信息对话框，对该对话框中的拓扑错误进行解决，直到无拓扑错误信息。

⑦ 自动节点平差：有线节点和弧段结节平差两种，可对线和弧段进行。有关含义如前所述，本任务选择对所有的线图元自动进行平差。

⑧ "其他"→"线转弧段"，将"拓扑线. wl"线数据转为弧段数据，并存入"行政区划. wp"面文件中，这样的文件只有弧段而没有区；在拓扑处理中需要这样的文件。

（3）添加拓扑造区的文件

在工程文件路径空白处点击右键，出现右键菜单，选择"添加项目"，将上一步转换得到的"行政区划. wp"文件添加到工程中。

（4）拓扑造区

将"行政区划. wp"文件处于当前编辑状态。选择"其他"→"拓扑重建"，系统随即自动构造生成区，并建立拓扑关系。拓扑处理时，没有必要注意那些母子关系，当所有的区检完后，执行子区检索，系统自动建立母子关系，不需要人工干预。

（5）子区搜索

拓扑建立后，人工手动建立的区，且有区域套合关系，就得执行“子区检索”功能。编辑器自动搜索当前面工作区中所有区的子区，完成挑子区，并重建拓扑关系。

(6) 拓扑处理系统对数据的要求

拓扑处理系统的最大特点是自动化程度高，系统中的绝大部分功能不需要人工干预。建立拓扑关系是拓扑处理系统的核心功能，它由拓扑查错、拓扑处理、子区检索等功能组成。

拓扑处理系统从总体来说对数据没有特别的要求，系统提供了几种预处理功能：弧段编辑工具、自动剪断、自动平差，将进入系统的原始数据中的错误或误差纠正过来，易于拓扑关系建立的自动生成。当然，如果前期工作做得比较好，后期的许多工作(如弧段编辑、自动剪断等)就可以省掉，建立拓扑也得心应手，基于这个原因，提出以下建议：

① 数字化或矢量化时，对节点处(即几个弧段的相交处)应多加小心，第一使其断开，第二尽量采用抓线头或节点融合的功能使其吻合，避免产生较大的误差，使节点处尽量与实际相符，尽量避免端点回折，也尽量不要产生长度超过 1 mm 的无用线段。

② 弧段在节点处最好是断开的，若没有断开，执行自动剪断功能可以将弧段在节点处截断。条件是弧段必须经过节点周围的一个较小的领域(即节点搜索半径)，这也要求原始数据误差不能太大。

③ 将原始数据(即线数据)转为弧段数据，建立拓扑关系前，应将那些与拓扑无关的弧段(如航线、铁路)删掉。

④ 尽量避免多条重合的弧段产生。

技能训练

农用地分等是在掌握农用地数量的基础上，对农用地质量优劣的全面、科学、综合评定。农用地分等数据库中涉及的数据有图形数据和属性数据。图形数据包括基础地理数据(测量控制点、水系、地貌、境界、道路和注释等)和土地利用现状图等。在 MapGIS 平台上完成图形数据的输入后，建立拓扑关系。

(1) 对矢量化后得到的点(.wt)文件和线(.wl)文件进行数据检查和拓扑错误检查。

(2) 将行政界线文件(省、市、县、乡、村界线等)进行拓扑关系建立，得到区文件。

思考练习

1. 什么是拓扑关系？拓扑关系有哪几种？
2. 简述拓扑关系建立的意义。
3. 结合实例，简述在 MapGIS 中如何建立拓扑关系，并进行拓扑造区。

任务三　空间数据误差校正

任务描述

在矢量化的过程中，由于操作误差，数字化设备精度、图纸变形等因素，使输入后的图形与实际图形所在的位置往往有偏差；有些图元，由于位置发生偏移，虽经编辑，很难达到实际要求的精度，说明图形经扫描输入或数字化输入后，存在着变形或畸变，须经过误差校正，清除输入图形的变形，才能使之满足实际要求分类。

相关知识

一个地理信息系统所包含的空间数据都应具有同样的地理数学基础，包括坐标系统、地图投影等。扫描得到的图像数据和遥感影像数据往往会有变形，与标准地形图不符，这时需要对其进行几何纠正。当在一个系统内使用不同来源的空间数据时，它们之间可能会有不同的投影方式和坐标系统，需要进行坐标变换使它们具有统一的空间参照系统。统一的数学基础是运用各种分析方法的前提。

一、误差种类

图形数据误差可分为源误差、处理误差和应用误差三种类型。源误差是指数据采集和录入过程中产生的误差；处理误差是指数据录入后进行数据处理过程中产生的误差；应用误差不属于数据本身的误差，因此误差校正主要是来校正数据源误差的。这些误差的性质有系统误差、偶然误差和粗差。由于各种误差的存在，使地图各要素的数字化数据转换成图形时不能套合，使不同时间数字化的成果不能精确联结，使相邻图幅不能拼接。所以数字化的地图数据必须经过编辑处理和数据校正，消除输入图形的变形，才能使之满足实际要求，进行应用或入库。

一般情况下，数据编辑处理只能消除或减少在数字化过程中因操作产生的局部误差或明显误差，但因图纸变形和数字化过程的随机误差所产生的影响，必须经过几何校正，才能消除。由于造成数据变形的原因很多，对于不同的因素引起的误差，其校正方法也不同，具体采用何种方法应根据实际情况而定，因此，在设计系统时，应针对不同的情况，应用不同的方法来实施校正。

从理论上讲，误差校正是根据图形的变形情况，计算出其校正系数，然后根据校正系数，校正变形图形。但在实际校正过程中，由于造成变形的因素很多，有机械的也有人工的，因此校正系数很难估算。

二、误差校正的适用范围

对那些由于机械精度、人工误差、图纸变形等造成的整幅图形或图形中的一块或局部图元发生位置偏差，与实际精度不相符的图形，都称为变形的图形，如整图发生平移、旋转、交错、缩放等。发生变形的图形都属校正范围之列。但对于那些由于个别因素造成的少点、多边、接合不好等局部误差或明显差错，只能进行编辑修改，不属校正范围之列。校正是对整幅图的全体图元或局部图元块，而非对个别图元而言。

图中若发现仅某条弧段上的某点或某段数据发生偏移，则需经编辑、移动点或移动弧段即可得到数据纠正，但若是这部分图形都发生位置偏移，此时可以对这部分图形进行校正。图中所进行的校正示意为将图形校正到标准网格中。

三、误差校正的种类和方法

(1) 几何纠正

由于如下原因，使扫描得到的地形图数据和遥感数据存在变形，必须加以纠正。

① 地形图的实际尺寸发生变形。

② 在扫描过程中，工作人员的操作会产生一定的误差，如扫描时地形图或遥感影像没被压紧、产生斜置或扫描参数的设置不恰当等，都会使工作人员的地形图或遥感影像产生变形，直接影响扫描质量和精度。

③ 遥感影像本身就存在着几何变形。

④ 地图图幅的投影与其他资料的投影不同，或需将遥感影像的中心投影或多中心投影转换为正射投影等。

⑤ 扫描时受扫描仪幅面大小的影响，有时需将一幅地形图或遥感影像分成几块扫描，这样会使地形图或遥感影像在拼接时难以保证精度。

对扫描得到的图像进行纠正，主要是建立要纠正的图像与标准的地形图或地形图的理论数值或纠正过的正射影像之间的变换关系，消除各类图形的变形误差。目前，主要的变换函数有仿射变换、双线性变换、平方变换、双平方变换、立方变换、四阶多项式变换等，具体采用哪一种，则要根据纠正图像的变形情况、所在区域的地理特征及所选点数来决定。

(2) 地形图的纠正

对地形图的纠正，一般采用四点纠正法或逐网格纠正法。

四点纠正法，一般是根据选定的数学变换函数，输入需纠正地形图的图幅行、列号、地形图的比例尺、图幅名称等，生成标准图廓，分别采集四个图廓控制点坐标来完成。

逐网格纠正法，是在四点纠正法不能满足精度要求的情况下采用的。这种方法和四点纠正法的不同点就在于采样点数目的不同，它是逐方里网进行的，也就是说，对每一个方里网，都要采点。

具体采点时，一般要先采源点(需纠正的地形图)，后采目标点(标准图廓)，先采图廓点和控制点，后采方里网点。

(3) 遥感影像的纠正

遥感影像的纠正，一般选用和遥感影像比例尺相近的地形图或正射影像图作为变换标准，选用合适的变换函数。分别在要纠正的遥感影像和标准地形图或正射影像图上采集同名地物点。

具体采点时，要先采源点(影像)，后采目标点(地形图)。选点时，要注意选点的均匀分布，点不能太多。如果在选点时没有注意点位的分布或点太多，这样不但不能保证精度，反而会使影像产生变形。另外选点时，点位应选由人工建筑构成的并且不会移动的地物点，如渠或道路交叉点、桥梁等，尽量不要选河床易变动的河流交叉点，以免点的移位影响配准精度。

任务实施

一、任务内容

目前，大多数 GIS 软件都提供了误差校正功能。MapGIS 误差校正子系统，对出现变形的图形，可以进行误差校正，清除输入图形的变形，使之满足实际要求。利用 MapGIS 软件平台对系统自带的校正演示数据(道路、等高线、居民地、地貌、方里网、水系等)进行误差校正。

二、任务实施步骤

误差校正需要三类文件：① 实际控制点文件(用点型或线型矢量化图像上的“十”字格网得到)；② 理论控制点文件(根据文件的投影参数、比例尺、坐标系等在“投影变化”模块中所建立的一个相同大小的标准图框)；③ 待校正的点、线、面文件。

(1) 文件加载

执行如下命令：实用服务→令误差校正→文件→打开文件→选所需加载文件→打开，如图3-11所示。

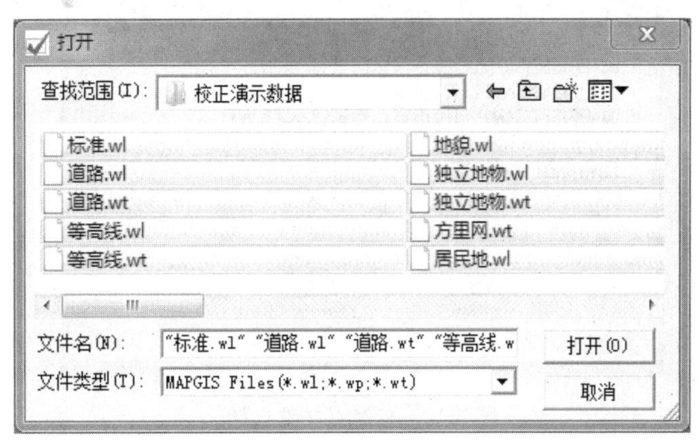

图3-11 文件加载对话框

(2) 新建控制点

执行如下命令：文件→打开控制点，命名为"校正.pnt"，打开，弹出"错误信息"对话框，选择"是"按钮。

(3) 控制点实际值采集

① 执行如下命令：控制点→设置控制点参数，弹出"控制点参数设置"对话框，选择采集数据值类型为实际值，采集搜索范围为5，选择"确定"按钮。

② 执行如下命令：控制点→选择采集文件，如图3-12所示，选择"方里网.wt"点文件。

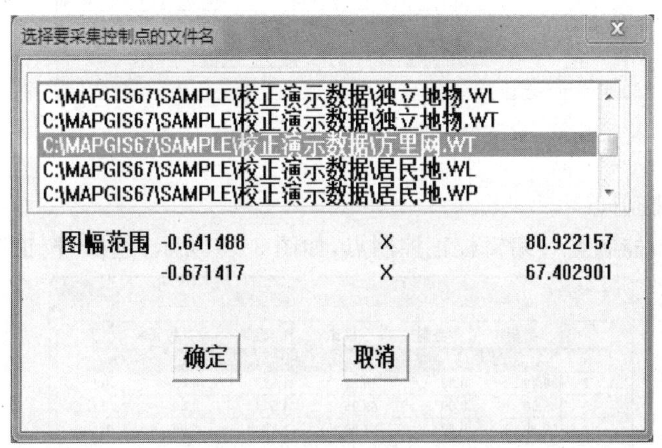

图3-12 控制点文件选择

③ 执行如下命令：控制点→自动采集控制点。

(4) 控制点理论值采集

① 执行如下命令：控制点→设置控制点参数，弹出"控制点参数设置"对话框，选择采集数据值类型为理论值，采集搜索范围为5，选择"确定"按钮。

② 执行如下命令：控制点→选择采集文件，如图3-13所示，选择"标准.wl"线文件。

③ 执行如下命令：控制点→自动采集控制点，如图3-14所示。

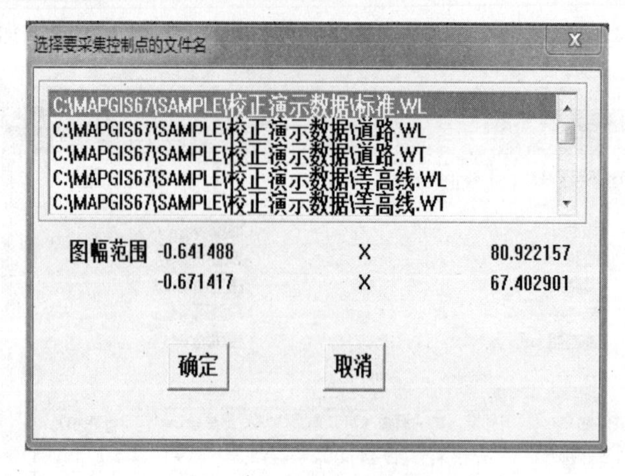

图 3-13 控制点文件选择

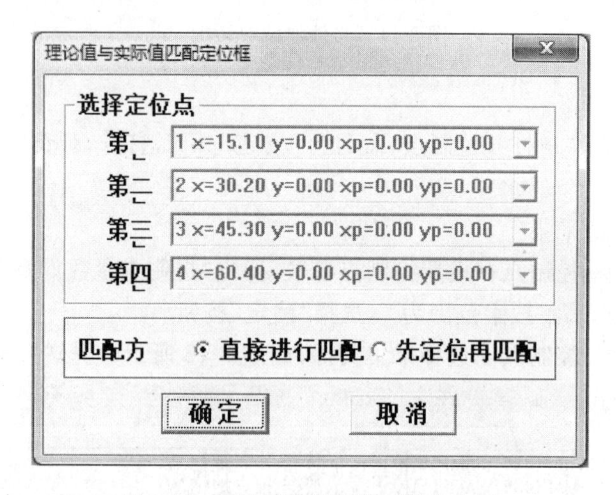

图 3-14 理论值与实际值匹配定位框

(5) 编辑校正控制点

执行如下命令:控制点→编辑校正控制点,如图 3-15 所示,选择"校正"按钮,选择除"标

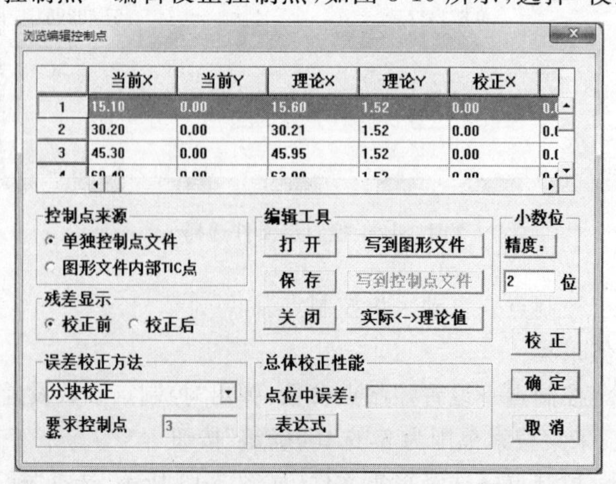

图 3-15 编辑校正控制点

准.wl”文件以外的所有图形文件，校正结果如图 3-16 所示。

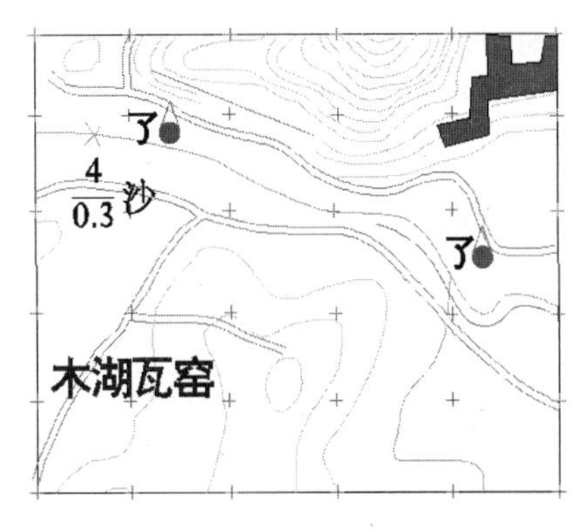

图 3-16　校正结果

技能训练

GIS 的数据精度是一个关系到数据可靠性和系统可信度的重要问题，与系统的成败密切相关。利用 MapGIS 创建三个文件（实际线文件、理论控制点线文件、实际控制点线文件），进行误差校正。

思考练习

1. 空间数据误差的种类有哪些？
2. 简述误差校正的种类和方法。

任务四　空间数据投影变换

任务描述

地理空间数据具有三维空间分布特征，需要有一个空间定位框架，即统一的地理坐标和平面坐标系。没有合适的投影或坐标系的空间数据不是一个好的空间数据，甚至是没有意义的空间数据，必须对其进行投影变换。

相关知识

空间数据处理的一项重要内容是地图投影变换。这是由于 GIS 用户在平面上对地图要素进行处理。这些地图要素代表地球表面的空间要素，地球表面是一个椭球体。在 GIS 应用中，地图的各个图层应具有相同的坐标系统。但是，实际上不同的制图者和不同的 GIS 数据生产者使用数百种不同的坐标系。例如，一些数字地图使用经纬度值度量，另一些用不同的坐标系，这些坐标系只适用于各自的 GIS 项目。如果这些数字地图要放在一起使用，就必须在使用前进行投影或投影变换处理。

一、地图投影的基本原理

1. 地图投影的实质

地球椭球体面是一个不可展曲面，而地图是一个平面，为解决由不可展的地球椭球面到地图平面上的矛盾，采用几何透视或数学分析的方法，将地球上的点投影到可展的曲面（平面、圆柱面或椭圆柱面)上,由此建立该平面上的点和地球椭球面上的点的一一对应关系的方法,称为地图投影。但是,从地球表面到平面的转换总是带有变形,没有一种地图投影是完美的。每种地图投影都保留了某些空间性质,而牺牲了另一些性质。

现代投影方法是在数学解析基础上建立的,是建立地球椭球面上的点的坐标(φ,λ)与平面上坐标(x,y)之间的函数关系,地图投影的一般方程式用数学表达式为:

$$\begin{cases} x = f_1(\varphi,\lambda) \\ y = f_2(\varphi,\lambda) \end{cases} \tag{3-1}$$

当给定不同的具体条件时,就可得到不同种类的投影公式。在GIS软件中大多会提供多种投影以供选择,但是深刻理解地图投影的数学原理将有助于更好地理解与使用它。

2. 地图投影的分类

投影的种类很多,分类方法不尽相同,通常采用的分类方法有两种:一是按变形的性质进行分类;二是按承影面不同(或正轴投影的经纬网形状)进行分类。

(1) 按变形性质分类

按地图投影的变形性质地图投影一般分为:等角投影、等(面)积投影和任意投影三种。

等角投影:没有角度变形的投影叫等角投影。等角投影地图上两微分线段的夹角与地面上的相应两线段的夹角相等,能保持无限小图形的相似,但面积变化很大。要求角度正确的投影常采用此类投影。这类投影又叫正形投影。

等积投影:是一种保持面积大小不变的投影,这种投影使梯形的经纬线网变成正方形、矩形、四边形等形状,虽然角度和形状变形较大,但都保持投影面积与实地相等。在该类型投影上便于进行面积的比较和量算。因此自然地图和经济地图常用此类投影。

任意投影:是指长度、面积和角度都存在变形的投影,但角度变形小于等积投影,面积变形小于等角投影。要求面积、角度变形都较小的地图,常采用任意投影。

(2) 按承影面不同分类

按承影面不同,地图投影分为圆柱投影、圆锥投影和方位投影等(图3-17)。

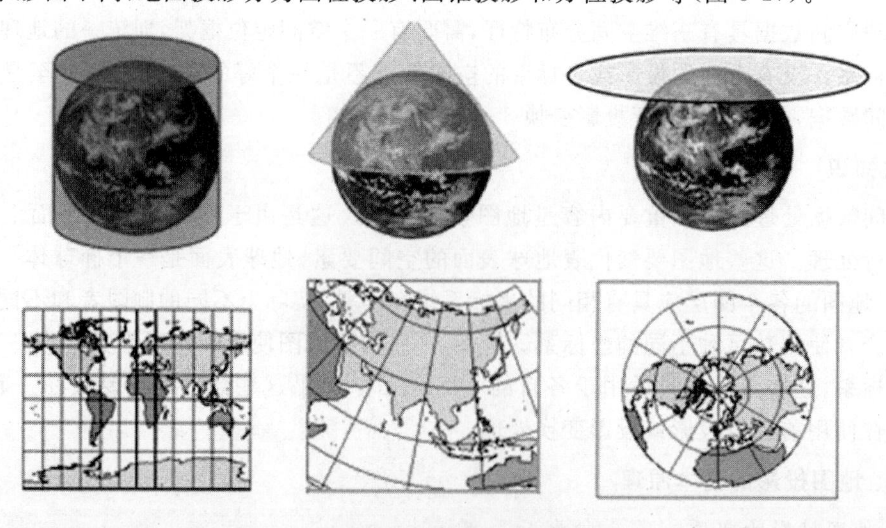

图3-17 方位投影、圆锥投影和圆柱投影

① 圆柱投影。它是以圆柱作为投影面,将经纬线投影到圆柱面上,然后将圆柱面切开

展成平面。根据圆柱轴与地轴的位置关系，可分为正轴、横轴和斜轴三种不同的圆柱投影（图 3-18），圆柱面与地球椭球体面可以相切，也可以相割。其中，广泛使用的是正轴、横切或割圆柱投影。正轴圆柱投影中，经线表现为等间隔的平行直线（与经差相应），纬线为垂直于经线的另一组平行直线。

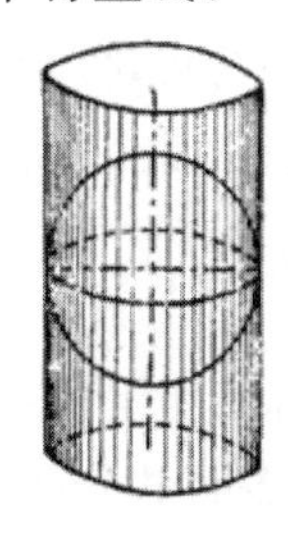
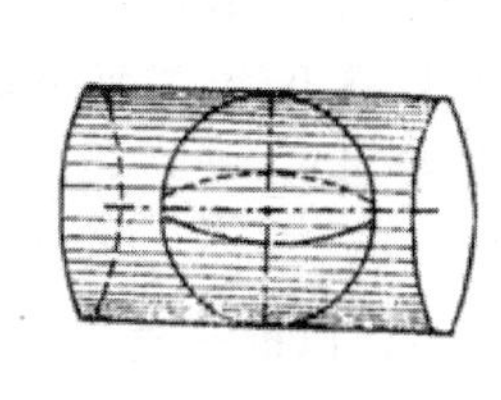
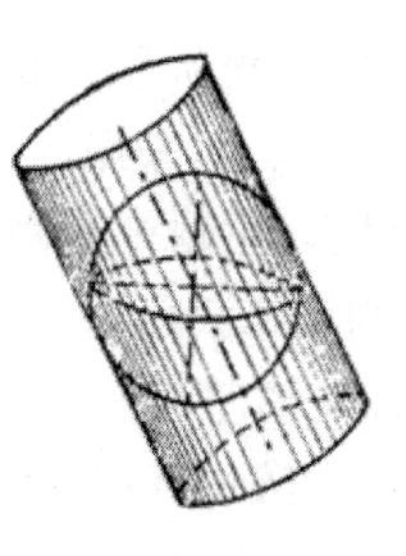

图 3-18　正轴、横轴、斜轴圆柱投影

② 圆锥投影。它以圆锥面作为投影面，将圆锥面与地球相切或相割，将其经纬线投影到圆锥面上，然后把圆锥面展开成平面而成。这时圆锥面又有正位、横位及斜位几种不同位置的区别，制图中广泛采用正轴圆锥投影（图 3-19）。

在正轴圆锥投影中，纬线为同心圆圆弧，经线为相交于一点的直线束，经线间的夹角与经差成正比。

在正轴切圆锥投影中，切线无变形，相切的那一条纬线，叫标准纬线，或叫单标准纬线；在割圆锥投影中，割线无变形，两条相割的纬线叫双标准纬线。

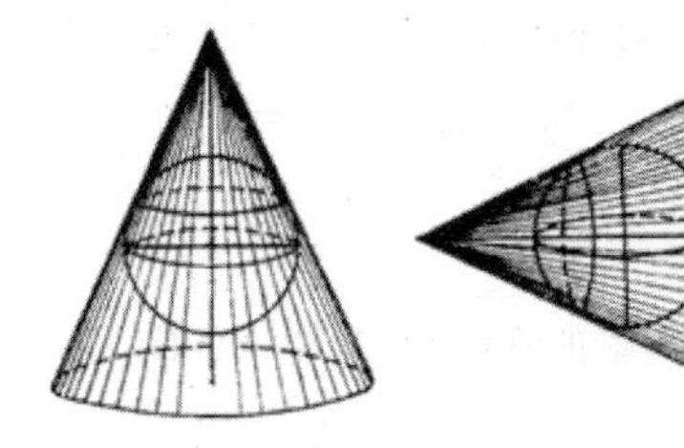
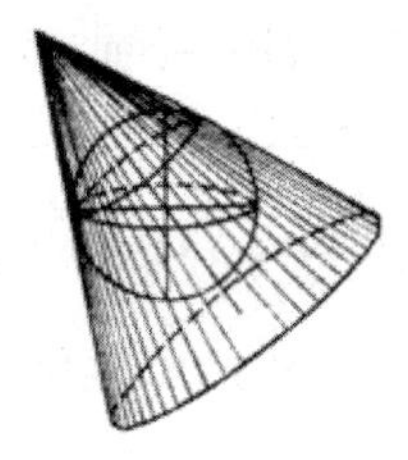

图 3-19　正轴、横轴、斜轴圆锥投影

③方位投影。它是以平面作为承影面进行地图投影。承影面（平面）可以与地球相切或相割，将经纬线网投影到平面上而成（多使用切平面的方法）。同时，根据承影面与椭球体间位置关系的不同，又有正轴方位投影（切点在北极或南极）、横轴方位投影（切点在赤道）和斜轴方位投影（切点在赤道和两极之间的任意一点上）之分（图 3-20）。

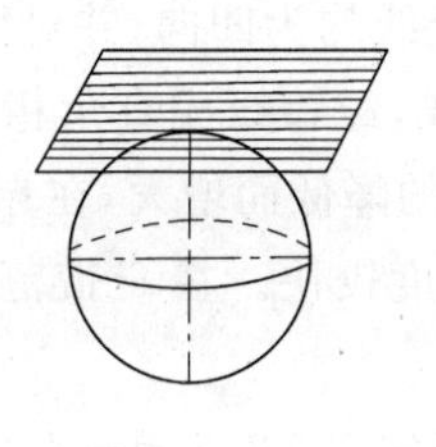
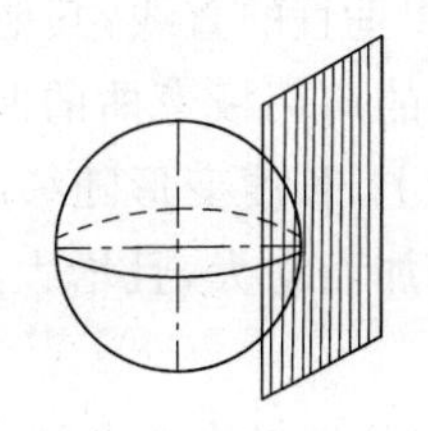
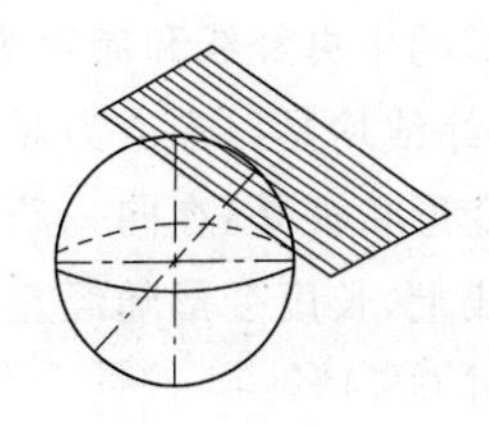

图 3-20　正轴方位、横轴方位、斜轴方位投影

上述三种方位投影，都又有等角与等积等几种投影性质之分。其中正轴方位投影的经线表现为自圆心辐射的直线，其交角即经差，纬线表现为一组同心圆。此外，尚有多方位、多圆锥、多圆柱投影和伪方位、伪圆锥、伪圆柱等许多类型的投影。

3. 我国基本比例尺地形图使用投影

我国的GIS应用工程所采用的投影一般与我国基本地形图系列地图投影系统一致。大中比例尺（1∶50万以上）采用高斯克-吕格投影（横轴等角切椭圆柱投影），小比例尺采用兰勃特（Lambert）投影（正轴等角割圆锥投影）。

（1）正轴等角割圆锥投影

我国1∶100万地形图，20世纪70年代以前一直采用国际百万分之一投影，现改用正轴等角割圆锥投影。正轴等角割圆锥投影是按纬差4°分带。各带投影的边纬与中纬变形绝对值相等，每带有两条标准纬线。长度与面积变形的规律是：在两条标准纬线（φ_1，φ_2）上无变形；在两条标准纬线之间为负（投影后缩小）；在标准纬线之外为正（投影后增大），如图3-21所示。

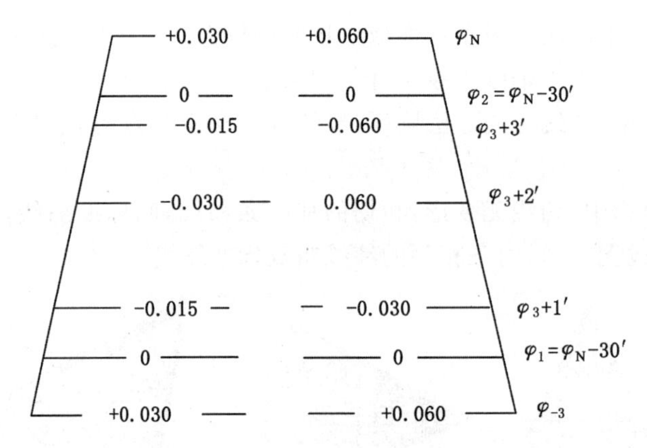

图3-21　我国1∶100万地形图正轴割圆锥投影的变形

（2）1∶50万～1∶5 000地形图投影

我国1∶50万和更大比例尺地形图，规定统一采用高斯-克吕格投影。

① 高斯-克吕格投影的基本概念。高斯-克吕格投影是由德国数学家、物理学家、天文学家高斯于19世纪20年代拟定，后经德国大地测量学家克吕格于1912年对投影公式加以补充，故称为高斯-克吕格投影（以下简称“高斯投影”）。在投影分类中，该投影是横轴切圆柱等角投影。

高斯投影的中央经线和赤道为互相垂直的直线，其他经线均为凹向，并对称于中央经线的曲线，其他纬线均是以赤道为对称轴的向两极弯曲的曲线，经纬线成直角相交（图3-22）。高斯投影的变形特征是：在同一条经线上，长度变形随纬度的降低而增大，在赤道处为最大；在同一条纬线上，长度变形随经差的增加而增大，且增大速度较快。在6°带范围内，长度最大变形不超过0.14%。

② 分带规定。为了控制变形，采用分带投影的办法，规定1∶2.5万～1∶50万地形图采用6°分带；1∶1万及更大比例尺地形图采用3°分带，以保证必要的精度。

6°分带法：从格林尼治0°经线起，自西向东按经差每6°为一投影带，全球共分为60个投

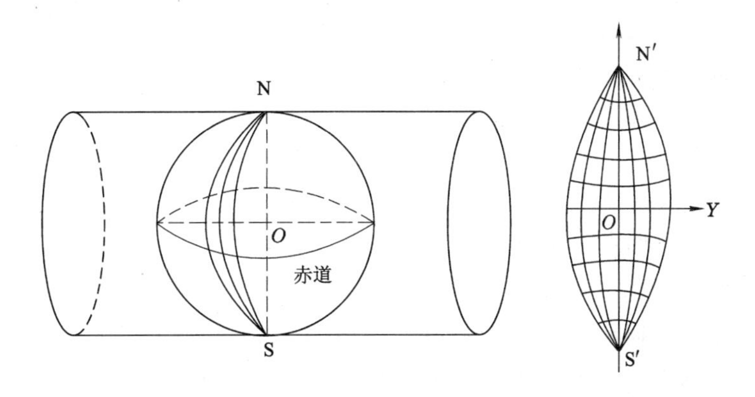

图 3-22　高斯-克吕格投影

影带(图 3-23),我国位于东经 72°～136°之间,共包括 11 个投影带,即 13～23 带,各带的中央经线分别为 75°,81°,87°,…,135°。

3°分带法:从东经 1°30′算起,自西向东按经差每 3°为一投影带,全球共分为 120 个投影带,我国位于 24～46 带,各带的中央经线分别为 72°,75°,78°,…,138°。

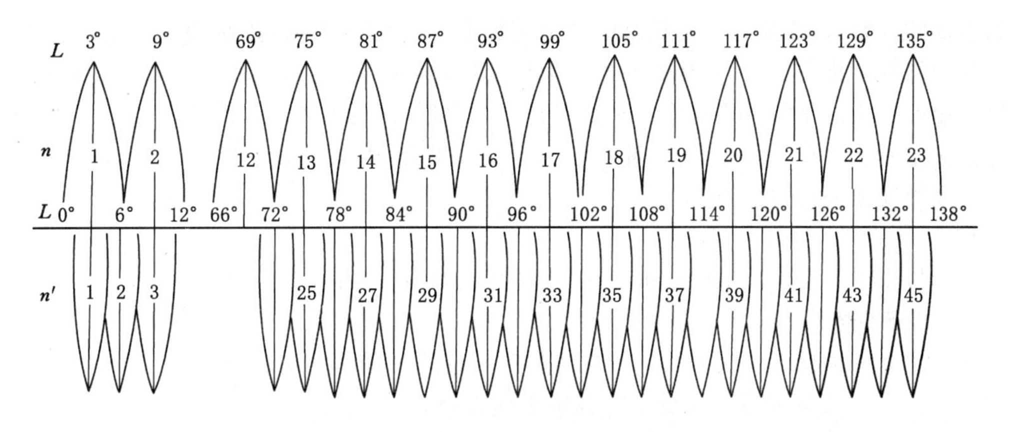

图 3-23　高斯-克吕格投影分带示意图

③ 高斯-克吕格投影性质。这种投影,将中央经线投影为直线,其长度没有变形,与球面实际长度相等,其余经线为向极点收敛的弧线,距中央经线愈远,变形愈大。赤道线投影后是直线,但有长度变形。除赤道外的其余纬线,投影后为凸向赤道的曲线,并以赤道为对称轴。经线和纬线投影后仍然保持正交。所有长度变形的线段,其长度变形比均大于 1,随远离中央经线,面积变形也愈大。若采用分带投影的方法,可使投影边缘的变形不致过大。我国各种大中比例尺地形图采用了不同的高斯-克吕格投影带。

4. 中国全图常用投影

中国全图常用的地图投影有:正轴等面积割圆锥投影、正轴等角割圆锥投影和斜轴等面积方位投影等。根据它们的投影特征及其变形规律,分别用于编制不同内容的地图。

(1) 正轴等面积割圆锥投影

该投影无面积变形,常用于行政区划图及其他要求无面积变形的地图。如土地利用图、土地资源图、土壤图、森林分布图等。中国地图出版社出版的《中华人民共和国行政区划简册》采用这种投影。

(2) 正轴等角割圆锥投影

该投影保持了角度无变形的特性，常用于我国的地势图与各种气象、气候图，以及各省、自治区或大区的地势图。

(3) 斜轴等面积方位投影

我国编制的中国全图以及亚洲图或半球图，常采用该投影。

二、投影变换

地理信息系统的数据大多来自于各种类型的地图资料。这些不同的地图资料根据成图的目的与需要的不同采用不同的地图投影。为保证同一地理信息系统内(甚至不同地理信息系统之间)的信息数据能够实现交换、配准和共享，在不同地图投影地图的数据输入计算机时，首先必须将它们进行投影变换，用共同的地理坐标系统和直角坐标系统作为参照来记录存储各种信息要素的地理位置和属性。因此，地图投影变换对于数据输入和数据可视化都具有重要意义，否则投影参数不准确定义所带来的地图记录误差会使以后所有基于地理位置的分析、处理与应用都没有意义。

地图投影的方式有多种类型，它们都有不同的应用目的。当系统使用的数据取自不同地图投影的图幅时，需要将一种投影的数字化数据转换为所需要的投影的坐标数据。

在地图数字化完毕后，经常需要进行坐标变换，得到经纬度参照系下的地图。对各种投影进行坐标变换的原因主要是输入时地图是一种投影，而输出的地图产物是另外一种投影。进行投影坐标变换有两种方式：一种是利用多项式拟合，类似于图像几何纠正；另一种是直接应用投影变换公式进行变换。

1. 投影转换的方法

投影转换的方法可以采用正解变换、反解变换和数值变换。

(1) 正解变换

通过建立一种投影变换为另一种投影的严密或近似的解析关系式，直接由一种投影的数字化坐标 x,y 变换到另一种投影的直角坐标 X,Y。

(2) 反解变换

即由一种投影的坐标反解出地理坐标($x,y \rightarrow B,L$)，然后将地理坐标代入另一种投影的坐标公式中($B,L \rightarrow X,Y$)，从而实现由一种投影的坐标到另一种投影坐标的变换 ($x,y \rightarrow X,Y$)。

(3) 数值变换

根据两种投影在变换区内的若干同名数字化点，采用插值法，或有限差分法，或有限元法，或待定系数法等，从而实现由一种投影的坐标到另一种投影坐标的变换。

2. 地理信息系统中投影配置

地理信息系统中地图投影配置的一般原则为：

① 所配置的地图投影应与相应比例尺的国家基本图(基本比例尺地形图、基本省区图或国家大地图集)投影系统一致。

② 系统一般只采用两种投影系统，一种服务于大比例尺的数据输入输出，另一种服务于中小比例尺。

③ 所用投影以等角投影为宜。

④ 所用投影应能与格网坐标系统相适应，即所用的格网系统在投影带中应保持完整。

目前，大多数的 GIS 软件系统都具有地图投影选择与变换功能，对于地图投影与变换的原理的深刻理解是灵活运用 GIS 地图投影功能与开发的关键。

任务实施

一、任务内容

投影变换是将当前地图投影坐标转换为另一种投影坐标。它包括坐标系的转换、不同投影系之间的变换以及同一投影系下不同坐标的变换等多种变换。投影变换有三个重要的功能：单个文件的投影变换、成批文件的投影变换及用户文件投影变换。通过对以上基础知识的学习，在 MapGIS 平台上进行投影变换。

二、任务实施步骤

1. MapGIS 投影参数设置

投影参数设置用来设置原图或目的图件的投影坐标系、投影参数、椭球参数及坐标平移值。在进行文件投影转换、单点转换、绘制投影经纬网时，都需要进行投影参数设置。

对于不同的投影要求输入的投影坐标参数（如中央经线、标准纬线等）不同，地理坐标系不需任何投影参数，其他投影都需根据实际所选的投影输入相应的投影参数。一般投影参数要求输入中央经线经度、标准纬线纬度以及位置偏移量等。中央经线投影为 y 轴，投影原点纬线投影为 x 轴，位移量 Δx，Δy 分别表示投影坐标轴的偏移量。投影参数输入完毕后，选择确认。对于坐标偏移值若不知道其具体值，可选择“设置坐标平移值”功能进行计算。

投影转换的参数设置中，投影比例尺只需输入比例尺分母即可，值得注意的是，在进行投影转换时，输入的长度单位若为米，而 MapGIS 系统中绘出图形的长度单位是毫米，因此转换时，需将米转换成毫米，这样在输入比例尺分母时，需在原有比例的基础上，除以 1 000，即生成 1∶100 万图时，输入的比例尺分母应为 1 000，而非 100 万。对于毫米单位，则直接输入相应的比例尺倒数即可，即 100 万。若求高斯大地坐标，则设置单位为米，比例尺分母为 1 即可。

2. 投影转换

（1）单点投影转换

逐点输入转换数据进行投影转换，这种方式对个别数据进行投影转换或随时查看两种不同投影之间的转换数据时非常有用。

编辑输入转换前、转换后的参数，设置生成图元类型单点转换，参数设置好后，即可进行转换，转换过程如下：

① 在进行逐点投影转换时，原投影坐标系如果是地理坐标系，用户逐点输入经纬度的值，对于其他投影，逐点输入(x,y)值。坐标点输入窗是一个文本显示窗，滑动光标到相应的坐标输入窗后按一下鼠标左键，当前输入焦点即转到输入窗，表示可以输入坐标。

② 输入完一个坐标点后，单击“投影点”按钮，系统立刻将投影转换后的数据显示到结果数据显示窗，同时，根据生成图元类型生成相应图元的点。投影结果的数据不能修改。

（2）单个文件投影转换

在进行投影转换或不同椭球参数数据转换时，都需先将原 MapGIS 图元文件装入工作区内，相应的转换功能才能用。

① 选择转换文件，该系统每次只能转换一个文件。在该菜单项下有点、线、区三个菜单项，用来指定转换的文件是什么类型。选中相应的菜单后，系统会弹出文件列表，由用户指定需转换的文件。被选中的文件称为当前文件。

② 编辑当前投影参数、输入文件的 TIC 点。由于用户从数字化仪或扫描仪上采集进来的图形已经由用户指定了坐标原点，建立了相应的坐标系。而根据图形所对应的投影参数，如中央经线、标准纬线等又定义了一个大地坐标系，其坐标原点一般情况下与用户指定的坐标系不重合。在进行投影转换时，以大地坐标系为准。因此，在进行文件投影时必须将用户坐标系中的值转换为投影坐标系中的值才能进行正确转换。为了实现这个功能，MapGIS 中提供了 TIC 点操作功能，通过 TIC 点来确定用户坐标系和投影坐标系的转换关系。TIC 点实际上是一些控制点，即用户已知其理论值的点。理论值既可以是大地直角坐标，也可以是地理经纬度。在进行文件投影变换时，至少得输入四个 TIC 点，否则将不进行投影转换。若用户在输入数据时已经通过 TIC 点转换到大地坐标系，则在转换时不需要 TIC 点。

③ 进行投影转换。各项参数设置好后按“开始转换”按钮，系统随即根据设置的原图和结果图件的投影坐标系，开始自动进行不同投影或不同椭球参数之间的转换。若转换时设置显示图形，那么线文件转换和区文件转换时，屏幕上同时显示转换后的图形，点文件转换不显示。在转换过程中，若按 Esc 键，即可退出转换。若还需要转换当前工作区中其他文件，重复前面的步骤。

在实际应用中要注意投影转换后的文件有两种生成方式，一种是覆盖方式，一种是添加方式，在设置转换选项中可进行开关设置。若选择覆盖方式，则每进行一次投影转换仅保存当前转换结果，覆盖掉原先转换后的内容；若选择添加方式，则投影转换后的结果文件逐次进行添加，缺省情况下为覆盖方式，转换后文件的缺省文件名为线文件，转换将生成 newlin. wl，点文件投影转换将生成 newpnt. wt，区文件转换将生成 newreg. wp，若想清除工作区中转换后的文件数据，可以选择文件菜单下的“清工作区”功能，清除所选工作区文件中的数据。

3. 批文件投影转换

若有成批的文件需要转换，则就得选择“成批文件投影转换”功能。选择功能后，系统随即弹出多文件或整个目录投影变换功能窗。

① 选择“投影变换文件/目录”，打开需转换的文件或目录路径，也可以在该按钮右边的窗口中直接输入相应路径。若需要打开多个文件进行投影，则只有按该按钮打开文件选择窗口，再同时选择多个文件。

② 按输入文件或整个目录投影，指定投影数据源，“按输入文件”选项表示只投影所选的文件(单个文件/多个文件)，“按输入目录”表示投影整个目录下的文件，此时若指定通用匹配符，将只投影满足条件的文件。

③ 设置投影参数。既然要进行投影转换，就得设置投影转换前后的坐标系及投影参数。若所转换文件的坐标系与其投影参数对应的大地坐标系不相吻合，就得输入控制点来实现坐标系的转换。该选项就是决定在转换的过程中是否要使用文件中的 TIC 点进行坐标系转换。

按 TIC 点转换不需要投影：如果数据不需要投影，仅根据文件中的 TIC 点进行位置变换，则选择该选项，否则必须取消该选项。

④ 各项参数设置好后，按“开始投影”功能按钮开始转换，转换后的文件将自动保存在原文件名中。所以用户若需要保留原文件，记着将其保存到另外一个目录中，再开始转换。

4. 用户文件投影转换

若用户有成批文本数据需投影转换，则选择“用户文件投影转换”功能，该功能只能对纯文本文件进行转换。

进行转换的关键是把握多维数据，如三维数据(x,y,z)每一个投影数据点并不要求都放在同一行，此时就得选择按维读取数据。同时输入数据维数以及投影点数据从第几维开始。如四维数据(h,x,y,z)，则维数是 4，投影点数据(x,y)从第 2 维开始，维内偏移是 1 维。同样，还得选择投影点的顺序，即 x 在 y 之前还是之后。

投影完毕可通过复位窗口来查看投影结果，投影结果文件名为 noname。若用户需将投影结果写到文本文件中，那么按“写到文件”按钮，此时系统提示用户输入投影结果文件名，输入完毕即开始转换，并将结果写到该文件中。若用户选择“按指定分隔符”选项来读取数据，那么写入文件的数据、格式及顺序由设置分隔符号窗口的属性列表来指定。同时，应设置指定是否将原文件中的单列数据写入到转换后的文件中，这些单列数据一般都是些说明信息。通过文本文件编辑器(如 notepad.exe)可查看投影结果。

技能训练

现有同一地区的地貌图、土壤图和植被图，三者比例尺分别为 1∶1 万、1∶2 万、1∶2.5 万，椭球参数均为北京 54，坐标系均为投影平面直角坐标系，其他地图参数都相同。利用 MapGIS 平台将其组合为一个 1∶1 万的土地类型图。

(1) 整图变换，将土壤图和植被图的比例尺都变换成 1∶1 万。

(2) 投影变换，将原始坐标投影平面直角坐标系，转换成大地坐标系。

思考练习

1. 什么是地图投影？我国基本比例尺地形图中常用的地图投影有哪些？
2. 投影变换的方法有哪些？
3. 简述在 MapGIS 软件中，进行投影变换的步骤。

任务五　图形裁剪与合并

任务描述

在使用计算机处理图形信息时，计算机内部存储的图形往往比较大，而屏幕显示的只是图的一部分。为了确定图形中哪些部分落在显示区之内，哪些落在显示区之外，通过图形的裁剪与合并，使图形数据适用于不同的应用。

相关知识

一、图形裁剪

在计算机地图制图过程中，会遇到图幅划分及图形编辑过程中对某个区域进行局部放大的问题，这些问题要求确定一个区域，并使区域内的图形能显示出来，而将区域之外的图形删去(不显示或分段显示),这个过程就是图形裁剪,这里提到的区域也称窗口,根据窗口形状分为矩形窗口或任意多边形。简言之,图形裁剪就是描述某一图形要素(如直线、圆等)是否与一多边形窗口(如矩形窗口)相交的过程。

图形裁剪的主要用途是清除窗口之外的图形,在许多情况下需要用到图形的裁剪,包括窗口的开窗、放大、漫游显示,地形图的裁剪输出,空间目标的提取,多边形叠置分析等。这里主要介绍多边形裁剪的基本原理和多边形的合并操作。

在图形裁剪时,首先要确定图形要素是否全部位于窗口之内,若只有部分在窗口内,要计算出图形元素与窗口边界的交点,正确选取显示部分内容,裁剪去窗口外的图形,从而只显示窗口内的内容。对于一个完整的图形要素,开窗口时可能使得其一部分在窗口之内,一部分位于窗口外,为了显示窗口内的内容,就需要用裁剪的方法对图形要素进行剪取处理。裁剪时开取的窗口可以为任意多边形,这里以矩形窗口为例进行介绍。

1. 图形剪裁基本原理

对于矩形窗口,判断图形是否在窗口内,只需进行四次坐标比较,即满足式(3-2),满足条件则图形在窗口内,否则,图形不在窗口内。

$$X_{\min} \leqslant X \leqslant X_{\max}, \quad Y_{\min} \leqslant Y \leqslant Y_{\max} \tag{3-2}$$

式(3-2)中,(X,Y)是被判别的点,$(X_{\min},Y_{\min})$及$(X_{\max},Y_{\max})$则是矩形窗口的最小值和最大值坐标。由于曲线是由一组短直线组成的,因而求直线与矩形窗口边界线交点,就是计算图形与矩形窗口的交点,其算法公式如下:

$$\begin{cases} X = X_S + (X_E - X_S)\lambda_x \\ Y = Y_S + (Y_E - Y_S)\lambda_y \end{cases} \tag{3-3}$$

其中:

$$\lambda_x = \frac{1}{D}\begin{bmatrix} (X_S - X_M) - (X_E - X_S) \\ (Y_S - Y_M) - (Y_E - Y_S) \end{bmatrix}$$

$$\lambda_y = \frac{1}{D}\begin{bmatrix} (X_N - X_M)(X_S - X_M) \\ (Y_N - Y_M)(Y_S - Y_M) \end{bmatrix}$$

$$D = \begin{bmatrix} (X_N - X_M) - (X_E - X_S) \\ (Y_N - Y_M) - (Y_E - Y_S) \end{bmatrix} \neq 0$$

式中,(X,Y)是交点坐标,$S(X'_S,Y_S)$、$E(X'_E,Y_E)$为某一窗口边界线的端点,$M(X'_M,Y_M)$,$N(X'_N,Y_N)$为直线的两端点。

图形裁剪的原理并不复杂,但是图形裁剪的算法很复杂,在裁剪算法软件开发中,最重要的是提高计算速度。

2. 线段的裁剪算法

(1) 线段的编码裁剪法

在裁剪时不同的线段可能被窗口分成几段,但其中只有一段位于窗口内可见,这种算法的思想是将图形所在的平面利用窗口的边界分成的九个区,每一区都由一个四位二进制编码表示,每一位数字表示一个方位,其含义分别为:上、下、右、左,以 1 代表"真",0 代表"假",中间区域的编号为 0000,代表窗口。这样,当线段的端点位于某一区时,该点的位置可以用其所在区域的四位二进制码来唯一确定,通过对线段两端点的编码进行逻辑运算,就可确定线段相对于窗口的关系。

如图 3-24 所示，编码顺序从右到左，每一编码对应线段端点的位置为：第一位为 1 表示端点位于窗口左边界的左边；第二位为 1 表示端点位于右边界的右边；第三位为 1 表示端点位于下边界的下边；第四位为 1 表示端点位于边界的上边。若某位为 0 则表示端点的位置情况与取值 1 时相反。

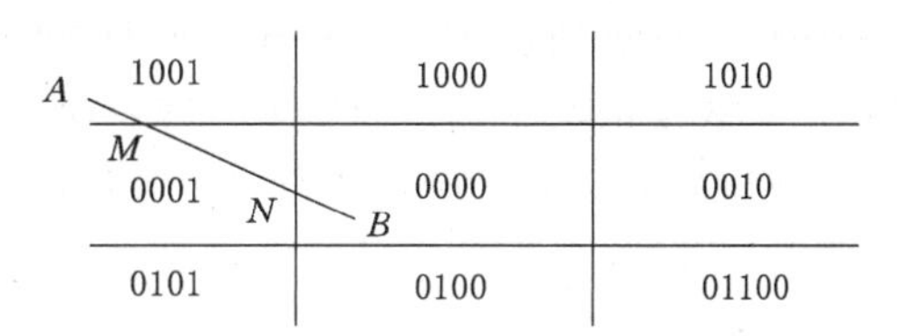

图 3-24　线段窗口裁剪

显然，如果线段的两个端点的四位编码全为 0，则此线段全部位于窗口内；若线段两个端点的四位编码进行逻辑乘运算的结果为非 0，则此线段全部在窗口外。对这两种情况无须作裁剪处理。

如果一条线段用上述方法无法确定是否全部在窗口内或全部在窗口外，则需要对线段进行裁剪分割，对分割后的每一子线段重复以上编码判断，把不在窗口内的子段裁剪掉，直到找到位于窗口内的线段为止。

如图 3-23 所示中的线段 AB，第一次分割成了线段 AM 和 MB，利用编码判断可把线段 AM 裁剪掉，对线段 MB 再分割成子线段 MN 和 NB，再利用编码判断又裁剪掉子线段 MN，而 NB 全部位于窗口内，即为裁剪后的线段，裁剪过程结束。

直线与窗口边框的交点为：

上边框交点：

$$\begin{cases} X=X_A+(Y_T-Y_A)\cdot(X_B-X_A)/(Y_B-Y_A) \\ Y=Y_T \end{cases}$$

下边框交点：

$$\begin{cases} X=X_A+(Y_U-Y_A)\cdot(X_B-X_A)/(Y_B-Y_A) \\ Y=Y_U \end{cases}$$

左边框交点：

$$\begin{cases} X=X_L \\ Y=Y_A+(X_L-X_A)\cdot(Y_B-Y_A)/(X_B-X_A) \end{cases}$$

右边框交点：

$$\begin{cases} X=X_R \\ Y=Y_A+(X_R-X_A)\cdot(Y_B-Y_A)/(X_B-X_A) \end{cases}$$

式中(X_A,Y_A)和(X_B,Y_B)分别为线段端点 A 和 B 的坐标，Y_T为上边框的 Y 坐标，Y_U为下边框的 Y 坐标，X_L为左边框的 X 坐标，X_R为右边框的 X 坐标。

(2) 中点分割法

中点分割法的基本原理是，将直线对半平分，用中点逼近直线与窗口边界点的交点，进而找到对应直线两端点的最远可见点(位于窗口内的点)，而最远可见点之间的部分即是应取线段，其余的舍弃。

3. 多边形的窗口裁剪

多边形的窗口裁剪是以线段裁剪为基础的，但又不同于线段的窗口裁剪。多边形的裁剪比线段要复杂得多。因为经过裁剪后，多边形的轮廓线仍要闭合，而裁剪后的边数可能增加，也可能减少，或者被裁剪成几个多边形，这样必须适当地插入窗口边界才能保持多边形的封闭性。这就使得多边形的裁剪不能简单地用裁剪直线的方法来实现。在线段裁剪中，是把一条线段的两个端点孤立地考虑。而多边形裁剪是由若干条首尾相连的有序线段组成的，裁剪后的多边形仍应保持原多边形各自的连接顺序。另外封闭的多边形裁剪后仍应是封闭的，因此，多边形的裁剪应着重考虑以下问题：如何把多边形落在窗口边界上的交点正确、按序连接起来构成多边形，包括决定窗口边界及拐角点的取舍。

对于多边形的裁剪，人们研究出了多种算法，较为常用的有逐边裁剪法和双边裁剪法，有兴趣的读者可以参阅相关的研究文章了解更多的算法。

逐边裁剪法是根据相对于一条边界线裁剪多边形比较容易这一点，把整个多边形先相对于窗口的第一条边界裁剪，把落在窗口外部的图形去掉，只保留窗口内的图形，然后再把形成的新多边形相对于窗口的第二条边界裁剪，如此进行到窗口的最后一条边界，从而把多边形相对于窗口的全部边界进行了裁剪，最后得到的多边形即为裁剪后的多边形。

图 3-25 说明了这个过程，其中原始多边形为 $V_0V_1V_2V_3$，经过窗口的四条边界裁剪后得到 $V_0V_1V_2V_3V_4V_5V_6V_7V_8$ 多边形。在这个过程中，对于每一条窗口边框，都要计算其余多边形各条边的交点，然后把这些交点按照一定的规则连成线段。而与窗口边界不相交的多边形的其他部分则保留不变。

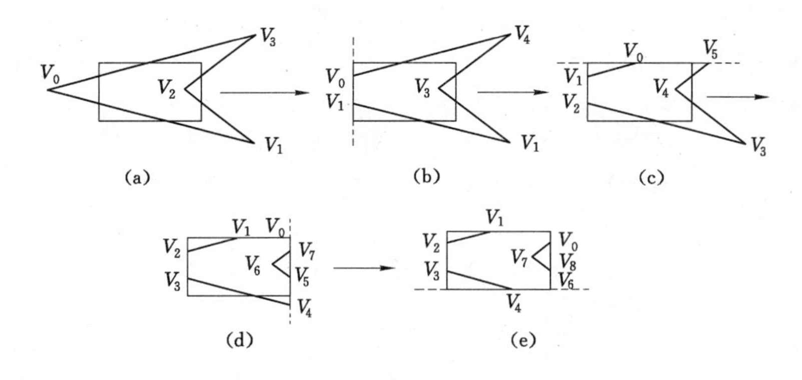

图 3-25 多边形裁剪示意图

二、图形合并

在 GIS 中经常要将一幅图内的多层数据合并在一起，或者将相邻的多幅图的同一层数据或多层数据合并在一起，此时涉及空间拓扑关系的重建。但对于多边形数据，因为同一个多边形已在不同的图幅内形成独立的多边形，合并时需要去掉公共边界。跨越图幅的同一个多边形，在它左右两个图幅内，借助于图廓边形成了两个独立的多边形。为了便于查询与制图（多边形填充符号），现在要将它们合并在一起，形成一个多边形。此时，需要去掉公共边。实际处理过程是先删掉两个多边形，解除空间拓扑关系，然后删除公共边（实际上是图廓边），然后是重建拓扑关系（图 3-26）。

合并前

合并后

图 3-26 多边形的合并

任务实施

一、任务内容

MapGIS图形裁剪实用程序提供对图形(点、线、区)文件进行任意裁剪的手段。裁剪方式有内裁剪和外裁剪。内裁剪即裁剪后保留裁剪框里面的部分,外裁剪则是裁剪后保留裁剪框外面的部分。利用MapGIS图形裁剪功能裁剪出云南地质图中“楚雄州”区域的相关内容,利用MapGIS工程裁剪功能裁剪出某区域的相关内容。

二、任务实施步骤

1. 图形剪裁

(1) 数据输入

建立一个空白文件夹,用来存放剪裁后的新文件。启动MapGIS主程序。在主菜单界面中,点击“参数”按钮,在弹出的对话框中,设置工作目录“图形剪裁”(盘符依据各人具体情况设置)。

(2) 构建裁剪框

图形裁剪是在MapGIS的图形裁剪子系统中实现对图形的裁剪,图形裁剪中的裁剪框是一个线文件。裁剪框也可以通过键盘输入坐标来生成。本次从已有的文件中提取剪裁框。

① 启动MapGIS“输入编辑”子系统。创建空工程文件,将Temp. wl和Termp. wt两个文件加载进此工程文件。

其中Termp. wl文件中包含国界线、省界线、州/地区界线和县界线,最外面黑色粗线为国界线,边上红色一横两点线为省界线,中间红色两横一点为州/地区界线,中间黑色两横一点为县界线;Temp. wt文件中包含州/地区名称、县级名称和乡镇名称,红色为州地区名称,蓝色为县级名称,黑色为乡镇名称。

② 对照着“Temp. wt”点文件中的注记,提取“某区域”边界线,其余行政界线均删除。

③ 完成后选中Termp. wl文件,点击鼠标右键,选择另存项目,文件名改为“图形裁剪框”,保存路径为文件夹中新建的文件夹。

④ 打开“图形裁剪框”文件,选择“线编辑”下拉菜单中的“连接线”选项,将此文件中的各线段片段连接成一条线。在连接过程中,通过F5放大、F6移动、F7缩小快捷键将各线段按照一定的方向进行顺序连接。

最后保存文件,这样就完成了裁剪框的创建。

(3) 图形裁剪

① 启动“图形裁剪”子系统,将需要裁剪的点、线、面文件全部加载进系统。加载过程中只能一个文件一个文件地加载。

② 打开“编辑裁剪框”下拉菜单,选择“装入裁剪框”选项,载入“图形裁剪框. wl”文件。

③ 打开“裁剪工程”下拉菜单,选择“新建”选项,在系统弹出界面的列表框中依次选择需裁剪的文件,确定裁剪结果文件名和保存路径,结果文件名不变,保存路径为新建的“图形裁剪结果”文件夹,点击“修改”按钮,完成一个文件的裁剪设置。

照此方式完成所有需要裁剪文件的设置,点击“OK”按钮退出。

④ 同时通过“裁剪工程”中的“另存”命令保存裁剪工程文件为“图形裁剪工程. clp”,保

存到“图形裁剪结果”文件夹下。

⑤ 选择“裁剪”命令完成图形裁剪。在“输入编辑”子系统中新建工程、添加“图形裁剪结果”文件夹下的裁剪结果，并保存工程文件到“图形裁剪结果”文件夹下，名为“图形裁剪结果.mpj”（图 3-27）。

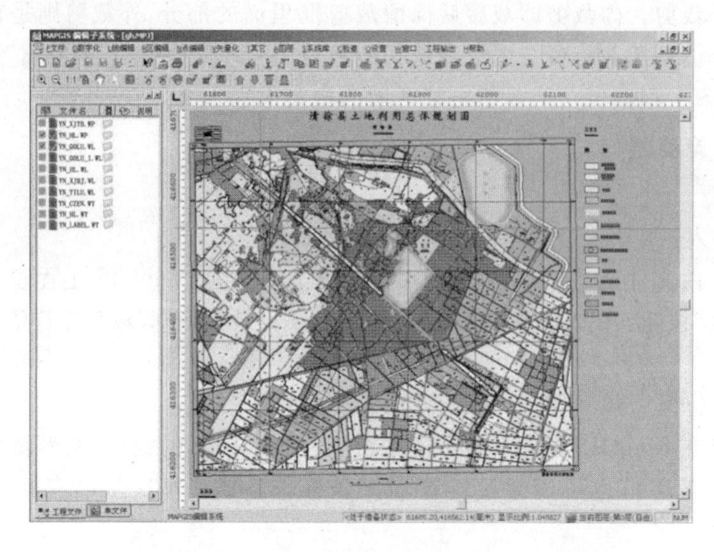

图 3-27　图形裁剪结果

2. 工程裁剪

工程裁剪是在 MapGIS 的输入编辑子系统中实现对图形的裁剪，工程裁剪中的裁剪框是一个区文件。

（1）构建裁剪区

① 启动 MapGIS“输入编辑”子系统。创建空工程文件，将提供的文件夹中的 Temp. wl 和 Temp. wt 两个文件加载进此工程文件。

② 对照着“Temp. wt”点文件中的注记，保留“Temp. wl”中“某个区域”边界线，其余行政界线均删除。同时把处理过的“Temp. wl”保存到新建的“工程裁剪结果”文件夹中，名称为“工程裁剪框. wl”。

③ 在工程文件窗口新建区文件，区文件名命名为“工程裁剪区”，区文件保存路径为新建的“工程裁剪结果”文件夹中。将保留的“区域”边界线转换为弧段，转换时用鼠标框选的方式把边界线选中。

④ 在“区编辑”中选择“输入区”创建区文件，保存于“工程裁剪区. wp”文件中。

⑤ 最后保存文件，这样就完成了裁剪区的创建。

（2）工程裁剪

① 启动“输入编辑”子系统，打开“清徐县土地利用总体规划图. mpj”，对应地就把相关的点、线、面文件打开了。

② 打开“其他”菜单的“工程裁剪”命令，将弹出选择裁剪后文件存放目录，选择文件夹中新建的“工程裁剪结果”文件夹为结果文件存放目录。

③ 选择好存放目录后，确定，将弹出“工程裁剪”对话框（图 3-28），选择要裁剪文件，设

置好裁剪参数，参数应用，生成被裁工程，装入裁剪区，就可以进行裁剪了。

④ 打开“工程裁剪结果”文件夹中的裁剪结果查看效果，最终效果如图 3-29 所示。

图 3-28 工程裁剪对话框

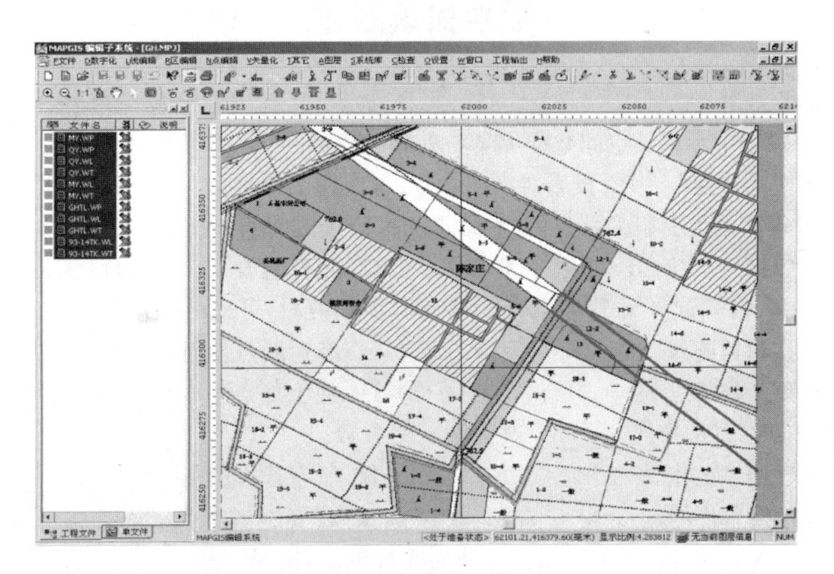

图 3-29 工程裁剪结果

技能训练

从中国行政区划图中裁剪出华北、华东地区。

(1) 制作华北、华东地区的裁剪框。(注：华北、华东地区各省轮廓线存在悬挂线，需修改线使其首尾闭合)

(2) 利用“图形裁剪”方式裁剪出华北地区。

(3) 利用“工程裁剪”方式裁剪出华东地区。

思考练习

1. 为什么要进行图形的裁剪及合并？

2. 简述在 MapGIS 软件中图形裁剪的内容和步骤。

3. 简述在 MapGIS 软件中图形合并的方法和步骤。

4. 图形裁剪与工程裁剪的区别是什么？它们的裁剪框各是什么文件？两者各有何优缺点？

5. 已知几个坐标，可以通过它们来进行图形裁剪吗？怎样实现？

项 目 小 结

空间数据处理是将获取的地理空间数据规范化并最终形成空间数据库的过程中极其重要的工作阶段，是地理信息数据生产岗位的主要工作任务之一。本项目主要介绍了对所获取的空间数据进行数据编辑、拓扑关系建立、空间数据误差校正、空间数据投影变换和图形裁剪等常见的处理方法及基本原理。图形数据编辑的内容、拓扑关系的建立方法和步骤等是本项目的重点所在。难点是不同几何纠正方法的特点及适用条件、投影变换基本原理。

职业知识测评

1. 单选题

(1) 以下选项中不属于空间数据编辑与处理过程的是________。

A. 数据格式转换　　B. 投影转换　　C. 图幅拼接　　D. 数据分发

(2) 京沪铁路线上有很多站点，这些站点和京沪线之间的拓扑关系是________。

A. 拓扑邻接　　B. 拓扑关联　　C. 拓扑包含　　D. 无拓扑关系

(3) 有一条直线，起点为 1，终点为 2，若将其剪成两段，可采用的方法是________。

A. 工具按钮剪断线　　B. 有剪断点剪断线

C. 无剪断点剪断线　　D. 线上删点

(4) 统改点参数是指把________改为统一的参数。

A. 所有已绘制的点　　B. 所有选择的点

C. 符合替换条件的点　　D. 将要绘制的点

(5) 在 MapGIS 中，以下关于拓扑处理的几种说法，错误的是________。

A. MapGIS 中拓扑处理子系统的预处理功能和拓扑处理功能是以弧段为基础的

B. MapGIS 在拓扑处理中，一旦建立了节点，数据文件便有了节点信息，之后的编辑操作将会破坏节点信息

C. MapGIS 拓扑处理的最大特点是自动化程度高，处理过程中一般不需人工干预

D. MapGIS 在进行拓扑重建时，先要对原始数据进行“自动剪短线”等预处理

(6) 整图变换对光栅图________。

A. 可进行位移变换　　B. 可按比例变换

C. 可进行旋转变换　　D. 不能进行变换

(7) 图形裁剪操作中，裁剪框为线文件，工程裁剪操作中，裁剪框为______文件。

A. 线　　B. 区　　C. 点　　D. 网

(8) 点图元坐标对齐的种类没有下面哪一种？________

A. 垂直方向右对齐　　B. 垂直方向左对齐

C. 水平方向对齐　　D. 任意方向对齐

(9) MapGIS 中不属于标准图框的是________。

A. 1∶1 500 图框　　B. 1∶5 000 图框　　C. 1∶10 000 图框　　D. 1∶500 000 图框

(10) 修改缺省线参数，是指________。

A. 把绘制的线修改成统一的参数

B. 把选择的线修改成统一的参数

C. 把下一步要绘制的线设置成统一的参数

D. 以上说法都不对

2. 判断题

(1) 拓扑邻接是存在于空间图形的同类元素之间的拓扑关系。（　）

(2) 要保证 GIS 中数据的现势性必须实时进行数据更新。（　）

(3) 由矢量数据向栅格数据转换时，网格尺寸的确定一般是根据制图区域内较大图斑面积来确定。（　）

(4) 根据拓扑关系可以确定地理实体的空间位置，而无须利用坐标和距离。（　）

(5) 存在于空间图形的不同类元素之间的拓扑关系属于拓扑关联。（　）

(6) 在地图编辑与制图一体化系统中，数据库是整个系统的基础，它包括制图数据库、图像数据库、地图符号库、地图色彩库和汉字库。（　）

(7) 栅格数据可用于建立网络连接关系。（　）

(8) 由于 GIS 与 CAD 所处理的对象的规则程度不同，因此二者很难交换数据。（　）

(9) 地图上的拓扑关系是指图形在保持连续状态下的变形，但图形关系不变的性质。（　）

(10) MapGIS 误差校正模块，主要作用是对栅格数据进行校正。（　）

职业能力训练

训练 3-1　几何纠正

结合所在学校实训室配备的遥感处理软件和数据，对给定的遥感影像进行纠正，以进一步了解几何纠正的基本原理，掌握利用 GIS 软件进行影像几何纠正的原理和方法。

(1) 数据准备。

(2) 根据影像数据选择合适的纠正算法。

(3) 根据选择的纠正算法确定控制点的数量，选择纠正控制点，注意选择控制点时均与节能分布。

(4) 检查控制点的残差，删除残差特别大的控制点并重新选取控制点。

(5) 进行几何纠正。

训练 3-2 地形图扫描数字化

依据《国家基本比例尺地图图式 第 1 部分:1∶500 1∶1 000 1∶2 000 地形图图式》(GB/T 20257.1—2017),使用 GIS 软件对 1∶500 纸质地形图进行扫描矢量化。

操作提示:

(1) 对图纸进行扫描。

(2) 对扫描图像进行二值化处理,即设定合适的灰度阈值,将图像有灰度模式转换为位图模式。

(3) 结合图形质量,根据需要进行平滑处理,去除杂点。

(4) 根据需要,进行细化处理。

(5) 读图:识读地形图,了解图纸所包含的地类、地物要素。

(6) 分层:根据地类地物要素划分图层,设定图层属性,包括图层号、图层名、颜色、线型、类型等。

(7) 根据图式,编辑点、线、面符号库。

(8) 利用 GIS 软件的图形编辑工具进行矢量化,特别注意,等高线和规则地物应采用不同的矢量化方式进行。

(9) 根据应用图需要,编辑属性表结构,采集并录入属性数据。

(10) 撰写技术报告。

训练 3-3 空间数据质量分析

对训练 3-2 中矢量化得到的地形图数据进行质量分析。

操作提示:

(1) 抽取矢量地形图。

(2) 图层检查。

(3) 图面地物检查。

(4) 属性匹配检查。

(5) 撰写质量分析报告。

训练 3-4 图形编辑与图形拼接

对训练 3-2 中完成的矢量化图形进行处理。

(1) 进行拓扑错误检查,利用 GIS 软件提供的节点平差工具和图形编辑工具进行图形编辑。消除伪节点和悬挂节点及“碎屑”多边形,消除图形中存在的错误和遗漏。

(2) 进行图形拼接:在拼接时注意检查同类地物的属性是否一致,待拼图图形的投影是否统一。

项目四 GIS空间数据建库

【项目概述】

数据库因不同的应用要求会有各种各样的组织形式。数据库的设计就是根据不同的应用目的和用户要求,在一个给定的应用环境中,确定最优的数据模型、处理模式、存储结构、存取方法,建立能反映现实世界的地理实体间信息之间的联系,满足用户要求。空间数据库就是在数据库的基础上产生的,它是某一区域内关于一定地理要素特征的数据集合。

通过本项目的学习,学生将为从事GIS数据建库岗位工作打下基础。

【教学目标】

◆知识目标

1. 掌握数据库、空间数据库的概念及主要特征。
2. 掌握空间数据组织的分级。
3. 掌握空间数据库设计的原则、步骤与过程。

◆能力目标

1. 能利用GIS平台进行空间数据的组织与管理。
2. 能利用GIS平台进行空间数据库建设工作。

任务一 空间数据组织与管理

任务描述

空间数据是GIS的重要组成部分,空间数据具有巨大的数据量及空间上的复杂性,这些特征使空间数据的组织与管理比普通数据要复杂得多,为了更好地表达空间数据,就必须按照一定的方式进行组织与管理。

相关知识

一、数据库的基本知识

1. 数据库的定义

数据库是随着计算机的迅速发展而兴起的一门新学科。通俗地讲,数据库是以一定的组织形式存储在一起的互相有关联的数据的集合。但这种数据集合不是数据的简单相加,而是对数据信息进行重新组织,最大限度地减少数据冗余,增强数据间关系的描述,使数据资源能以多种方式为尽可能多的用户提供服务,实现数据信息资源共享。

随着数据信息资源的多用户服务,以及用户对信息数据多种方式(如检索、分类排序等)访问的需求,人们又研制了数据库管理系统(管理和控制程序软件)。

由上述可知,数据库是由两个最基本的部分所组成:一是原始信息数据库,即描述全部原始要素信息的原始数据，也是数据库系统加工处理的对象；二是程序库，即数据库软件，它存放着管理和控制数据的各种程序，是数据库系统加工处理的手段。

当然，除了上述两个基本组成部分以外，数据库系统还需要配备相应的硬设备，如有很强数据处理能力的中央处理器、大容量的内存和外存以及根据不同用途配置的其他外部设备等。

2. 数据库的主要特征

(1) 实现数据共享

数据库是以一定的组织形式集中控制和管理有关数据。它增强了数据间关系的描述，克服了文件管理中数据分散的弱点，实现了数据资源的共享，提高了数据的使用效率。

(2) 减小数据冗余度

数据库按照一定的方式对数据文件进行重新组织，最大限度地减少了数据的冗余，节省了存储空间，保证了数据的一致性，这是文件管理所无法实现的。

(3) 数据的独立性

数据库系统结构一般分为三级，即用户级、概念级和物理级。实现三级之间的逻辑独立和物理独立是数据库设计的关键要求。逻辑独立是指当概念级数据库中改变逻辑结构时，不影响用户的应用程序；物理独立是指当改变数据的物理组织时，不影响逻辑结构和应用程序。

(4) 实现了数据集中控制

在文件管理方式中，数据处于一种分散的状态，不同的用户或同一用户在不同处理中其文件之间毫无关系。利用数据库可对数据进行集中控制和管理，并通过数据模型表示各种数据的组织以及数据间的联系。

(5) 数据的一致性及可维护性，以确保数据的安全性和可靠性

① 安全性控制：防止数据丢失，错误更新和越权使用。

② 完整性控制：保证数据的正确性、有效性和相容性。

③ 并发控制：使在同一时间周期内，允许对数据实现多路存取，又能防止用户之间的不正常交互作用。

④ 故障的发现和恢复：由数据库管理系统提供一套方法，可及时发现故障并修复故障，从而防止数据破坏。

3. 数据库管理系统

数据库是关于事物及其关系的组合，而早期的数据库事物本身与其相应的属性是分开存储的，只能满足简单的数据恢复和使用。数据结构定义使用特定的结构定义，利用文件形式存储，称为文件处理系统。

文件处理系统是数据管理最普遍的方法，但是有很多缺点：首先每个应用程序都必须直接访问所使用的数据文件，应用程序完全依赖于数据文件的存储结构，数据文件修改时应用程序也随之修改；其次是数据文件的共享，由于若干用户或应用程序共享一个数据文件，要修改数据文件必须征得所有用户的认可，由于缺乏集中控制也会带来一系列数据库的安全问题，数据库的完整性是很严格的，信息质量很差往往比没有信息更糟。

数据库管理系统(data base management system，DBMS)是在文件处理系统的基础上进一步发展的系统。它是处理数据库存取和各种管理控制的软件，不仅面向用户，还面向系

统。因此，DBMS在用户应用程序和数据文件之间起到了桥梁作用。DBMS的最大优点是提供了两者之间的数据独立性，即应用程序访问数据文件时，不必改变应用程序。

(1) 数据库管理系统的功能

数据库管理系统的功能随系统的不同而不同，但一般具有以下主要功能：

① 定义数据库：用来设计出数据库的框架，并从用户、概念和物理三个不同观点出发定义一个数据库，把各种原模式翻译成机器的目标模式存储到系统中。

② 管理数据库：在已定义的数据库上，按严格的数据定义，装入数据，存储到物理设备上，接收、分析和执行用户提出的访问数据库的请求，实现数据的完整性、有效性及并发控制等功能。

③ 维护数据库：这是面向系统的功能，包括对数据库性能的分析和监督、数据库的重新组织和整理等。

④ 数据库通信功能：包括与操作系统的接口处理，同各种语言的接口，以及同远程操作的接口处理等。

(2) 数据库管理程序的组成

数据库管理系统实际上是很多程序的集合，主要由下列几个部分组成：

① 系统运行控制程序：用于实现对数据库的操作和控制，包括系统总控制程序、存取控制程序、数据存取程序、数据更新程序、并发控制程序、完整性检查程序、通信控制程序和保密控制程序等。

② 语言处理程序：主要实现对数据库定义、操作等，包括数据语言的编译程序、主语言的预编译程序、数据操作语言处理程序及终端命令解释程序等。

③ 建立和维护程序：主要实现数据库的装入、故障恢复和维护，包括数据库装入程序、性能统计分析程序、转储程序、工作日志程序及系统修复和重启动程序等。

(3) 采用标准DBNS存储空间数据的主要问题

用标准的DBMS来存储空间数据，不如存储表格数据那样好，其主要问题包括：

① 在GIS中，空间时间记录是变长的，因为需要存储的坐标点的数目是变化的，而一般数据库都只允许把记录的长度设定为固定长度。不仅如此，在存储和维护空间数据拓扑关系方面，DBMS也存在着严重的缺陷。因而，一般要对标准的DBMS增加附加的软件功能。

② DBMS一般难以实现对空间数据的关联、连通、包含、叠加等基本操作。

③ GIS需要一些复杂的图形功能，一般的DBMS不能支持。

④ 地理信息是纷繁复杂的，单个地理实体的表达需要多个文件、多条记录，或许包括大地网、特征坐标、拓扑关系、空间特征量测值、属性数据的关键字，以及非空间专题属性等等，一般的DBMS也难以支持。

⑤ 具有高度内部联系的GIS数据记录需要更复杂的安全性维护系统，为了保证空间数据库的完整性，保护数据文件的完整性，保护系列必须与空间数据一起存储，否则一条记录的改变就会使其他数据文件产生错误。而一般的DBMS难以保证这些。

(4) GIS数据管理方法的主要类型

① 对不同的应用模型开发独立的数据管理服务，这是一种基于文件管理的处理方法。

② 在商业化的DBMS基础上开发附加系统。开发一个附加软件用于存储和管理空间数据和空间分析，使用DBMS管理属性数据。

③ 使用现有的DBMS,通常是以DBMS为核心,对系统的功能进行必要扩充,空间数据和属性数据在同一个DBMS管理之下。需要增加足够数量的软件和功能来提供空间功能和图形显示功能。

④ 重新设计一个具有空间数据和属性数据管理和分析功能的全新数据库系统。

(5) 应用程序对数据库的访问过程

一般要经过以下主要步骤:

① 应用程序向DBMS发出调用数据库数据的命令,命令中给出记录的类型与关键值,先查找后读取。

② DBMS分析命令,取出应用程序的子模式,从中找出有关记录的描述。

③ DBMS取出模式,决定为了读取记录需要哪些数据类型,以及有关数据存放信息。

④ DBMS查阅存储模式,确定记录位置。

⑤ DBMS向操作系统(OS)发出读取记录的命令。

⑥ 操作系统应用I/O程序,把记录送入系统缓冲区。

⑦ DBMS从系统缓冲区数据中导出应用程序所要读取的逻辑记录,并送入应用程序工作区。

⑧ DBMS向应用程序报告操作状态信息,如"执行成功""数据未找到"等。

⑨ 用户根据状态信息决定下一步工作。

4. *数据库系统结构*

数据库是一个复杂的系统,数据库的基本结构分用户级、概念级和物理级三个层次。反映了观察数据库的三种不同角度。每一级数据库都有自身对数据进行逻辑描述的模式。分别称为外模式、概念模式和内模式。模式之间通过映射关系进行联系和转换。

在数据库系统中,用户看到的数据与计算机中存放的数据是两回事,这中间有着若干层的联系和转换,这样做的目的是:

① 方便用户,用户只管发出各种数据操作指令而不管这些操作如何实现;

② 便于数据库的全局逻辑管理,可以独立地进行设计与修改;

③ 为数据在物理存储器上的组织提供方便。

这样,不管是数据的物理存储方法还是数据库的全局组织发生变化,都尽可能不影响用户对数据库的存取。

(1) 用户级

用户使用的数据库对应于外部模式,它是用户与数据库的接口,也就是用户能够看到的那部分数据库,它是数据库的一个子集。

子模式就是用户看到的并获准使用的那部分数据的逻辑结构,借此来操作数据库中的数据。采用子模式有如下好处:

① 接口简单,使用方便。用户只要依照子模式编写应用程序或在终端输入操作命令,无须了解数据的存储结构。

② 提供数据共享性。用统一模式产生不同的子模式,减少了数据的冗余。

③ 孤立数据,安全保密。用户只能操作其子模式范围内的数据,可保证其他数据的安全。

(2) 概念级

概念数据库对应于概念模式，简称模式，是对整个数据库的逻辑描述，也就是数据库管理员看到的数据库。

模式的主体是数据模型，模式只能描述数据库的逻辑结构，而不涉及具体存取细节。模式通常是所有用户子模式的最小并集，即把所有用户的数据观点有机地结合成一个逻辑整体，统一地考虑所有用户的要求。在模式中有对数据库中所有数据项类型、记录类型和它们之间的联系及对数据的存取方法的总体描述。在模式下所看到的数据库叫概念数据库，因为实际数据库并没有存储在这一层，这里仅提供了关于整体数据库的逻辑结构。

概念模式与子模式的共同之处在于它们都是数据库的定义信息。从模式中可以导出各种子模式，如在关系模型中通过关系运算就可以从模式导出子模式。模式与子模式都不反映数据的物理存储，为数据库管理系统所使用，其主要功能是供应用程序执行数据操作。

(3) 物理级

物理数据库对应于内模式，又称为存储模式，内模式描述的是数据在存储介质上的物理配置与组织，是存放数据的实体，也是系统程序员才能看到的数据库。对机器来说，它是由0和1(代表两种物理状态)组织起来的位串，其含义是字符或数字；对于程序员来说，它是一系列按一定存储结构组织起来的物理文件。

在计算中，实际存在的只是物理数据库。概念库只是物理库的一种抽象描述，而用户库只是用户与数据库的接口。用户根据子模式进行操作，通过子模式到概念模式的映射与概念库联系起来，再通过概念模式到存储模式的映射与物理库联系起来。完成三者联系的就是数据库管理系统(DBMS)。它的主要任务就是把用户对数据的操作转化到物理级去执行。

二、空间数据库

空间数据库描述的是地理要素的属性关系和空间位置关系。在空间数据库中，数据之间除了抽象的逻辑关系外，还建立了严谨的空间几何关系。地理数据不但表达了地理要素的名称、特征、分类和数量等属性特征，而且还反映了地理要素的位置、形状、大小和分布等方面的特征。这些表征地理要素空间几何关系的数据也叫图形数据。对地理信息系统来讲，不仅数据本身具有空间属性，系统的分析和应用也无不与地理环境直接联系。因此，地理信息系统的数据库(亦可简称空间数据库)是某一区域内关于一定地理要素特征的数据集合，包括地理实体的属性数据和图形数据。与一般数据库相比，空间数据库具有如下特点：

① 数据库的复杂性：空间数据库比常规数据库复杂得多，其复杂性首先反映在空间数据种类繁多。从数据类型看，不仅有空间位置数据，还有属性数据，不同的数据差异大，表达方式各异，但又紧密联系；从数据结构看，既有矢量数据结构又有栅格数据结构，它们的描述方法又各不相同。空间数据库中空间位置数据和属性数据之间既相对独立又密切相关，不可分割。这样，给空间数据库的建立和管理增加了难度。

② 数据库处理的多样性：一般数据库的处理功能主要是查询检索和统计分析，处理结构的表示以表格形式及部分统计图为主。而在地理信息系统中其查询检索必须同时涉及属性数据和空间位置数据。当利用空间数据和属性数据进行查询、检索和统计时，常常需要引入一些算法和模型。例如，用数学表达式在DTM模型上查询地面坡向因子时，需引入相应的坡向分析模型，这已超出传统数据库查询概念。

③ 数据量大：地理信息系统是一个复杂的综合体，要用数据来描述各种地理要素，而这

些地理要素相互之间又存在着错综复杂的联系，需要用数据来表示，尤其是要素的空间位置，因此，其数据量往往很大。

④ 数据应用面较为广泛：可应用于地理研究、环境保护、资源开发、生态环境、土地利用与规划、道路建设、市政管理等。空间数据库系统必须具备对地理对象进行模拟和推理的功能。一方面可将空间数据库技术视为传统数据库技术的扩充；另一方面，空间数据库突破了传统数据库理论，其实质性发展必然导致理论上的创新。

目前，大多数商品化的GIS软件都不是采取传统的某一种单一的数据模型，也不是抛弃传统的数据模型，而是采用建立在关系数据库管理系统(RDBMS)基础上的综合的数据模型。归纳起来，主要有混合结构、扩展结构和统一数据三种组织方式。

(1) 混合结构模型

它的基本思想是用两个子系统分别存储和检索空间数据与属性数据，其中属性数据存储在常规的RDBMS中，几何数据存储在空间数据管理系统中，两个子系统之间使用一种标识符联系起来。在检索目标时必须同时询问两个子系统，然后将它们的回答结合起来。

由于这种混合结构模型的一部分是建立在标准RDBMS之上，故存储和检索数据比较有效、可靠。但因为使用两个存储子系统，它们有各自的规则，查询操作难以优化，存储在RDBMS外面的数据有时会丢失数据项的语义。此外，数据完整性的约束条件有可能遭破坏，例如在几何空间数据存储子系统中目标实体仍然存在，但在RDBMS中却已被删除。

属于这种模型的GIS软件有Arc/Info、MGE、SICARD、GENEMAP等。

(2) 扩展结构模型

混合结构模型的缺陷是，因为两个存储子系统有各自的职责，互相很难保证数据存储、操作的统一。扩展结构模型采用同一DBMS存储空间数据和属性数据。其做法是在标准的关系数据库上增加空间数据管理层，即利用该层将地理结构查询语言(GeoSQL)转化成标准的SQL查询，借助索引数据的辅助关系实施空间索引操作。这种模型的优点是省去了空间数据库和属性数据库之间的烦琐连接，空间数据存取速度较快，但由于是间接存取，在效率上总是低于DBMS中所用的直接操作过程，且查询过程复杂。

这种模型的代表性GIS软件有SYSTEM9，SMALL WORLD等。

(3) 统一数据模型

这种综合数据模型不是基于标准的RDBMS，而是在开放型DBMS基础上扩充空间数据表达功能。空间扩展完全包含在DBMS中，用户可以使用自己的基本抽象数据类型(ADT)来扩充DBMS。在核心DBMS中进行数据类型的直接操作很方便、有效，并且用户还可以开发自己的空间存取算法。该模型的缺点是，用户必须在DBMS环境中实施自己的数据类型，对有些应用将相当复杂。

属于此类综合模型的软件如TIGRIS(intergraph)、GEO++(荷兰)等。

三、空间数据的组织

1. 数据组织的分级

数据库中的数据组织一般可以分为四级：数据项、记录、文件和数据库。

① 数据项：是可以定义数据的最小单位，也叫元素、基本项、字段等。数据项与现实世界实体的属性相对应，数据项有一定的取值范围，称为域。域以外的任何值对该数据项都是无意义的。如表示月份的数据项的域是1～12，13就是无意义的值。每个数据项都有一个

名称，称为数据项目。数据项的值可以是数值的、字母的、汉字的等形式。数据项的物理特点在于它具有确定的物理长度，一般用字节数表示。

几个数据项可以组合，构成组合数据项。如“日期”可以由日、月、年三个数据项组合而成。组合数据项也有自己的名字，可以作为一个整体看待。

② 记录：由若干相关联的数据项组成。记录是应用程序输入—输出的逻辑单位。对大多数据库系统，记录是处理和存储信息的基本单位。记录是关于一个实体的数据总和，构成该记录的数据项表示实体的若干属性。

记录有“型”和“值”的区别。“型”是同类记录的框架，它定义记录，“值”是记录反映实体的内容。

为了唯一标识每个记录，就必须有记录标识符，也叫关键字。记录标识符一般由记录中的第一个数据项担任，唯一标识记录的关键字称为主关键字，其他标识记录的关键字称为辅关键字。

③ 文件：文件是一给定类型的（逻辑）记录的全部具体值的集合。文件用文件名称标识。文件根据记录的组织方式和存取方法可以分为：顺序文件、索引文件、直接文件和倒排文件等。

④ 数据库：是比文件更大的数据组织。数据库是具有特定联系的数据的集合，也可以看成是具有特定联系的多种类型的记录的集合。数据库的内部构造是文件的集合，这些文件之间存在某种联系，不能孤立存在。

2. 数据间的逻辑联系

数据间的逻辑联系主要是指记录与记录之间的联系。记录是表示现实世界中的实体的。实体之间存在着一种或多种联系，这样的联系必然要反映到记录之间的联系上来。数据之间的逻辑联系主要有三种：

① 一对一的联系：简记为 1∶1，如图 4-1 所示，这是一种比较简单的一种联系方式，是指在集合 A 中存在一个元素 a_i，则在集合 B 中就有一个且仅有一个 b_j 与之联系。在 1∶1 的联系中，一个集合中的元素可以标识另一个集合中的元素。例如，地理名称与对应的空间位置之间的关系就是一种一对一的联系。

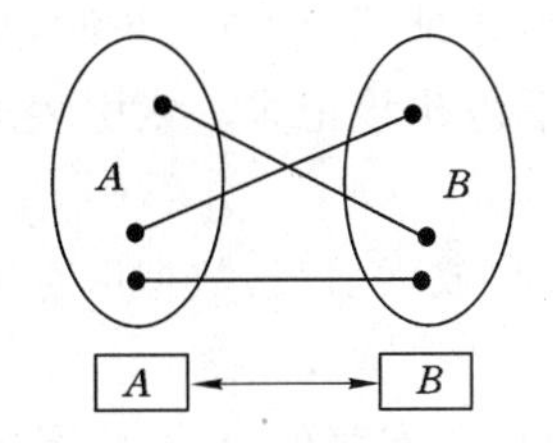

图 4-1 一对一的联系（1∶1）

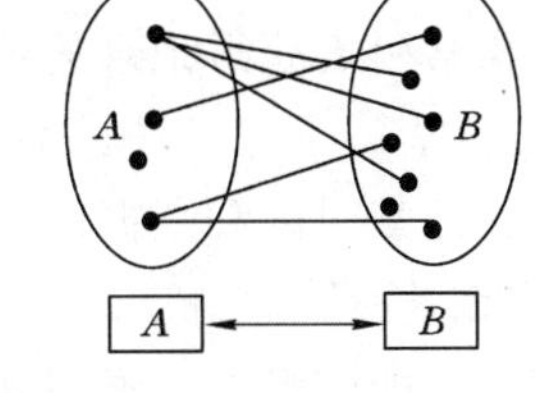

图 4-2 一对多的联系（1∶N）

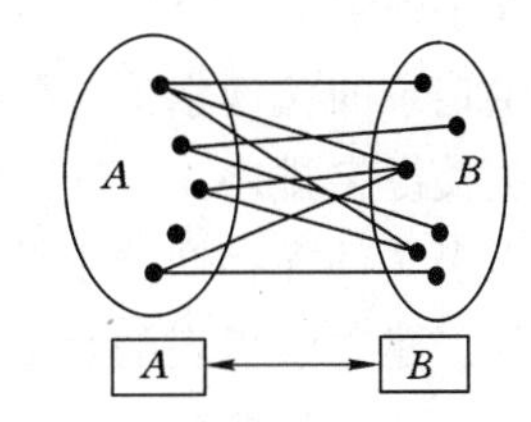

图 4-3 多对多的联系（M∶N）

② 一对多的联系（1∶N）：现实生活中以一对多的联系较多常见。如图 4-2 所示，这种联系可以表达为：在集合 A 中存在一个 a_i，则在集合 B 中存在一个子集 $B'=(b_{j1},b_{j2},\cdots,b_{jn})$ 与之联系。通常，B' 是 B 的一个子集。行政区划就具有一对多的联系，一个省对应有多个市，一个市有多个县，一个县又有多个乡。

③ 多对多的联系（M∶N）：这是现实中最复杂的联系（如图 4-3 所示），即对于集合 A

中的一个元素 a_i，在集合 B 就存在一个子集 $B'=(b_{j1},b_{j2},\cdots,b_{jn})$ 与之相联系。反过来，对于 B 集合中的一个元素 B_j 在集合 A 中就有一个集合 $A'=(a_{i1},a_{i2},a_{i3},\cdots,a_{in})$ 与之相联系。$M:N$ 的联系，在数据库中往往不能直接表示出来，而必须经过某种变换，使其分解成两个 $1:N$ 的联系来处理。地理实体中的多对多联系是很多的，例如土壤类型与种植的作物之间有多对多联系。同一种土壤类型可以种不同的作物，同一种作物又可种植在不同类型的土壤上。

3. 文件的主要组织形式

文件组织是数据组织的一部分。文件是地理信息系统物理存在的基本单位，所有系统软件、数据库包括文件目录都是以文件方式存储和管理的，对地理信息系统功能的调用，对空间数据的检索、插入、删除、修改、访问，最终都是转换为对于物理文件的相应操作，由访问程序付诸实现，文件组织是地理信息系统的物理形式。

文件组织主要指数据记录在外存设备上的组织，由操作系统进行管理，具体解决在外存设备上如何安排数据和组织数据，以及实施对数据的访问方式等问题。

下面仅对常用的数据文件组织形式作简单的介绍。

(1) 顺序文件

顺序文件是最简单的文件组织形式。它是物理顺序与逻辑顺序一致的文件。顺序文件的优点是结构而单，连续存取速度快。缺点是不便于插入、删除和修改，不便于查找某一特定记录。为了防止从头到尾查找记录、提高查找效率，通常用分块查找和折半查找。

(2) 直接文件

直接文件也称随机文件或散列文件。随机文件中的存储是根据记录关键字的值，通过某种转换方法得到一个物理存储位置，然后把记录存储在该位置上。查找时，通过同样的转换方法，可直接得到所需要的记录。

直接文件的优点是存取速度快并能节省存储空间，检索、修改、插入方便，检索时间与文件大小无关；缺点是溢出处理技术比较复杂，要求等长记录，只能通过记录的关键字寻址。

(3) 索引文件

带有索引表的文件称为索引文件。索引文件的特点是，除了存储记录本身(主文件)外，还建立了索引表，索引表中列出记录关键字和记录在文件中的位置(地址)。读取记录时，只要提供记录的关键字值，系统通过查找索引表获得记录的位置，然后取出该记录。索引表通常按主关键字排序。

索引文件在存储器上分为两个区，即索引区和数据区。索引区存放索引表；数据区存放主文件。建立索引表的目的是提高查询速度。

索引文件只能建在随机存取介质上，如磁盘等。索引文件既可以是有序的，也可以是非顺序的，可以是单级索引，也可以是多级索引。多级索引可以提高查找速度，但占用的存储空间较大。

(4) 倒排文件

在地理信息系统的数据查询中，常常要利用主关键字以外的属性(辅关键字)进行检索，而索引文件是按照记录的主关键字来构造索引的，所以叫主索引。若按照一些辅关键字来组织索引，则称为辅索引，带有这种辅索引的文件称为倒排文件。它是索引文件的延伸，之所以叫倒排文件，主要是因为在建立这种辅索引表时依据的是辅关键字，而被标识的却是一系列主关键字。倒排文件是一种多关键字的索引文件，索引不能唯一标识记录，往往同一索引指向若干记录。因而，索引往往带有一个指针表，指向所有该索引标识的记录，通过主关键字才能查到记录的位置。倒排文件的主要优点是在处理多索引检索时，可以在辅检索中先完成查询的“交”“并”等逻辑运算，得到结果后再对记录进行存取，从而提高查找速度。

例如，已知一批土地资源数据存于文件中，其中地块号为关键字，而地貌类型、坡度、坡向、利用现状为次关键字。现对次关键字建立地貌类型、坡向及利用现状的倒排表。这些倒排表与土地资源文件表共同组成倒排文件。见表 4-1。

假设现在要查询土地资源数据库中，利用现状为林地，地貌类型为缓坡、坡向为半阳的地块，其方法是查询倒排文件并进行逻辑运算。查询过程如下：

首先从倒排表 4-1(d)查出利用现状为林地的地块号 $P1=[1,4,5,6,10]$；从倒排表 4-1(b)查出地貌类型为缓坡的地块号 $P2=[1,5,6,10]$；在从倒排表 4-1(c)中查出坡向为半阳的地块号 $P3=[4,6,10]$。所查询的目标地块号的逻辑表达式为：$P=P1\cap P2\cap P3=[6,10]$。

表 4-1　　倒排文件举例

(a)土地资源文件

地块号	地貌类型	坡度	坡向	利用现状	地块号	地貌类型	坡度	坡向	利用现状
1	缓慢	5°～10°	半阴	林地	6	缓坡	5°～10°	半阳	林地
2	坦面	<3°	阳	农地	7	陡坡	>15°	阴	牧地
3	陡坡	>15°	阳	牧地	8	坦面	<3°	阳	农地
4	沟道	<5°	半阳	林地	9	宽梁顶	<3°	阳	农地
5	缓坡	5°～10°	阴	林地	10	缓坡	5°～10°	半阳	林地

(b)地貌类型倒排表

次关键字	地块号
坦面	2,8
宽梁顶沟道	9
沟道	4
缓坡	1,5,6,10
陡坡	3,7

(c) 坡向倒排表

次关键字	地块号
阴	5,7
半阳	4,6,10
半阴	1
阳	2,3,8,9

(d) 利用现状倒排表

次关键字	地块号
农地	2,8,9
林地	1,4,5,6,10
牧地	3,7

上述倒排文件中的倒排表，指向主关键字（即地块号），也可指向物理地址。不管指针所指的内容是什么，倒排文件的结构意义是相同的。倒排文件和一般文件的不同在于，一般文件在查询中首先找记录，然后再找该记录所含的各次关键字是否为所查询的内容。而倒排文件是先定次关键字，然后找含有该关键字的记录，这样文件查找次序同一般文件查找次序相反，因此称为倒排文件。

4. 传统数据库的数据模型

数据模型是数据库系统中关于数据和联系的逻辑组织的形式表示。每一个具体的数据库都是由一个相应的数据模型来定义。每一种数据模型都以不同的数据抽象与表示能力来反映客观事物，有其不同的处理数据联系的方式。数据模型的主要任务就是研究记录类型之间的联系。

目前，数据库领域采用的数据模型有层次模型、网络模型和关系模型，其中应用最广泛的是关系模型。

(1) 层次模型

层次模型是数据处理中发展较早、技术上也比较成熟的一种数据模型。它的特点是将据组织成有向有序的树结构。层次模型由处于不同层次的各个节点组成。除根节点外，其余各节点有且仅有一个上一层节点作为其“双亲”，而位于其下的较低一层的若干个节点作为其“子女”。结构中节点代表数据记录，连线描述位于不同节点数据间的从属关系(限定为一对多的关系)。对于图 4-4 所示的地图 M 用层次模型表示为如图 4-5 所示的层次结构。

层次模型反映了现实世界中实体间的层次关系，层次结构是众多空间对象的自然表形式，并在一定程度上支持数据的重构。但其应用时存在以下问题：

① 由于层次结构的严格限制，对任何对象的查询必须始于其所在层次结构的根，使低层次对象的处理效率较低，并难以进行反间查询。数据的更新涉及许多指针，插入和删除操作也比较复杂。母节点的删除意味着其下属所有子节点均被删除，必须慎用删除操作。

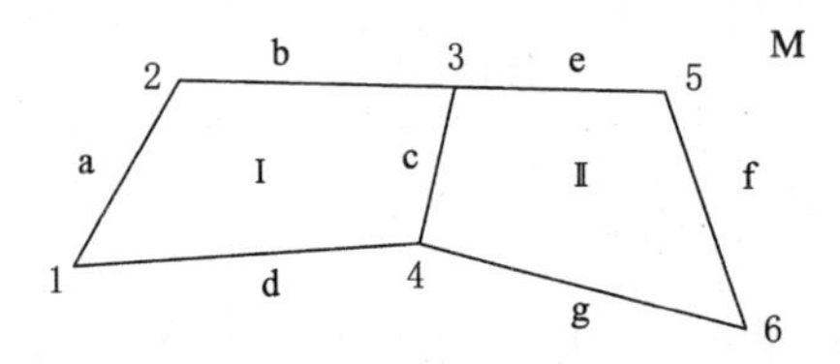

图 4-4 原始地图 M

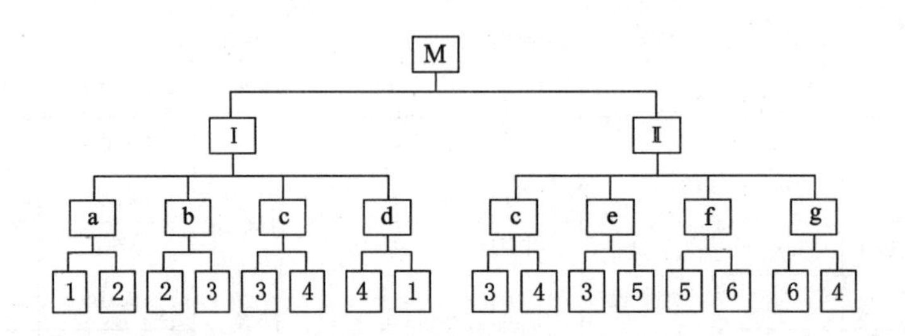

图 4-5 层次数据模型

② 层次命令具有过程式性质，层次命令要求用户了解数据的物理结构，并在数据操纵命令中显式地给出数据的存取路径。

③ 模拟多对多联系时导致物理存储上的冗余。

④ 数据独立性较差。

(2) 网络模型

网络数据模型是数据模型的另一种重要结构，它反映着现实世界中实体间更为复杂的联系，其基本特征是，节点数据间没有明确的从属关系，一个节点可与其他多个节点建立联系。如图 4-6 所示的四个城市的交通联系，不仅是双向的而且是多对多的。如图 4-7 所示，学生甲、乙、丙、丁的选修课程，其中的联系也属于网络模型。

网络模型用连接指令或指针来确定数据间的显式连接关系，是具有多对多类型的数据组织方式，网络模型将数据组织成有向图结构。结构中节点代表数据记录，连线描述不同节点数据间的关系。

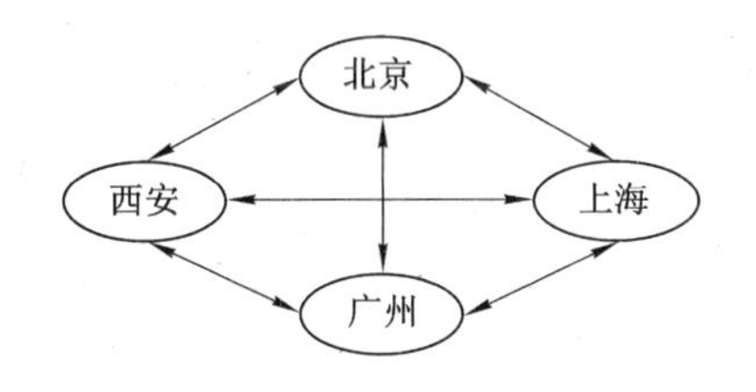

图 4-6 网络数据模型

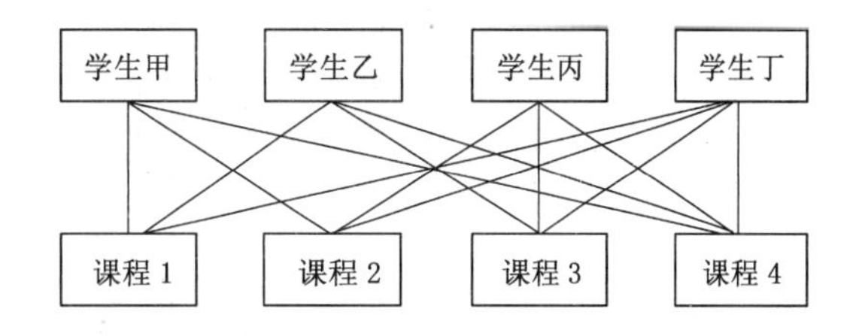

图 4-7 网络数据模型

有向图(digraph)的形式化定义为:digraph=(vertex,(relation)),其中 vertex 为图中数据元素(顶点)的有限非空集合;relation 是两个顶点(vertex)之间的关系的集合。

有向图结构比层次结构具有更大的灵活性和更强的数据建模能力。网络模型的优点是可以描述现实生活中极为常见的多对多的关系,其数据存储效率高于层次模型,但其结构的复杂性限制了它在空间数据库中的应用。

网络模型在一定程度上支持数据的重构,具有一定的数据独立性和共享特性,并且运行效率较高。但它应用时存在以下问题:

① 网络结构的复杂性,增加了用户查询和定位的困难。它要求用户熟悉数据的逻辑结构,知道自身所处的位置。

② 网络数据操作命令具有过程式性质。

③ 不直接支持对于层次结构的表达。

(3) 关系模型

在层次与网络模型中,实体间的联系主要是通过指针来实现的,即把有联系的实体用指针连接起来。而关系模型则采用完全不同的方法。

关系模型是根据数学概念建立的,它把数据的逻辑结构归结为满足一定条件的二维表形式。此处,实体本身的信息以及实体之间的联系均表现为二维表,这种表就称为关系。一个实体由若干个关系组成,而关系表的集合就构成关系模型。

关系模型不是人为地设置指针,而是由数据本身自然地建立它们之间的联系,并且用关系代数和关系运算来操纵数据,这就是关系模型的本质。

在生活中表示实体间联系的最自然的途径就是二维表格。表格是同类实体的各种属性的集合,在数学上把这种二维表格叫作关系。二维表的表头,即表格的格式是关系内容的框架,这种框架叫作模式,关系由许多同类的实体所组成,每个实体对应于表中的一行,叫作一个元组。表中的每一列表示同一属性,叫作域。

对于图 4-4 的地图,用关系数据模型则表示为图 4-8 所示。

关系数据模型是应用最广泛的一种数据模型,该模型具有以下优点:

① 能够以简单、灵活的方式表达现实世界中各种实体及其相互间的关系,使用与维护也很方便。关系模型通过规范化的关系为用户提供一种简单的用户逻辑结构。所谓规范化,实质上就是使概念单一化,一个关系只描述一个概念,如果多于一个概念,就要将其分开来。

② 关系模型具有严密的数学基础和操作代数基础,如关系代数、关系演算等,可将关系分开,或将两个关系合并,使数据的操纵具有高度的灵活性。

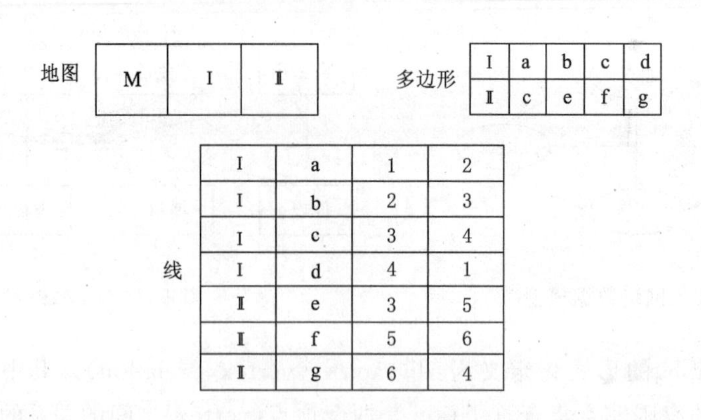

图 4-8 关系数据模型示意图

③ 在关系数据模型中，数据间的关系具有对称性，因此，关系之间的寻找在正反两个方向上难度是一样的，而在其他模型如层次模型中从根节点出发寻找叶子的过程容易解决，相反的过程则很困难。

目前，绝大多数数据库系统采用关系模型，但它的应用也存在着如下问题：

① 实现效率不够高。由于概念模式和存储模式的相互独立性，按照给定的关系模式重新构造数据的操作相当费时。另外，实现关系之间的联系需要执行系统运行较大的连接操作。

② 描述对象语义的能力较弱。现实世界中包含的数据种类和数量繁多，许多对象本身具有复杂的结构和含义，为了用规范化的关系描述这些对象，则需对对象进行不自然的分解，从而在存储模式、查询途径及其操作等方面均显得语义不甚合理。

③ 不直接支持层次结构，因此不直接支持对于概括、分类和聚合的模拟，即不适合于管理复杂对象的要求，不允许嵌套元组和嵌套关系存在。

④ 模型的可扩充性较差。新关系模式的定义与原有的关系模式相互独立，并未借助已有的模式支持系统的扩充。关系模型只支持元组的集合这一种数据结构，并要求元组的属性值为不可再分的简单数据(如整数、实数和字符串等)，它不支持抽象数据类型，因而不具备管理多种类型数据对象的能力。

⑤ 模拟和操纵复杂对象的能力较弱。关系模型表示复杂关系时比其他数据模型困难，因为它无法用递归和嵌套的方式来描述复杂关系的层次和网状结构，只能借助于关系的规范化分解来实现。过多的不自然分解必然导致模拟和操纵的困难和复杂化。

任务实施

一、任务内容

道路是分布在地表的空间构造物，在空间上可抽象描述为位于地面上的线状物，是空间实体，且与地理位置、地理环境密切相关，因此道路数据是具有描述空间位置、拓扑关系以及道路的技术等级和路面等级等专题特征的空间数据。以传统的数据库技术为基础的数据组织可以实现对属性数据的简单的统计分析，但是缺乏对路网空间分析的能力，很难实现图文一体化的直观效果，以 MapInfo 为基础平台，实现对道路空间数据的组织，从而为路网规划、预测、决策等奠定基础。

二、任务实施步骤

1. MapInfo 的数据组织

MapInfo 是美国 MapInfo 公司开发的标准的桌面地图信息系统，该软件采用双数据库存储模式，即其空间数据与属性数据是分开来存储的。属性数据存储在关系数据库的若干属性表中，而空间数据则以 MapInfo 的自定义格式保存于若干文件之中，两者之间通过一定的索引机制联系起来。

空间图形数据的组织，MapInfo 采用层次结构实现，根据不同的专题将地图分层(图层还可以分割成若干图幅)，每个图层存储为若干个基本文件。

MapInfo 是以表的形式来组织信息的，每个表都是一组 MapInfo 文件，一个典型的 MapInfo 表由下列文件组成：

*.tab：属性数据表结构文件，定义地图属性数据的表结构；

*.dat：属性数据文件，定义了完整的地图属性数据；

*.map：空间数据文件，描述地图对象的空间数据，如几何类型、坐标信息等；

.id：交叉索引文件，记录地图中每一个空间对象在空间数据文件(.map)中的指针位置，用于连接数据和对象；

*.ind：索引文件，允许用户使用查找命令去查找地图对象。

2. 城市交通道路数据的特点

城市交通道路数据由空间数据和属性数据组成，空间数据反映路网的位置、分布情况及相关环境的拓扑关系，如几何特征、比例尺、大地坐标等；属性数据一部分描述了道路的技术指标，如路线概况、沿线设施等，另一部分则描述了数据生产与管理方面的信息。从管理的角度，每一条道路均按行政等级进行编码，同时每一条道路又可根据道路起止点、主要的道路交叉口等参照点划分为若干路段，这些参照点可以作为道路走向的控制点，在空间图层中予以标识。专题属性数据主要由道路统计、路线概况、桥涵、构造物沿线环境等组成，路网数据则抽象为点、线、面三类几何要素，按图层进行存储。

3. 城市交通道路数据的组织

(1) 属性数据的组织

MapInfo 可以直接访问 Access 数据库，可以直接将其内置关系数据库另存为 Access 数据库，因此属性数据表的建立、存储均在 Access 中完成，通过*.id 文件将 Access 表数据连接到对象。

公路、铁路及附属设施的属性数据是城市交通道路数据库的重要数据，在属性数据建库中，共设计以下数据表：道路交叉路口属性表、桥梁属性表、公路属性表、铁路属性表、河流属性表、行政区属性表以及湖泊属性表。根据国家标准《城市地理要素编码规则 城市道路、道路交叉口、街坊、市政工程管线》(GB/T 14395—2009)对城市道路、路口(参考点)要素进行编码标识，编码由定位分区码和各要素实体代码两个主要码段组成，其中各要素实体代码在每个定位分区内保持唯一。

(2) 空间数据的组织

MapInfo 以图形文件格式存储空间数据，以透明的图层来组织数据，这些透明的图层层层叠加，从打开数据表并在地图窗口中显示开始，每一张表都作为独立的图层显示。每个图层显示 TAB 文件，与*.dat、*.map、*.id 以及*.ind 文件相关联。

① 数据分层。在 MapInfo 中图层形成了地图的构筑块，不同的图层反映不同的主题，为描述城市公路交通线与空间其他要素之间的拓扑关系，如公路跨越的行政区、公路上的桥梁、桥梁所在的河流、铁路及村镇居民地等，本书将城市公路交通数据库以行政为单位，按照点、线、面分层进行存储管理。

点状图层：道路交叉路口层、桥梁层、居民点层、(市、县)公路管养单位、收费站、注记、公路沿线设施、点状居民地；

线状图层：高速公路层、省道层、县乡公路层、铁路层、河流层、等高线、行政区划(主要包括市、县界)；

面状图层：行政区层、湖泊层、面状居民地层。

② 空间数据的录入。在空间录取之前，选择一定比例尺的地图较为关键。大比例尺地图描述的公路位置及形状精度高，但地理要素的表示又过于详细，从而加大了数据采集难度；当比例尺减小时，地图所表示的要素的详细程度降低，且公路的位置与形状精度也会降低。

空间数据的录入，分层次、按专题提取要素，图形信息的输入以屏幕跟踪数字化为主，另有传统的手扶跟踪数字化和扫描数字化。在 MapInfo 中每一个图层对应一个表。

4. 空间数据与属性数据的关联

在 MapInfo 中每一张 Tab 表都作为独立的图层显示。空间数据与属性数据可以通过与空间数据图层相关联的属性表的 ID 和属性数据的关键字如要素编码相关联。由于在数字化过程中无法确定属性表的分段，为了使空间数据不出现数据冗余，需应用动态分段技术，实现图形与属性数据的双向查询和图文显示功能。

动态分段并不是将道路切断存储，而是在数据库中记录道路的每种属性的起止点到道路原点的距离。采用动态分段之后，一个路段是路网上两个交点间连线或者弧的一部分，具有唯一的标识码。

技能训练

某市自来水有限公司花巨资对权属管线进行了探测，并建立了该市城区供水管网信息系统，系统自建立以来为公司管网的规划、施工等发挥了很大作用，但是系统在维护过程中也暴露了一些问题，主要表现为系统信息数据组织不够清晰，为有效解决给水业务中管网基础资料的管理、紧急事故辅助决策等方面带来的不便，须进行以下工作：

① 通过对比分析选取一款适合供水管网系统的 GIS 平台。

② 对供水管网信息系统的数据进行组织。

思考练习

1. 简述空间数据库及其主要特征。
2. 简述空间数据组织分级有哪些。
3. 传统的数据库数据模型有哪些？

任务二　空间数据库的建立

任务描述

空间数据库是建立GIS的一个重要环节，是关系到GIS成败的关键。

相关知识

一、空间数据库的设计

空间数据库的设计问题，其实质是将地理空间客体以一定组织形式在数据库系统中加以表达的过程，也就是地理信息系统中客体数据的模型化问题。

1. 空间数据库的设计过程

地理信息系统是人类认识客观世界、改造客观世界的有力工具。地理信息系统的开发和应用需要经历一个由现实世界到概念世界，再到计算机信息世界的转化过程。如图4-9所示。概念世界的建立是通过对错综复杂的现实世界的认识与抽象，即对各种不同专业领域进行研究和系统分析，最终形成地理信息系统的空间数据库系统和应用系统所需的概念化模型。进一步的逻辑模型设计，其任务就是把概念模型结构转换为计算机数据库系统所能够支持的数据模型。逻辑模型设计时最好选择对某个概念模型结构支持最好的数据模型，然后再选定能支持这种数据模型且最适合的数据库管理系统。最后的存储模型则是指概念模型反映到计算机物理存储介质中的数据组织形式。

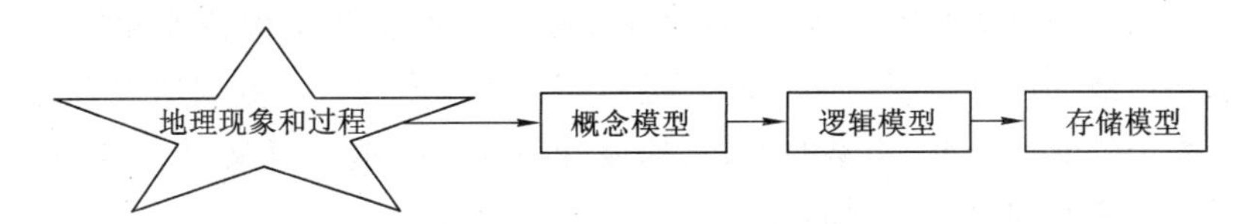

图4-9　地理信息系统的空间数据库模型的建立过程

地理信息系统的空间数据库结构是对地理空间客体所具有的特性的一些最基本的描述。地理空间是一个三维的空间，其空间特性表现为四个最基本的客体类型，即点、线、面和体等。这些客体类型的关系十分复杂。一方面，线可以视为由点组成，面可由作为边界的线所包围而形成，体又可以由面所包围而形成。可见四类空间客体之间存在着内在的联系，只是在构成上属于不用的层次。另一方面，随着观察这些客体的坐标系统的维数、视角及比例尺的变化，客体之间的关系和内容可能按照一定的规律相互转化。例如，由三维坐标系统可以变为二维坐标系统，如通过地图投影，空间体可变成面，面可以部分地变成线，线可以部分的变成点。视角变化后，也将使某些客体发生变化。坐标系统的比例尺缩小时，部分的体、面、线客体均有可能变成点客体。由此可见，空间点、线、面和体等客体及它们之间结构上的关系是地理信息系统空间数据结构的基础。

同时，所有地理现象和地理过程中的各种空间客体并非孤立地存在，而是具有各种复杂的联系。这些联系可以从空间客体的空间、时间和属性三个方面加以考察。

(1) 客体间的空间联系大体上可分解为空间位置、空间分布、空间形态、空间关系、空间相关、空间统计、空间趋势、空间对比和空间运动等联系方式。其中空间位置描述的是空间客体个体的定位信息;空间分布是描述客体的群体定位信息,且通常能够从空间概率、空间结构、空间聚类、离散度和空间延展等方面予以描述;空间形态反映空间客体的形状和结构;空间关系是基于位置和形态的实体关系;空间相关是空间客体基于属性数据上的关系;空间统计描述空间客体的数量、质量信息,又称为空间计量;空间趋势反映客体空间分布的总体变化规律;空间对比可以体现在数量、质量和形态三个方面;空间运动则反映空间课题随时间的迁移或变化。以上种种空间信息基本反映了空间分析所能揭示的信息内涵,彼此互有区别又有联系。

(2) 客体之间的时间联系一般可以通过客体的变化过程来反映。有些客体数据的变化周期很长,如地质地貌等数据随时间的变化。而有些空间数据则变化很快,需及时更新,如土地利用数据等。客体事件信息的表达和处理构成了空间时态地理信息系统及其数据库的基本内容。

(3) 客体间的属性联系主要表现为属性多级分类体系中的从属关系、聚类关系和相关关系。从属关系主要反映各客体之间的上下级或包含关系;聚类关系是反映客体之间的相似程度及并行关系;相关关系则反映不同客体之间的某种直接或间接的并发或共生的关系。属性联系则可以通过地理信息系统属性数据库的设计加以实现。

2. 空间数据库的数据模型设计

对于上述地理空间客体及其联系的数学描述,可以用数据模型这个概念进行概括。建立空间数据库系统数据模型的目的,是揭示空间空间客体的本质特性,并对其进行抽象化,使之转化为计算机能够接受处理的数据形式。在地理信息系统研究中,空间数据模型就是对空间客体进行描述和表达的数学手段,使之能反映客体的某些结构特性和行为功能。空间数据模型是衡量地理信息系统功能强弱与优劣的主要因素之一。数据组织得好坏直接影响到空间数据库中的数据查询、检索的方式、速度和效率。从这一意义上看,空间数据库的设计最终可以归结为空间数据模型的设计。

数据库系统中通常采用的数据模型主要有层次模型、网络模型和关系模型,以及语义模型、面向对象的数据模型等。这些数据模型都可以用于空间数据库的设计。

3. 空间数据库设计的原则、步骤和技术方法

随着地理信息系统空间数据库技术的发展,空间数据库所能表达的空间对象日益复杂,数据库和用户功能日益集成化,从而对空间数据库的设计过程提出了更高的要求。许多早期的空间数据设计过程着重强调的是数据库的物理实现,注重于数据记录的存储和存取方法。设计人员往往只需要考虑系统各个单项独立功能的实现,从而也只考虑少数几个数据库文件的组织,然后选择适当的索引技术,以满足实现这个功能时的性能要求。而现在,对空间数据库的设计已提出许多准则,其中包括:① 尽量减少空间数据存储的冗余量。② 提供稳定的空间数据结构,在用户的需要改变时,该数据结构能迅速作相应的变化。③ 满足用户对空间数据及时访问的需要,并能高效地为用户提供所需的空间数据查询结果。④ 在数据元素间维持复杂的联系,以反映空间数据的复杂性。⑤ 支持多种多样的决策需要,具有较强的应用适应性。

地理信息系统数据库设计往往是一件相当复杂的任务,为有效地完成这一任务特别需要一些合适的技术,同时还要求将这些设计技术正确组织起来,构成一个有序的设计过程。设计技术和设计过程是有区别的。设计技术是指数据库设计者所使用的设计工具,其中包

括各种算法、文本化方法、用户组织的图形表示法、各种转化规则、数据库定义的方法及编程技术；而设计过程则确定了这些技术的使用顺序。例如，在一个规范的设计过程中，可能要求设计人员首先用图形表示用户数据，再使用转换规则生成数据库结构，下一步再用某些确定的算法优化这一结构，这些工作完成后，就可进行数据库的定义工作和程序开发工作。

一般来说，数据库设计技术分为以下两类：① 数据分析技术，用于分析用户数据的语义技术手段；② 技术设计技术，用于将数据分析结果转化为数据库的技术实现。

上述两类技术所处理的是两类不同的问题。第一类问题考虑的是正确的结构数据，这些问题通过使用诸如消除数据冗余技术、保证数据库稳定技术、结构数据技术来解决，其目的是使用户易于存储数据，从而满足用户对数据的各种需求。第二类问题是保证所实现的数据库能有效地使用数据资源，例如选择合适的存储结构以及采用有效的存取方法等。

数据库设计的内容包括了数据模型的三个方面：即数据结构、数据操作和完整性约束。具体区分为：

① 静态特性设计，又称结构特性设计，也就是根据给定的应用环境，设计数据库的数据模型（即数据结构）或数据库模式，它包括概念结构设计和逻辑结构设计两个方面。

② 动态特性设计，又称数据库的行为特性设计，设计数据库的查询、静态事物处理和报表处理等应用程序。

③ 物理设计，根据动态特性，即应用处理要求，在选定的数据库管理系统环境之下，把静态特性设计中得到的数据库模式加以物理实现，即设计数据库的存储模式和存取方法。

数据库设计的整个过程包括以下几个典型步骤，在设计的不同阶段要考虑不同的问题，每类问题有不同自然论域。在每个设计阶段必须选择适当的论述方法及与其相应的设计技术。这种方法强调的是，首先将确定用户需求与完成技术设计相互独立开来，而对其中每一个大的设计阶段再划分为若干个更细的设计步骤，如图 4-10 所示。

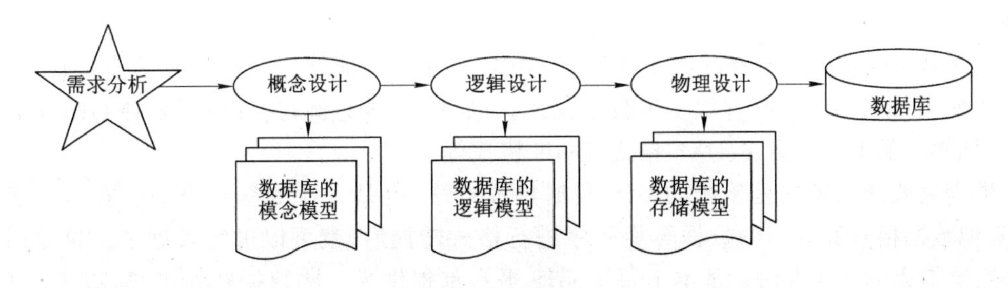

图 4-10　数据库设计的步骤

① 需求分析。即用系统的观点分析与某一特定的数据库应用有关的数据集合。

② 概念设计。把用户的需求加以解释，并用概念模型表达出来。概念模型是现实世界到信息世界的抽象，具有独立于具体的数据库实现的优点，因此是用户和数据库设计人员之间进行交流的语言。数据库需求分析和概念设计阶段需要建立数据库的数据模型，可采用的建模技术方法主要有三类：一是面向记录的传统数据模型，包括层次模型、网状模型和关系模型；二是注重描述数据及其之间语义关系之间的语义数据模型，如实体-联系模型等；三是面向对象的数据模型，它是前两类数据模型的基础上发展起来的面向对象的数据库建模技术。

③ 逻辑设计。数据库逻辑设计的任务是:把信息世界中的概念模型利用数据库管理系统所提供的工具映射为计算机世界中为数据库管理系统所支持的数据模型,并用数据描述语言表达出来。逻辑设计又称为数据模型映射。所以逻辑设计是根据概念模型和数据库管理系统来选择的。例如将上述概念设计所获得的实体-联系模型转换成关系数据库模型。

④ 物理设计。数据库的物理设计指数据库存储结构和存储路径的设计,即将数据库的逻辑模型在实际的物理存储设备上加以实现,从而建立一个具有较好性能的物理数据库。该过程依赖于给定的计算机系统。在这一阶段,设计人员需要考虑数据库的存储问题:即所有数据在硬件设备上的存储方式、管理和存储数据的软件系统、数据库存储结构以保证用户以其所熟悉的方式存储数据,以及数据在各个位置的分布方式等。

二、空间数据库的建立

根据空间数据库逻辑设计和物理设计结果,就可以在计算机上建立起实际的空间数据库结构,装入空间数据,并测试和运行,这个过程就是空间数据库的建立过程,它包括:① 建立实际的空间数据库模型;② 装入实际的空间数据,即数据库的加载,建立起实际运行的空间数据库;③ 数据监理过程,这一过程主要检测数据的正确性,从而保证建库的准确性。

1. 数据建模过程

这一过程主要是根据行业应用特点及对其的理解制定出比较规范的数据规范,在逻辑上和概念上建立数据库。

2. 数据入库过程

在数据入库过程中,其核心内容是如何依据所制定的数据规范将各种格式的数据准确、快速地导入数据库中。这一环节遇到的问题,归根结底来说,就是如何解决不同平台的数据交流问题,即多格式数据集成问题。目前,实现多源数据集成的方式大致有三种:数据互操作模式、直接数据访问模式、数据格式转换模式。此处只介绍直接数据访问模式和数据格式转换模式。

直接数据访问模式是指在一个 GIS 软件中,实现对其他软件数据格式的直接访问,用户可以使用单个 GIS 软件存取多种数据模式。以 ArcGIS 为例,其可打开多种 GIS 平台的数据,如常见的 DWG 格式、DXF 格式、DGN 格式等。

数据格式转换模式是传统的 GIS 数据集成方法,也是入库的基本思想。在这种模式下,其他数据格式经专门的数据转换程序进行格式转换后,就可以进行入库了。这是目前 GIS 系统集成的主要办法。基本上每个 GIS 平台都提供了一些数据转换工具,以 ESRI 公司的平台为例子,其提供的 ArcToolBox 工具箱,功能比较完善和强大,基本上支持所有市面上主流的 GIS 数据,譬如 Autodesk 公司的 DWG 格式文件、DXF 格式文件、MapInfo 公司的 MIF 格式,以及各种栅格图形数据,基本满足了一般数据入库的要求。此外,市面上还有很多专门用于转换数据格式的专门工具,例如 FME 系列工具等,功能十分强大。可以看出,只要提供的元数据是正确的、符合规范的,那么利用以上工具就可以十分方便地将数据导入到数据库中,从而顺利地完成建库的工作。因此,元数据的准确性和规范性就成为建库成功十分关键的因素。由此看来,数据监理过程是建库能否进行的关键所在。

3. 数据监理过程

数据监理过程要求在建库的初期阶段就能有预见性地预测出可能遇到的问题,并有条不紊地解决这些问题。主要从两个方面去分析:一是数据的生产过程;二是数据的规范性问题。

(1) 数据生产的过程

数据生产的过程主要包括两个比较大的部分,一是各种模板的准备阶段,二是数据输入的阶段。下面以 AutoCAD 平台上的数据生产过程为例。

① 准备阶段。在 AutoCAD 上按照设计的要求,配置好工程图纸模板,即准备工作。此过程包括定义图层名称,配置图层各种属性(颜色、线形、线宽、图形符号等)。这一过程是数据生产的准备阶段。一般来说,这一过程可以通过配置文件由程序自动完成,人在其中参与的情况不是很多,而且逻辑上非常简单,因此这一过程产生错误的可能性很小。

② 数据生产阶段。这一过程又分为栅格数据矢量化输入和人工输入两个比较大的方面。

栅格数据矢量化输入是通过扫描仪器输入栅格数据然后通过图像识别算法进行矢量跟踪,从而确定实体的空间位置。在这一过程中,由于图像不清楚以及程序算法的问题,会产生各种各样的问题。经常见的错误大概有以下几种:a. 房屋等面状闭合物体有缺口,即不封闭。b. 扫描后的线段存在很多重复点的现象。c. 扫描后的线段存在很多自相交的现象。d. 在图像的边缘,扫描后的线段出现畸变现象。e. 在图像的边缘,存在数据丢失的现象。f. 由于图像定位不准,导致扫描后的实体,整体基准点偏移,从而导致相邻的地区存在图形重叠交叉的现象。这些现象,对数据建库有很大的影响,其中基准点偏差的影响尤为显著。这些错误分别要通过封闭检查,重复点检查,自相交检查,基准点检查和校正等检查工具去发现和排除。在这些错误中,由于 a、b、c、f 在逻辑上比较简单,因此比较好解决。错误 d、e 则比较难以检查和解决。

人工输入是指数据录取人员按照要求手工在图纸上进行绘图和给图形设置、添加各种属性的过程。这一过程是十分繁重和枯燥的重复性劳动,因此就会产生各种各样的错误,从而影响数据产生的质量。从产生的错误的原因来看,可以分为两个大方面。

一是精度问题造成的错误。这种原因往往造成图形拓扑关系错误。比如:应该闭合的面状物体没有闭合;应该端点相连的直线没有连接;不应该重叠的线段存在重叠的部分;不应该交叉的图形存在交叉;面与面之间存在缝隙;面与面之间发生重叠;基准点和控制点定位不准确;等等。以上错误也会对建库产生不良影响,需要相应的检测和校正工具去发现和纠正。

二是人为疏忽造成的错误。比如:图纸名称(图幅编号)和图形实际所在的坐标不匹配,导致计算基准点时发生严重偏差;重复复制多个相同的图形,导致存在多个相同的图形物体;有属性的图形物体忘记赋值,导致属性丢失;图幅边框被删除或者移动位置,导致无法找到基准点或者基准点定位错误;图幅边界上的图形没有很好地完成接边处理,造成相邻图形不匹配;等等。

(2) 建库数据的规范性

建库过程中,由于 GIS 平台的不一致,各个平台对空间数据库描述的模型不同,侧重点不同,导致了一个平台存在的图形模型在另一个平台不能找到相对应的图形,从而导致转换前后图形丢失甚至无法转换的结果。下面以 AutoCAD 为例说明。

AutoCAD 存在拟合曲线(spline)对象、图形块(block)对象、区域(region)对象、代理对象等许多特殊的图形对象,在 GIS 系统平台中没有响应的图形对象和它相对应。因此想要将这些数据入库，必须首先将以上的对象进行转化，使之变成 GIS 可以识别的图形对象。AutoCAD 的扩展数据由于为 AutoCAD 所特有，因此也必须寻找解决办法，使之能被 GIS 所正确读取。此外还包括数据规范中规定的各个图层之间相互的空间拓扑关系，这些都要求有相应的检测和修正工具予以保证。

由以上两点可以看出，数据生产过程是数据的起点，建库的各种规范，即我们最终需要的数据是数据的终点，从数据生产中找原因是正向思维，从建库规范找原因是逆向思维，它们包含了整个建库过程。解决了这一过程所遇到的问题，建库就能比较顺利地进行了。

4. 相关的其他设计

其他设计的工作包括加强空间数据库的安全性、完整性控制，以及保持一致性、可恢复性等，总之是以牺牲数据库的运行效率为代价的。设计人员的任务就是在代价和尽可能多的功能之间进行平衡。这一设计过程包括：

① 空间数据库的再组织设计。对空间数据库的概念、逻辑和物理结构的改变称为再组织，其中改变概念和逻辑结构又称再构造，改变物理结构成为再格式化。再组织通常是由于环境需求的变化或性能原因引起的。一般数据库管理系统，特别是关系型数据库管理系统都提供数据库再组织的实用程序。

② 故障恢复方案设计。在空间数据库设计中考虑的故障恢复方案，一般是基于数据库的管理系统提供的故障恢复手段，如果数据库管理系统已经提供了完善的软硬件故障恢复和存储介质的故障恢复手段，那么设计阶段的任务就简化为确定系统登录的物理参数，如缓冲区个数、大小，以及编辑块的长度、物理设备等。否则就要定制人工备份方案。

③ 安全性考虑。许多数据库管理系统都有描述各种对象（记录，数据项）的存取权限的成分。在设计时根据用户需求分析，规定相应的存取权限。子模式是根据安全性要求的一个重要手段。也可以在应用程序中设置密码，对不同的使用者给予一定的密码，以密码控制使用级别。

④ 事务控制。大多数数据管理系统都支持事务概念，以保证多用户环境下的数据完整性和一致性。事务控制有人工和系统两种控制办法，系统控制以数据造作语句为单位，人工控制则以事务的开始和结束语句显示实现。大多数数据管理系统也提供封锁粒度的选择，封锁粒度一般有库级、记录级和数据项级。粒度越大控制越简单，但开发性能差。这些在相关的设计中都要统筹考虑。

5. 空间数据库的运行与维护

空间数据库的正式运行标志着数据库设计和应用开发工作的结束和运行维护工作的开始。本阶段的主要工作是：① 维护空间数据库的安全性和完整性——需要及时调整授权和密码，转储及恢复数据库；② 监测并改善数据库性能——维系评估存储空间和响应时间，必要时进行数据库的再组织；③ 增加新功能——对现有功能按用户需要进行扩充；④ 修改错误——包括程序和数据。

任务实施

一、任务内容

城镇土地调查数据建设可为土地登记、土地利用、土地规划等工作提供服务，实现土地资源信息的社会化服务，满足经济社会发展及国土资源管理的需要。利用 MapGIS 软件建立城镇地籍数据库，在明确建库内容、方法和要求的基础上，进行具体的实施。

二、任务实施步骤

本任务是以城镇地形测量、权属调查等资料为依据，按照城镇地籍数据库建设的标准和规范要求，利用GIS软件，对应用于城镇地籍数据处理、管理、交换和分析应用的基础地理要素、土地权属要素、土地利用要素、栅格要素等进行采集、处理，建立城镇土地数据调查数据库，并在城镇土地调查数据库的基础上建立城镇数据库管理系统。

1. 城镇地籍数据库的内容与要素分类

(1) 城镇地籍数据库内容和要素分类方法

根据《城镇地籍数据库标准》(TD/T 1015—2016)，城镇地籍数据库包括应用于城镇地籍数据处理、管理、交换和分析应用的基础地理要素、土地权属要素、土地利用要素、栅格要素，以及房屋等附加信息。其要素分类大类采用面分类法，小类以下采用线分类法。根据分类编码通用原则，将城镇地籍数据库数据要素依次按大类、小类、一级类、二级类、三级类和四级类划分，要素代码采用十位数字层次码组成。其数据库结构及数据分类如图4-11所示。

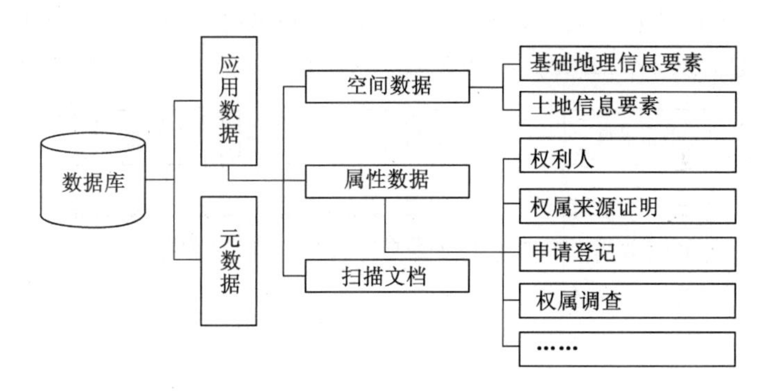

图4-11 数据库结构及数据分类

(2) 分类说明

① 数据库存放应用数据和元数据。应用数据即承载地籍调查专题信息的数据；元数据是描述应用数据的数据。

② 应用数据分为空间数据、属性数据和扫描文档三类。

③ 空间数据包括基础地理信息要素数据和土地信息要素数据两大类。基础地理信息数据包括定位基础、境界与政区、地貌、居民地等；土地信息要素包括土地利用要素、土地权属要素两类。一个图层用一张以扩充空间数据类型的关系表描述，表中一条记录同时存放一个空间对象的图形数据和属性数据。借助图层能对各城乡居民点全域实施无缝、分层的图属一体管理。

④ 属性数据包括权利人属性、权属来源证明属性表、权属调查属性表、权属审批属性表、申请登记属性表、他项权利属性表等其他非空间对象的数据。

⑤ 扫描文件包括身份证件扫描、地籍调查表扫描件、土地证扫描件等历来土地登记发证扫描文档等。

⑥ 元数据。包括标识信息、数据质量信息、空间参照系统信息、内容信息和分发信

息等。

⑦ 数据库中的矢量数据、空间对象补充属性数据和非空间对象数据均分为现势和历史数据。现势数据是被变更数字地籍调查数据置换了的原有数据。

(3) 数据库建设的基本要求

MapGIS是我国自主要发的大型地理信息系统软件平台，是集当代先进的图形、图像、地理、测绘、人工智能、计算机科学于一体的智能软件系统。它具有完美的GIS功能：包括高性能的空间数据管理能力，完备的空间分析能力，多源影像数据的处理能力，强大的编辑、校正、纠错、处理、建库能力等，足以满足地籍数据库系统对GIS基础软件功能方面的需求。但利用MapGIS在实际地籍建库时，其库体及数据还要满足以下几个方面的要求。

① 数据库的内容和结构符合国家和地(市)的有关规定。

② 数据库中的矢量数据必须符合测量精度要求和逻辑一致性的要求。

③ 栅格数据、属性数据和元数据三者原则上均采用统一的数据库管理软件管理。

④ 数据库必须至少有双重备份，异地妥善保管。

2. 利用MapGIS软件进行地籍数据库建设流程

利用MapGIS软件的地籍建库流程如下：数据采集、数据预处理、数据转换、数据建库、数据检查、成果汇总，如图4-12所示。

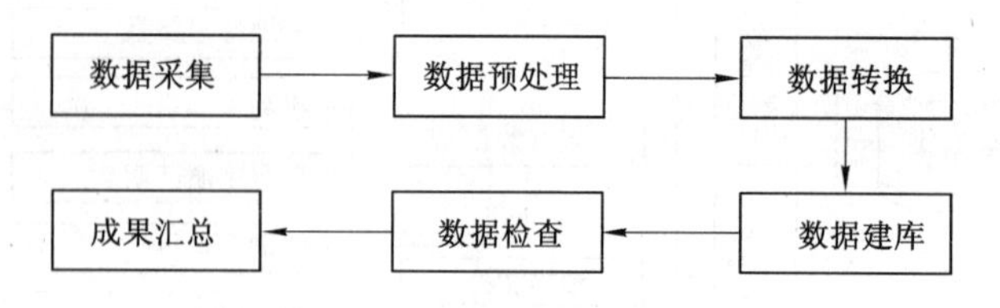

图4-12 地籍数据库建库流程

(1) 数据采集

这里所说的数据采集是指地籍调查过程中获取的地形、地籍、权属核查、地籍档案成果。这些经过采集、加工、接边处理的数据，通过不断检查和改正，直至通过数据质量检查，则数据采集完成。

(2) 数据预处理

目前，大部分数据处理采用的软件为南方CASS 8.0。为使所采集的数据尽量满足数据库建库要求，数据转换之前需对数据进行预处理，如检查实体是否有编码，编码是否正确，房屋等实体是否封闭。

(3) 数据转换

将南方CASS 8.0中预处理后的数据(包括地形数据和权属调查数据)转换为MapGIS数据格式。数据转换前需重点核对分层编码是否一一对应、符号是否一一对应、属性结构是否对应等。

在转换过程中。MapGIS软件提供了编码字段，可以对显示符号式样进行设置，因此符号显示问题可以转换成为对照表的设置。

(4) 数据建库

数据建库在MapGIS平台中进行。数据建库就是对各城乡居民用地内所有施测单元的碎部测量矢量数据实施全面、严格的逻辑性编辑。其编辑的内容包括拓扑构面、跨越处理、属性处理等。

（5）数据检查

除了要满足几何精度要求之外，地籍要素还要满足数据结构正确、几何关系正确、拓扑关系正确、图属一致性和剖分性的要求。因此在数据建库过程中，利用 MapGIS 检查功能要对数据进行以下几个方面的检查。最后将检查合格的地籍数据库导入 MapGIS 城镇地籍管理系统中。

① 图形数据检查。主要包括是否有线段自相交、两线相交、线段打折、弧段重叠、悬挂点或伪节点、碎片多边形等问题；是否建立拓扑，多边形是否闭合；各图层间拓扑关系是否正确等。

② 属性数据检查。严格按照《城镇地籍数据库标准》，仔细查找是否存在属性输入不完整、不正确、不规范及不一致等问题。主要包括：检查属性文件是否建立，属性是否齐全，各要素层属性结构是否符合标准要求；检查属性值的正确性，主要内容包括非空性检查、值域检查、唯一性检查等；将地类编码、地类面积等重要的属性数据标注在图上，检查属性值的正确性；检查分幅、行政区、权属区等的面积汇总数据是否正确；各图层之间属性值的一致性检查，如地类块中地类值与宗地中的地类值的一致性。

③ 图属一致性检查。包括检查矢量数据与属性数据是否对应，是否存在个别图斑没有属性的情况；检查界址点、线属性是否遗缺；检查属性与图形是否对应，是否存在多个属性记录。

（6）成果汇总

经过数据入库后的质量检查后，数据库的各项指标满足规范要求，利用建库软件提供的统计分析和图形输出功能制作图形成果和表格成果。

技能训练

土地资源是人类赖以生存和发展的最重要的资源，全面、及时地掌握土地资源利用状况对全国各级政府都是至关重要的。早在 20 世纪初我国就在全国范围内展开了第一次土地详查，初步掌握了全国土地资源的利用状况。2006 年 12 月，国务院下发了《关于开展第二次全国土地调查的通知》(国发〔2006〕38 号)，决定自 2007 年 1 月起开展第二次全国土地调查，建立农村土地利用数据库是第二次全国土地调查的一项重要内容。

（1）通过对比分析，选取一款适合农村土地利用数据库建设的 GIS 平台。

（2）绘制农村土地利用数据库的建库流程，并编写一份空间数据库设计的说明书。

思考练习

1. 简述空间数据库设计的原则和步骤。

2. 简述空间数据库建立的过程。

项 目 小 结

空间数据的管理是 GIS 的重要功能之一。本项目从讲述数据库的基本概念入手，重点讲述 GIS 数据库的类型、数据特点及空间数据库的建立理论、方法和技术以及空间数据的管理和维护，目的在于区分普通数据库和 GIS 空间数据库。

职业知识测评

1. 单选题

(1) 下面不属于空间数据库特点的是________。

A. 空间数据库不仅存放着地理要素的属性数据，还有大量的空间数据

B. 空间数据库所存储的数据量一般特别大

C. 空间数据库的数据应用广泛，例如地理研究、环境保护、土地利用与规划、资源开发、生态环境、市政管理、道路建设等

D. 空间数据库专门存放空间数据，商用关系数据库管理系统不能存放空间信息

(2) 某地区在利用土地数据库库体自检时发现该地区的行政辖区总面积略大于地类区总面积，说明该数据的________。

A. 现势性不好　　B. 数据精度不高

C. 数据的完整性不良　　D. 数据的逻辑一致性不良

(3) 把 E-R 图转换成关系模型的过程，属于数据库设计的________。

A. 概念设计　　B. 逻辑设计　　C. 需求设计　　D. 物理设计

(4) 下面有关数据库主键的叙述正确的是________。

A. 不同的记录可以具有重复的主键值或空值

B. 一个表中的主键可以是一个或多个字段

C. 在一个表中主键可以是一个字段

D. 表中的主键的数据类型必须定义为自动编号或文本

(5) 关于地理信息系统数据库和一般数据库的说法错误的是________。

A. 地理信息系统的数据库(空间数据库)和一般数据库相比，数据量相对较大

B. 地理信息系统的数据库不仅有地理要素和属性数据还有大量的空间数据

C. 一般数据库的数据应用相对广泛

D. 地理信息系统数据库也可以是关系数据库

(6) 关于地理空间数据库设计，下列哪些说法是错误的________。

A. 地理空间数据库设计要参考常见的地理数据模型

B. 地理空间数据库设计包括概念设计、逻辑设计和物理设计

C. 地理空间数据库设计不涉及数据库建库与维护

D. 实体-关系模型不适用于地理空间数据库设计

(7)数据库系统的核心是________。

A. 数据模型　　B. 数据库管理系统　　C. 软件工具　　D. 数据库

(8) 为了保证数据库应用系统正常运行，数据库管理员的日常工作需要对数据库进行维护，以下一般不属于数据库管理员日常维护工作的是________。

A. 数据库安全性维护　　B. 数据内容一致性

C. 数据库存储空间管理　　D. 数据库备份与恢复

(9) 在现代地理信息系统中，空间数据是应用最广泛的数据类型，下列关于空间数据库

的描述,错误的是________。

A. 空间数据库所储存的数据量一般都会比较大,通常会达到GB级别,甚至TB级别

B. 空间数据库中仅存放大量的空间数据

C. 商用关系型数据库管理系统Oracle也可以作为空间数据库使用

D. 空间数据库有多种连接方式,如本地连接,ODBC连接等

(10) 根据关系数据基于的数据模型——关系模型的特征判断,下列正确的是________。

A. 只存在一对多的实体关系,以图形方式来表示

B. 以二维表格结构来保存数据,在关系中不允许有重复行存在

C. 能体现一对多、多对多的关系,但不能体现一对一的关系

D. 关系模型数据库是数据库发展的最初阶段

(11) 空间数据库具体物理建库中涉及以下步骤:① 建立图块;② 建立数据库框架;③ 建立层框架;④ 数据采集入库。请问正确的流程是________。

A. ①②③④　　B. ②①③④　　C. ①④②③　　D. ②③④①

(12) 下列有关数据库的描述,正确的是________。

A. 数据库是一个DBF文件

B. 数据库是一个关系

C. 数据库是一个结构化的数据结合

D. 数据库是一组文件

(13) 空间数据库的设计描述不正确的是________。

A. 尽量减少空间数据存储的冗余量

B. 提供稳定的数据结构

C. 高效的索引方式,满足客户对空间和数据的访问和查询

D. 按照实体关系模型组织数据即可,不需要顾及空间关系的维持

(14) 描述数据库中各种数据属性与组成的数据集合称为________。

A. 数据结构　　B. 数据模型　　C. 数据类型　　D. 数据字典

2. 判断题

(1) 地理数据库是以一定的组织形式存储在一起的互相关联的地理数据集合。(　　)

(2) 传统的商业关系型数据库无法存储、管理复杂的地理空间框架数据以支持空间关系运算和空间分析等GIS功能。因此,GIS软件厂商在纯关系数据库管理系统基础上,开发了空间数据库管理的引擎。(　　)

(3) 空间数据库引擎改变了原先使用文件来管理空间数据库的方式,在数据安全、数据维护和数据处理能力方面都得到了极大的改善。(　　)

(4) 空间数据库引擎实现了多源异构数据的集成管理,从根本上解决了数据互操作难题。(　　)

(5) 地理数据库描述的是事物属性之间的抽象逻辑关系。(　　)

(6) 对于空间数据库,通常面向的是地学及相关对象,其信息量大,数据容量往往达到GB级别。(　　)

(7) 集中式数据库系统可以支持多个用户,它允许数据库管理系统及数据库本身分布

在多个节点上。 （ ）

(8) 数据库是一个独立的系统，不需要操作系统的支持。 （ ）

(9) 数据库技术的根本目的是要解决数据共享的问题。 （ ）

(10)数据库系统中，数据的物理结构必须与逻辑结构一致。 （ ）

职业能力训练

训练 4-1 利用不同数据模型描述拓扑关系

用层次模型、网络模型分别描述图 4-13 中数据之间的拓扑关系，即按实体的面、弧段、点要素表示层次模型和网络模型。

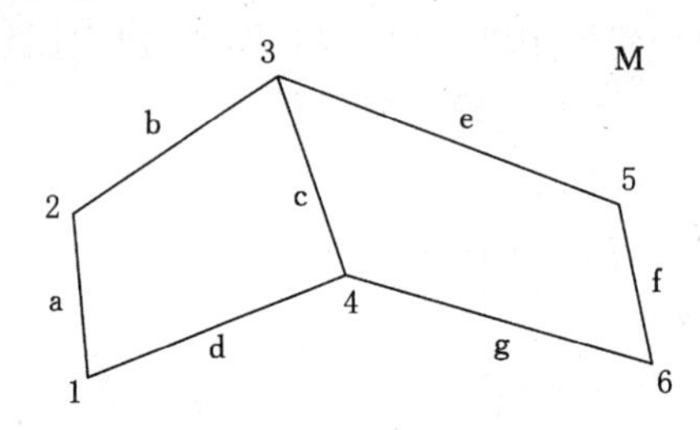

图 4-13 实体 M 及其空间要素

训练 4-2 建立属性数据与空间数据的连接

给定一幅地图数据，以 GIS 软件为平台，以 Access 为数据管理软件，编辑属性数据，通过关联建立与其空间数据的连接：

(1) 在数据库软件中建立属性数据库 MDB 文件。

(2) 连接属性数据和空间数据。

训练 4-3 编写空间数据库设计说明书

给定一个数据库建库项目，依据空间数据设计知识，编写一份空间数据库设计说明书。要求说明书编写完整，其中应包含空间数据库设计的每个步骤的详细叙述，概念设计部分应画出 E-R(实体-关系)图，逻辑设计部分应画出由 E-R 图转换而成的关系表。

项目五　GIS空间数据查询与分析

【项目概述】

地理信息系统(GIS)与CAD、其他管理信息系统的主要区别是GIS提供了对原始空间数据实施转换以回答特定查询的能力，而这些变换能力中最核心的部分就是对空间数据的利用和分析，即空间分析能力。

通过本项目的学习，学生将为从事GIS数据分析岗位工作打下基础。

【教学目标】

◆知识目标

1. 掌握空间数据查询方式。

2. 掌握缓冲区分析、叠置分析、数字高程模型分析、空间网络分析、泰森多边形分析和空间统计分析的方法，并明确其用途。

◆能力目标

1. 能利用GIS软件进行空间数据查询，提取有用信息。

2. 能利用GIS软件进行缓冲区分析、叠置分析、数字高程模型分析、空间网络分析、泰森多边形分析和空间统计分析。

任务一　空间数据查询

■ 任务描述

对空间对象进行查询和度量是地理信息系统最基本的功能之一。在地理信息系统中，为进行深层次分析，往往需要查询、定位空间对象，并用一些简单的量测值对地理分布或现象进行描述。

■ 相关知识

一、空间数据查询概述

空间数据查询属于空间数据库的范畴，一般定义为从空间数据库中找出所有满足属性约束条件和空间约束条件的地理对象。查询的过程大致可分为三类：① 直接复原数据库中的数据及所含信息，来回答人们提出的一些比较简单的“问题”；② 通过一些逻辑运算完成一定约束条件下的查询；③ 根据数据库中现有的数据模型，进行有机地组合并构造出复合模型，模拟现实世界的一些系统的现象、结构和功能，来回答一些“复杂”的问题，预测一些事物的发生、发展的动态趋势。空间数据查询的一般过程如图5-1所示。

空间数据的查询方式主要有两大类，即“属性查图形”和“图形查属性”。属性查图形，主要是用SQL语句来进行简单和复杂的条件查询。如在中国经济区划图上查找人均年收入大于 5 000 元人民币的城市，将符合条件的城市的属性与图形关联，然后在经济区划图上高亮度显示给用户。图形查属性，可以通过点、矩形、圆和多边形等图形来查询所选空间对象的属性，也可以查找空间对象的几何参数，如两点间的距离、线状地物的长度及面状地物的面积等，这些功能一般的地理信息系统软件也都会提供。在实际应用中查找地物的空间拓扑关系非常重要，现在一些地理信息系统的软件也提供这些功能。

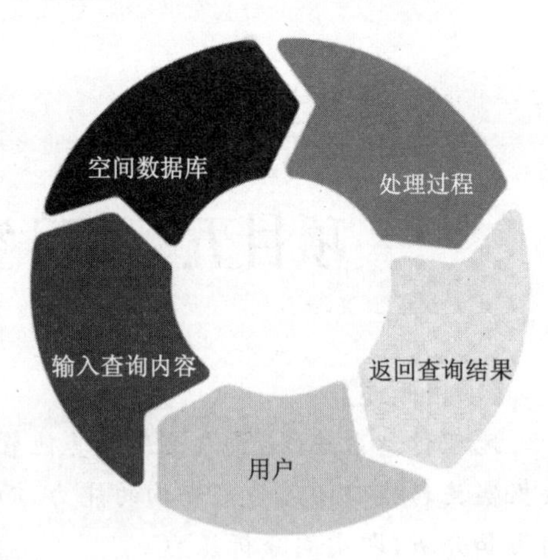

图 5-1 空间数据查询的一般过程

空间数据查询的内容很多，可以查询空间对象的属性、空间位置、空间分布、几何特征以及其他空间对象的空间关系。查询的结果可通过多种方式显示给用户，如高亮度显示、属性列表和统计图标显示等。图 5-2 空间数据查询的方式、内容和结果的关系图。

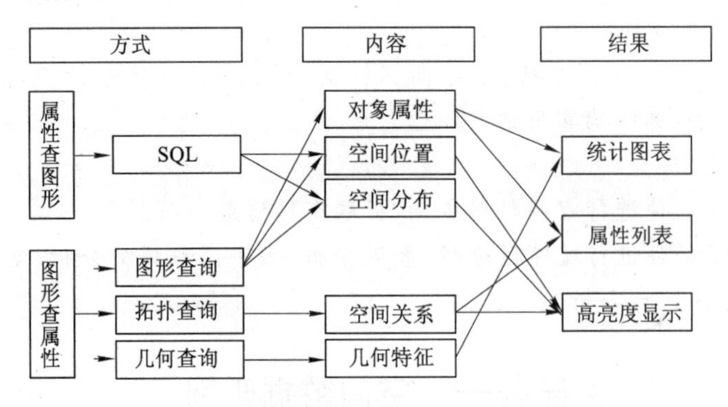

图 5-2 空间数据查询的方式、内容与结果

1. 属性查询

属性查询是一种比较常见的空间数据查询。属性查询又有简单的属性查询和基于 SQL 语言的属性查询。

(1) 最简单的属性查询是查找。查找不需要构造复杂的 SQL 命令，只要选择一个属性值，就可以找到对应的空间图形。如图 5-3 所示，在全国信息列表中任意选择一个省份的属性值，在全国区划图中就会有高亮度地显示出来。

(2) 基于 SQL 语言的属性查询。

① SQL 查询

地理信息系统软件通常都支持标准的 SQL 查询语言。SQL 的基本语法为：

Select <属性清单>

From<关系>

Where <条件>

例如，需要查询“P101”地块的销售日期(表 5-1 为下面查询语句的关联表)，SQL 命令如下：

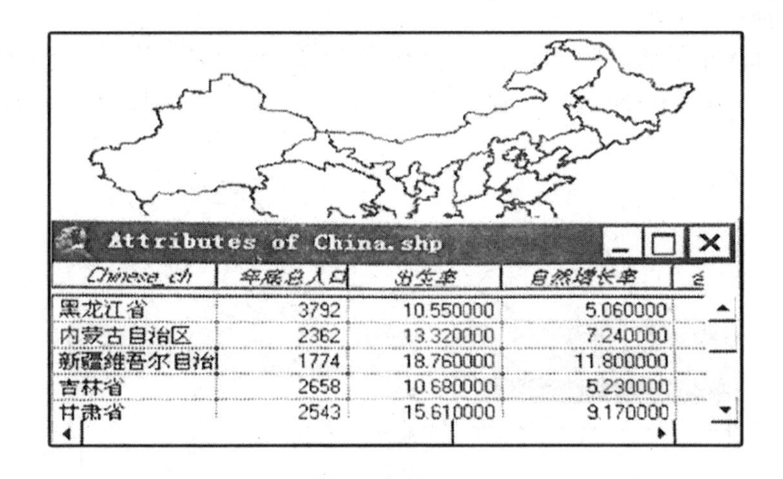

图 5-3　简单的属性查询

Select sale date

From parcel

Where PIN="P101"

在执行了上面的命令后，就可以查询到"P101"地块的销售日期了。

表 5-1　　　　查询所需要的关联表

地块标识	销售日期	面积	代码	分区
P101	1998-02-13	3.1	1	住宅区
P102	1989-03-24	2.5	2	商用区
P103	1993-12-03	4.6	3	农用区
P104	1995-06-05	5.2	2	商用区
P105	1978-08-30	2.7	3	农用区

② 扩展的 SQL 查询

地理信息系统的空间数据库空间(地理)目标作为存储集，与一般数据库最大的不同是它包含了"空间"(或几何)概念，而标准的 SQL 是标准的关系代数模型中的一些关系操作及组合，适用于表的查询与操作，但不支持空间概念和运算。因此为支持空间数据库的查询，需要在 SQL 上扩充谓词集，将属性条件和空间关系的图形条件组合在一起形成扩展的 SQL 查询语言。常用的空间关系谓词有相邻"adjacent"、包含"contain"、穿过"cross"和在内部"inside"、缓冲区"buffer"等。扩展的 SQL 查询语句，由数据库管理系统执行，就能得到满足条件的空间对象。

2. 图形查询

图形查询是另一种常用的空间数据查询。一般的地理信息系统软件都提供这项功能，用户只需利用光标，用点选、画线、矩形、圆或其他不规则工具选中感兴趣的地物，就可以得到查询对象的属性、空间位置、空间分布以及对其他空间对象的空间关系。

（1）点查询

用鼠标点击图中的任意一点，可容易得到该点所代表的空间对象的相关属性。如图5-4所示，点击全国区划图中的任意一个省份，得到了该省份的相关信息，图中高亮度显示省份为选择省份。

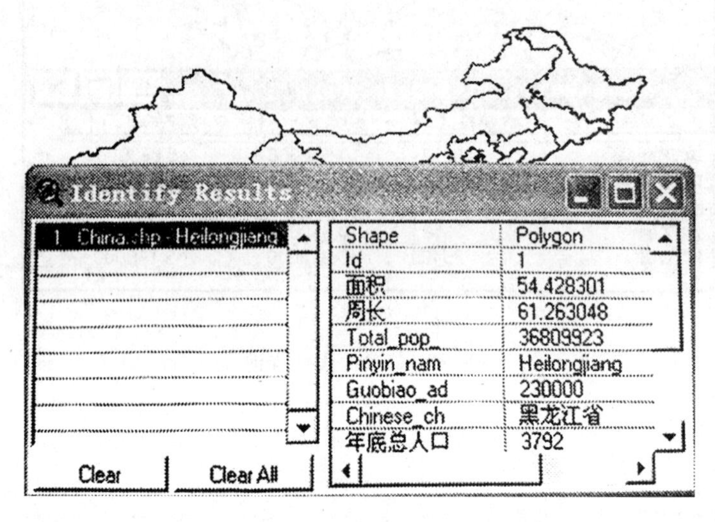

Shape	Polygon
Id	1
面积	54.428301
周长	61.263048
Total_pop_	36809923
Pinyin_nam	Heilongjiang
Guobiao_ad	230000
Chinese_ch	黑龙江省
年底总人口	3792

图 5-4　全省行政区省份查询点查询

（2）矩形或圆查询

按矩形框查询，给一定的矩形窗口，可以得到该窗口内所有对象的属性表。这种查询的检索过程比较复杂，往往要考虑是只检索包含在窗口内的空间对象，还是只要是该窗口涉及的对象无论是被包含还是穿过都要检索出来。用矩形框选择要查询的全国部分省（图 5-5）得到了矩形框所包含的省份以及所穿越省份的信息（图 5-6）。

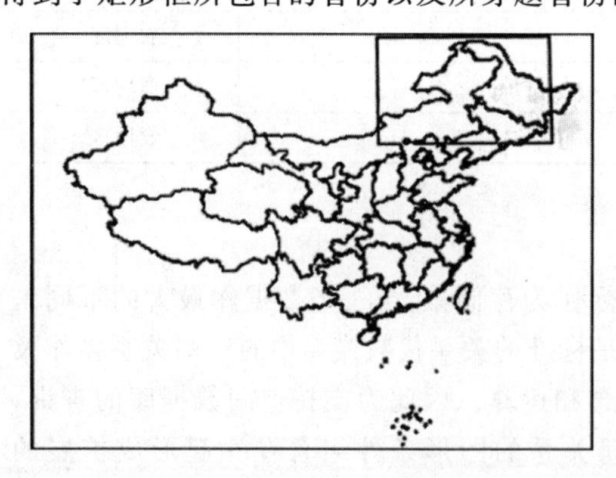

图 5-5　矩形框选择要查询的区域

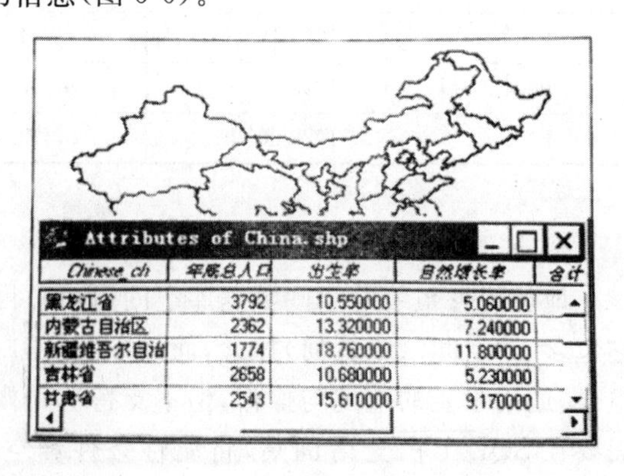

Chinese_ch	年底总人口	出生率	自然增长率	合计
黑龙江省	3792	10.550000	5.060000	
内蒙古自治区	2362	13.320000	7.240000	
新疆维吾尔自治	1774	18.760000	11.800000	
吉林省	2658	10.680000	5.230000	
甘肃省	2543	15.610000	9.170000	

图 5-6　矩形查询结果

圆查询，给定一个圆，检索出该圆内的空间对象，可以得到空间对象的属性，其实现方法与矩形类似。

（3）多边形查询

给定一个多边形，检索出该多边形内的某一类或某一层空间对象。这一操作的工作原理与按矩形查询相似，但又比前者复杂得多。它涉及点在多边形内、线在多边形内以及多边形在多边形内的判别计算。

3. 空间关系查询

空间关系查询包括拓扑关系查询和缓冲区查询。

在地理信息系统中对于凡具有网状结构特征的地理要素，例如交通网和各种资源的空间分布等，存在节点、弧段和多边形之间的拓扑结构。空间数据的拓扑关系对地理信息系统的数据处理和空间分析，都具有非常重要的意义。拓扑数据比几何数据具有很大的稳定性，有利于空间要素的查询，如重建地理实体等。

(1) 邻接关系查询

邻接查询可以是点与点的邻接查询，线与线的邻接查询，或是面与面的邻接查询。邻接关系查询还可以涉及与某个节点邻接的线状地物或面状地物信息的查询，例如查找与公园邻接的限制空地，或者与洪水泛滥区相邻的居民区等。

(2) 包含关系查询

包含关系查询可以查询某一面状地物所包含的某一类地物，或者查询某一地物的面状地物，被包含的地物可以是点状地物、线状地物或面状地物，例如某一区域内商业网点分布等。

(3) 关联关系查询

关联关系查询是空间不同元素之间拓扑关系的查询，可以查询与某点状地物相关联的线装地物的相关信息，也可以查询与线状地物相关联的面状地物的相关信息，例如查询某一给定排水网络所经过的土地的利用类型，先得到与排水网络相关联的土地图斑，然后可以利用图形查询到各个土地图斑的属性。

任务实施

一、任务内容

空间数据的查询可以向人们提供与地理空间、时间空间相关的空间数据，或与其相关的属性的数据。通过对以上空间数据查询基础知识的学习，在MapInfo平台上完成空间数据查询。

二、任务实施步骤

1. 地图目标图形信息查询

在MapInfo的地图环境中，双击要查询的地图对象，即可弹出相应的点、线、面目标信息框，分别显示点、线和面的图目标的各种信息，如图5-7、图5-8、图5-9所示。

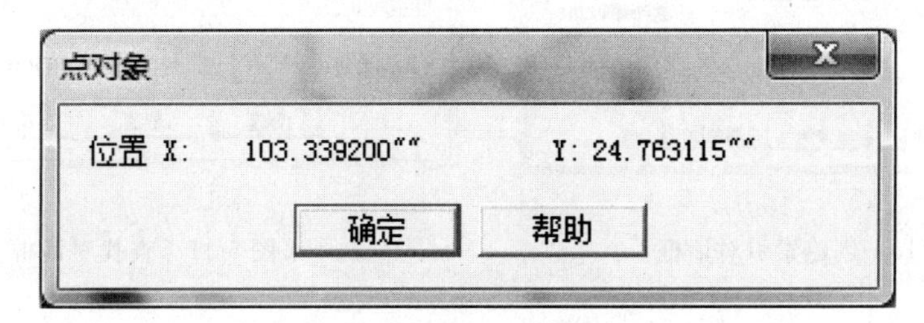

图5-7 点目标信息框

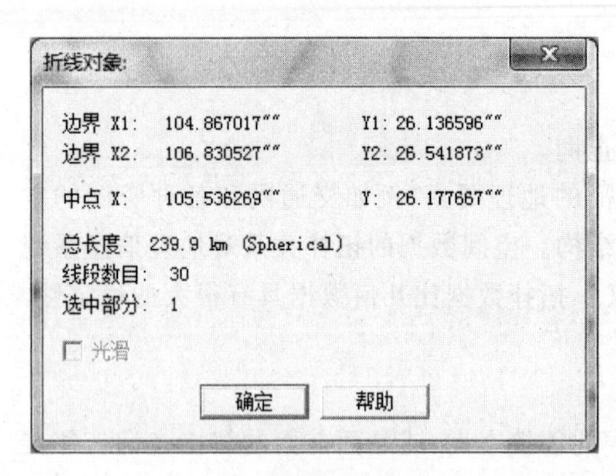

图 5-8 线目标信息框

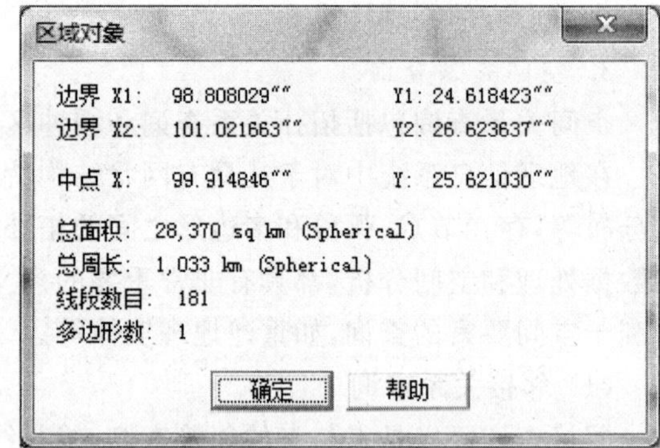

图 5-9 面目标信息框

2. 地图目标属性查询

① 单个目标查询:单击主工具箱上的 i 信息工具后,任意选择点击一个点、线或者面对像,即可显示该对象的所有属性信息。

② 多目标查询:利用选择工具选取多个地图目标,单击工具可打开浏览器窗口,显示属性。

3. 利用属性查询地图目标

使用查找工具可以利用属性查询、标识地图目标位置。使用找工具前必须创建索引文件,如图 5-10 所示,标识在表结构的索引需要查询的字段就能创建该字段的索引。在 China 表中查找河南省,并把它标记出来的步骤如下:

① 打开要选择的基础表 China。

② 单击"查询"菜单下的"查找",弹出查找对话框,如图 5-11 所示,点击确定,进入下一步。

③ 输入"河南省",点击"确定",即可看到在河南省区域上显示出了标注符号。

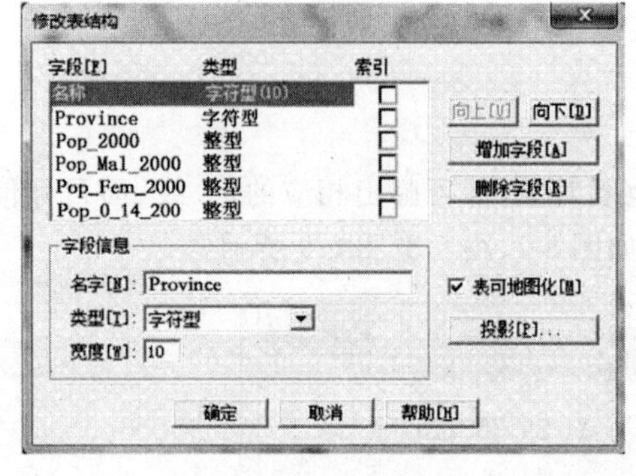

图 5-10 创建索引对话框

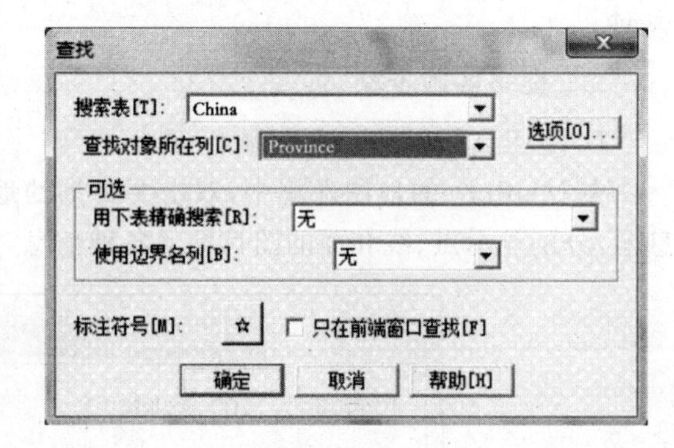

图 5-11 查找对话框

4. SQL 的使用

SQL 查询命令可以完成各种基于关系表的组织、分析、汇总等操作。同时还可具有许多空间分析的函数和操作。图 5-12 所示为 SQL 对话框。

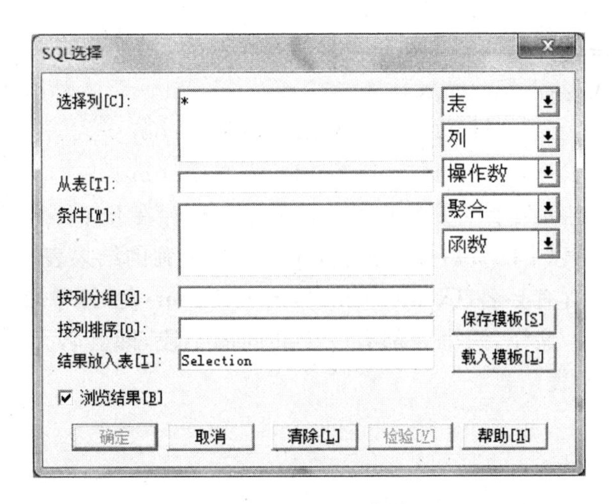

图 5-12　SQL 对话框

(1) 选择列

① 利用这个区来指定在查询表中将输出的列。这个区能够输入一个列表达式列表或一个 * 号,其中默认输入的 * 号表示查询表中将输出的列与源表中完全一致。如果查询涉及的不止一个表,各个列名之前必须有它的表名,二者之间用的西文句号分隔。

② 利用这个区能计算某些列,即进行派生列查询,并导出列存放到结果中。

根据基础表中已有的一个或多个列的内容计算出的一个特殊的临时列。为列表达式指定一个别名的方法是:在列表达式后打一个空格,然后再打入用双引号括起来的别名。例如,根据基础表中的男性人口数、女性人口数两个列,计算人口数列的表达式为:

男性人口数+女性人口数“总人口”

(2) 设置条件

① 通过行的排列顺序连接不同的表。如果两个表没有一个共同的列,但知道第一个表得第 n 行与第二个表的第 n 行是对应的,就可以通过引用一个名叫 RowID 的特殊列来连接这两个表。表达式为:

TABLE_1. RowID=TABLE_2. RowID

② 通过地理位置连接不同的表。当两个表都有图形对象时,MapInfo 能够根据这些对象之间的空间关系连接这两个表。所以,即使两个表没有同一个列,也有可能连接不同的表。

MapInfo 有一个地理操作符一起使用的特殊列名,“Obj”或“对象”。这个列名指的是与表联系的图形对象。地理操作符要放到所指定的对象之间,地理操作符从操作符(Operators)下拉列表中选取。

对象 A Contains 对象 B(如果 B 的形心在 A 的边界内的某个位置上)

对象 A Contains Entire 对象 B (如果 B 的边界全部在 A 的边界内)

对象 A is Within 对象 B(如果 A 的形心在 B 的边界内侧)

对象 A is Entire Within 对象 B(如果 A 的边界全部在 B 的边界内)

对象 A Intersects 对象 B(如果它们至少有一个共同点或者它们中的一个完全在另一个内)

例如：通过一个县的行政区划图和一个县的乡镇政府、村委会的一个行与含有它的乡镇的行联系起来，表达式为：

村委. obj is Within 行政区. obj

行政区. obj Contains 村委. obj

③ 根据共同字段连接两个或更多的表。如果资料贮存在几个不同的表中，SQL 允许建立关联以便把这些不同表中的资料接到一起，成为一个单独的结果表。

例如：Counties 表含有县名(Countyname)，同样 Order 表(订单表)的一个列(county)也含有订单来源的县名，这样，两个表都有一个共同的字段，即县名。MapInfo 能够用这个共同的字段连接这两个表。

选择列：*

从表：Counties. Order

条件：counties. Countyname＝Order. county

再选择 Subselects。

MapInfo 允许 SQL Select 中的再次选择。再选择是放在 SQL Select 对话框 Where Condition 区里面的一个选择语句。MapInfo 首先处理 Subselects，然后用这个 Subselects 的结果去处理主要的 SQL Select。

例如在 China 表中，选择与河南省相邻的所有省份，在 SQL 对话框中输入以下内容：

选择列：*

从表：China

条件：obj Intersects any (select obj from China where Province＝"河南省")

(3) 排列顺序

MapInfo 默认用升序排列一个表。如果要以降序排序，则要在按列分组区中的列名之后放一个词 desc。

例如查询 China 表中 2000 年人口，以降序方式显示，采用如下表达式：

按列分组：Pop_2000desc，即用要排列的字段进行降序排列。

(4) 按列分组

如果在这个区输入一个或多个列名，结果表将含有这个表的小计，或几个信息。注意：结果表变成了小计表，没原始数据，小计的依据是列值相同者。

例如：地类号，count(*)，Sum(AREA)

从表：XZS-poly

按列分组：地类号

5. 查询结果输出

MapInfo 可通过转出表的方式输出查询结果。

技能训练

MapInfo 的查询功能可以完美地实现对空间实体的简单查找，如根据鼠标所指的空间位置，系统可以查找出该位置的空间实体和空间范围以及它们的属性，并显示出该空间对象的属性列表。利用 MapInfo 软件自带的 China 表，完成以下查询训练操作：

(1) 地图目标属性信息的查询。

利用 MapInfo 软件，查询中国地图中河南省省会的位置，河南省的省界的长度和该省的面积。

(2) 地图目标属性信息查询。

① 单个目标查询

利用 MapInfo 软件，查询中国地图中河南省的属性信息。

② 多个目标查询

利用 MapInfo 软件，查询中国地图中河南省及其相邻省份的属性信息。

(3) 利用 MapInfo 软件，根据属性信息查询中国地图中满足以下条件的目标。

① 1990 年人口大于 8 000 万的省份。

② 将查询结果存储为人口超过 8 000 万的省份。

(4) 利用 MapInfo 软件，根据属性信息查询中国地图中满足以下条件的目标。

① 1990 年人口大于 3 000 万的省份。

② 将查询结果分别按升序、降序排列。

③ 将查询结果存储为 1990 年人口大于 3 000 万图。

思考练习

1. 简述空间数据查询的类型与查询内容。
2. 说明空间数据查询的一般过程及查询结果的显示方式。

任务二 缓冲区分析

任务描述

缓冲区是地理信息系统空间分析的核心功能之一。在地理信息系统中，为进行隐含信息的提取，可以根据分析对象的点、线、面实体，自动建立它们周围一定距离的带状区，用以识别这些实体对临近对象的辐射范围或影响度，以便为某项分析或决策提供依据。

相关知识

一、缓冲区分析的定义

邻近度(proximity)描述了地理空间中两个地物距离相近的程度。确定邻近度是空间分析的一个重要手段。缓冲区分析是解决邻近度问题的分析工具之一。

所谓缓冲区就是地理空间目标的一种影响范围或服务范围，通常根据实体的类别来确定这个范围，以便为某项分析或决策提供依据。

缓冲区分析是指根据分析对象的点、线、面实体，自动建立它们周围一定距离的带状区，用以识别这些实体对邻近对象的辐射范围或影响度，以便为某项分析或决策提供依据。

二、缓冲区的组成要素

在进行缓冲区分析时，通常将研究的问题抽象为以下三类要素，即主体、邻近对象和作用条件。

① 主体：表示分析的主要目标，一般分为点源、线源和面源三种类型。

② 邻近对象：表示受主体影响的客体，例如行政界线变更时所涉及的居民区、森林遭砍伐时所影响的水土流失范围等。

③ 作业条件：表示主体对邻近对象事假作用的影响条件或强度。

三、缓冲区分析方法

根据主体的类型，缓冲区分析分为三种方法，分别为点缓冲区分析、线缓冲区分析和面缓冲区分析。

（1）点缓冲区分析

点缓冲区时选择单个点、一组点、一类点状要素或一层点状要素，按照给定的缓冲条件建立缓冲区，如图 5-13 所示，不同的缓冲条件下，单个或多个点状要素建立的缓冲区不同。

点缓冲区分析方法的应用是非常广泛的，例如要调查某地区的现有小学生能否满足社区需求，可运用点缓冲区分析方法确定个小学的服务范围，分析它们的重叠离散程度，若重叠太大则说明小学分布可能不合理，若离散太大则需在服务区空白区新建小学。

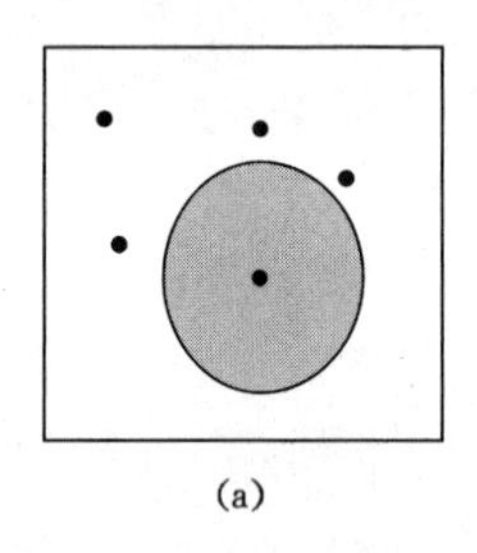
(a)

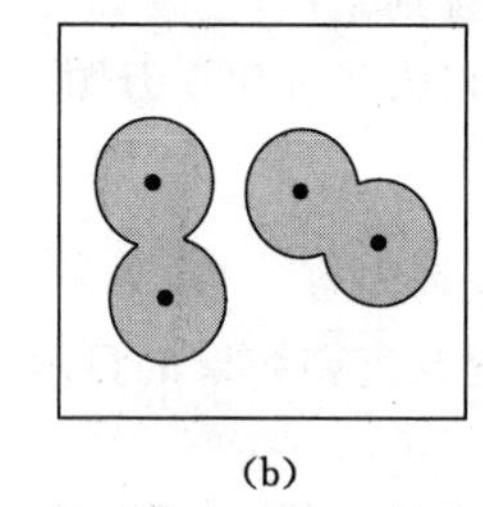
(b)

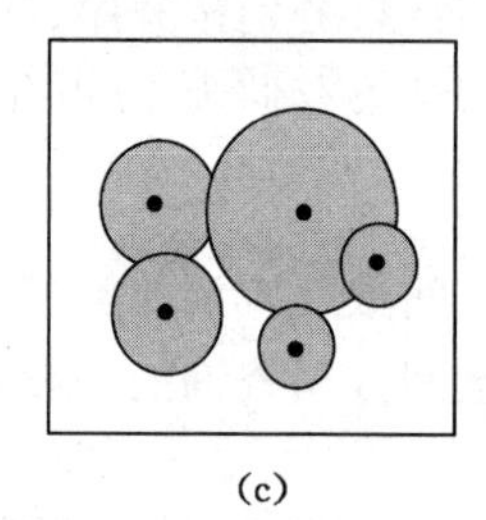
(c)

图 5-13　点缓冲区

(a) 单个点缓冲区；(b) 相同缓冲距离缓冲区；(c) 属性值作距离参数缓冲区

（2）线缓冲区分析

线缓冲区时选择一类或一组线状要素，按照给定的缓冲区条件建立缓冲区结果，如图 5-14 所示。

线缓冲区分析方法主要应用于线状地物，如道路和河流对周围影响的分析中。例如，为了防止水土流失，河流两侧一定范围内的森林禁止砍伐，这个范围的确定可运用线缓冲区分析。

（3）面缓冲区分析

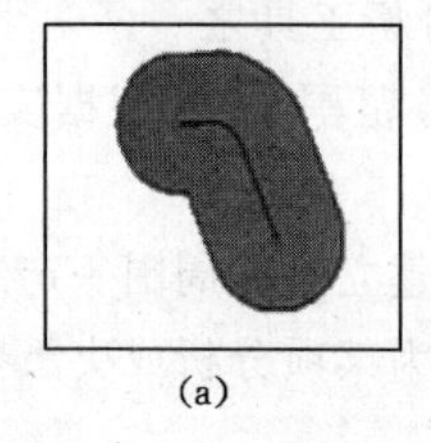
(a)

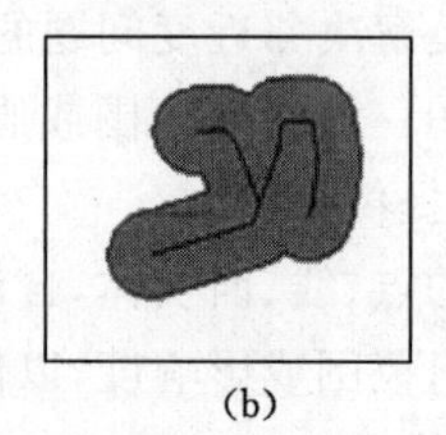
(b)

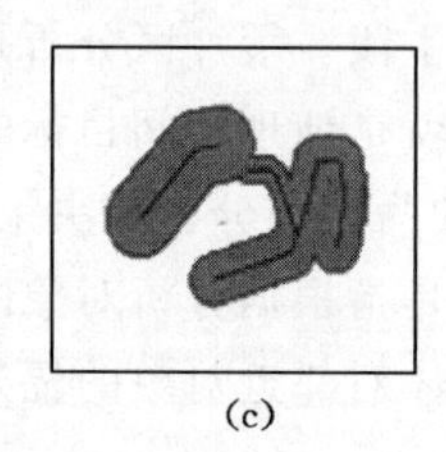
(c)

图 5-14　线缓冲区

(a) 单个线缓冲区；(b) 多个线缓冲区；(c) 属性值作距离参数缓冲区

面缓冲区时选择一类或一组面状要素，按照给定的缓冲条件建立缓冲区结果。面缓冲区由于自身缓冲区建立的原因，存在内缓冲区和外缓冲区。外缓冲区时仅仅在面状地物的外围形成缓冲区；内缓冲区在面状地物的内侧形成缓冲区；内外缓冲区则在面状地物的内侧形成缓冲区，同时也可以在面状地物的边界两侧形成缓冲区，如图 5-15 所示。

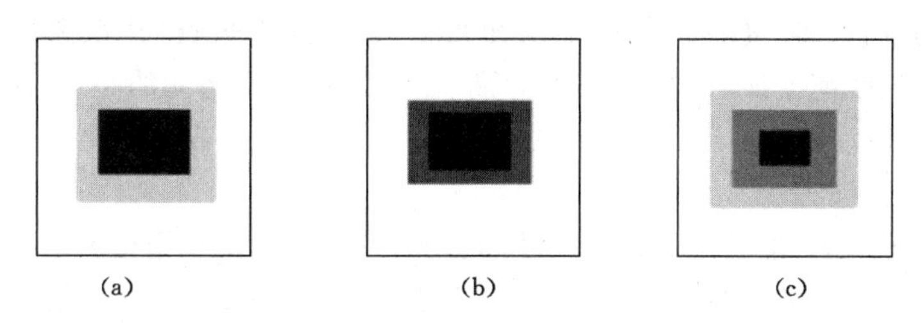

图 5-15 面缓冲区

(a) 外缓冲区；(b) 内缓冲区；(c) 内外缓冲区

很多情况采用面缓冲区分析方法建立其外侧缓冲区，例如为了保护各种鸟类和生物，湖泊周围要设置生态保护区，生态保护区范围的确定可采用面缓冲区分析方法。

四、缓冲区的建立

1. 矢量数据缓冲区的建立

从原理上来说，矢量数据缓冲区的建立相当简单，对点状要素直接以其为圆心，以要求的缓冲区距离大小为半径绘圆，所包容的区域即为所要求区域，对点状要素的建立是以线状要素或面状要素的边线为参考线，来作其平行线，并考虑其端点处建立的原则，即可建立缓冲区，但是在实际中处理起来要复杂得多。

(1) 交分线法

第一步，首先在轴线 AB 端点 A 处作周线的垂线(图 5-16)，并按缓冲区半径 R 截出缓冲区左边的起点 A_1、右边线的起点 A_2；需要说明一点，前进方向的左臂为左边线，途中轴线是从 A—B，所以左边线在上面、右边线在下边。同理在轴线的终点 B 处作垂线，按半径 R 得到缓冲区左边线的止点 B_1 和右边线的止点 B_2。

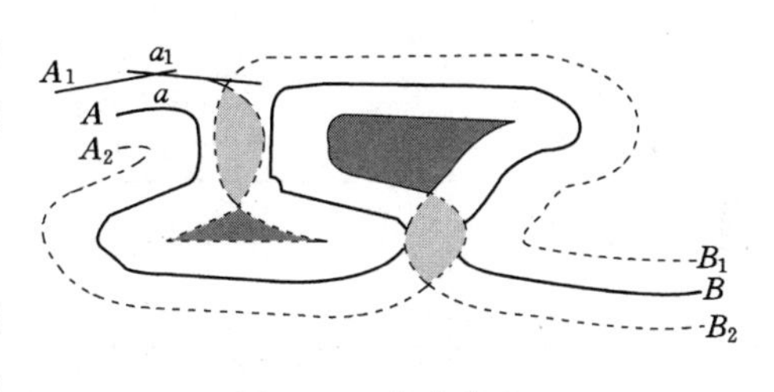

图 5-16 交分线法

第二步，在轴线的其他转折点上，如 a 点处，作该点前后两邻边距轴线的距离为 R 的平行线，两平行线的交点 a_1 就是所要生成的缓冲区的对应顶点；同理用平行线方法得到其他点的对应顶点。

最后一步，依次连接各对顶点生成缓冲区。

(2) 凸角圆弧法

凸角圆弧法改进了角分线法的缺陷，最大限度地保证了双线的等宽性。可以采用凸角圆弧法建立简单对象的缓冲区，但是还有一个问题，当情况复杂时还可能出现缓冲区边界线自相交问题。

当轴线的弯曲空间不允许缓冲区的边线无压地通过时，就会产生若干个自相交多边形。重叠多面形，不是缓冲区边线的有效组成部分，最终不参与缓冲区的构建。岛屿多边形，是缓冲区边线的有效组成部分。当存在岛屿多边形与重叠多边形时，最终计算的边线被分为外部边线和若干岛屿。对于缓冲区边线的绘制，只要把外围边线和岛屿轮廓绘出即可。

2. 栅格数据缓冲区的建立

栅格数据表示为一个二值(0,1)矩阵($M \times N$),其中“0”像元为空白位置,“1”像元为空间目标所占据的位置。经过距离变换,计算出每个“0”像元与最近的“1”像元为空间目标所占据的位置。经过距离变换,计算出每个“0”像元与最近的“1”像元的距离,即背景像元与空间目标的最小距离。假设给定缓冲区的宽度 $R=2$,则缓冲区边界就是距离小于等于 2 的各个背景像元的集合。

栅格方法原理简单,但精度受栅格尺寸的影响,可以通过减小栅格的尺寸而获得较高的精度。但这样内存开销就会很大,所以和矢量方法相比难以实现大数据缓冲区分析。

任务实施

一、任务内容

为了完成城市道路拓宽改建分析,在 MapGIS 软件支持下进行道路缓冲区分析,为计算道路拓宽改建过程中的拆迁指标提供支持。

二、任务实施步骤

(1) 装入文件。执行如下命令:空间分析→文件→装线文件,装入 ROAD. WL 文件。

(2) 输入缓冲区半径。执行如下命令:空间分析→缓冲区分析→输入缓冲区半径,系统将弹出一个对话框,让用户输入缓冲区的半径。输入 20,单击“OK”按钮,如图 5-17 所示。

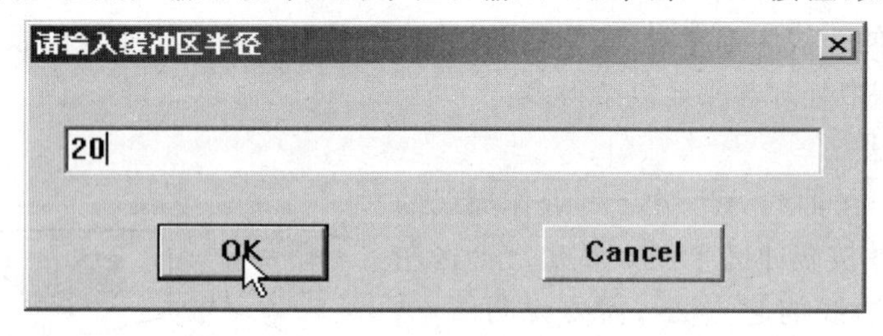

图 5-17 输入缓冲区半径

(3) 选择缓冲区类型。用户可根自己的实际情况选择缓冲区的类型,如:在此选择“求一条线缓冲区”,鼠标左键单击线文件,如图 5-18 所示。

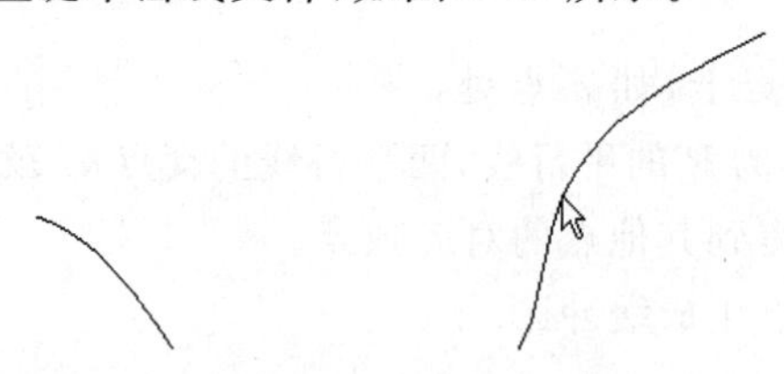

图 5-18 一条线缓冲区选择

(4) 保存分析结果。将系统生成的缓冲区文件,保存为“公路缓冲区分析. WP”,如图 5-19所示。

(5) 分析结果显示。执行如下命令:文件→新建综合图形,在新建图形窗口,单击鼠标右键,在弹出的快捷菜单中单击“选择显示文件”命令,将“ROAD. WL”,“公路缓冲区分析. WP”全选,如图 5-20 所示,单击“确定”按钮。公路缓冲区分析结果如图 5-21 所示。

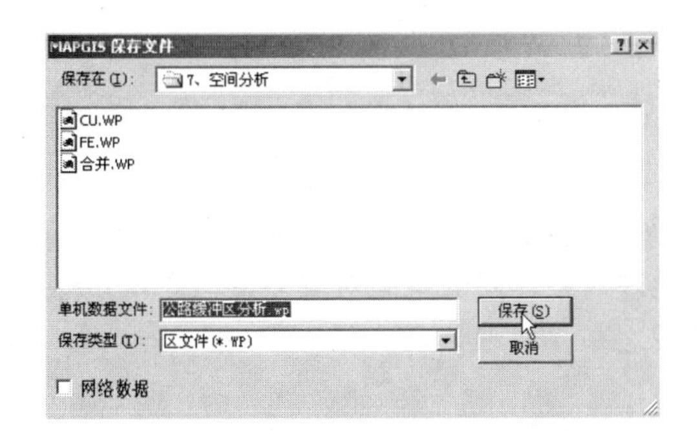

图 5-19　保存缓冲区分析结果

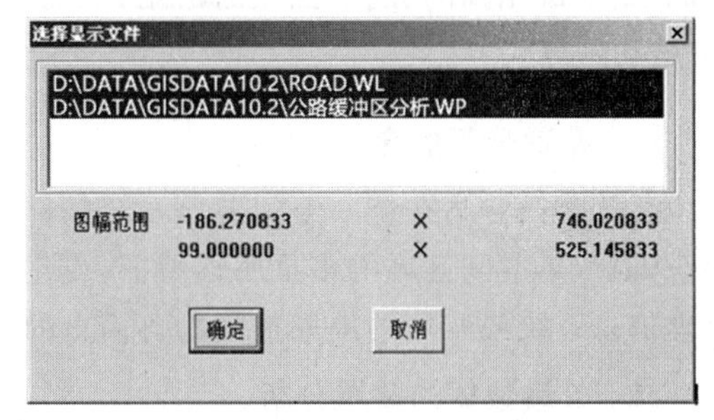

图 5-20　选择显示文件

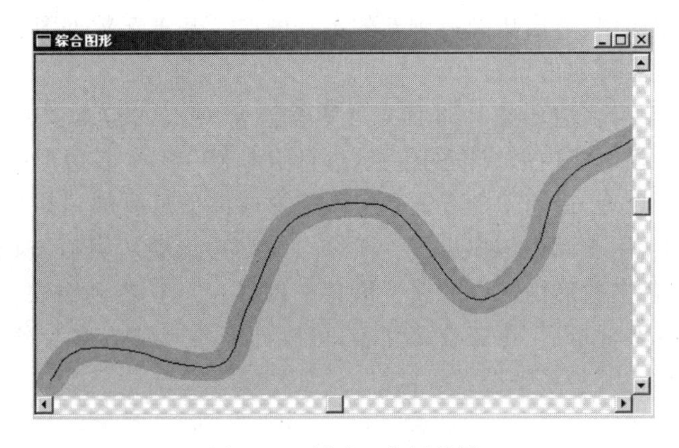

图 5-21　缓冲区分析结果

技能训练

2008 年 5 月 12 日，我国四川省发生特大地震，运用缓冲区分析的知识进行以下分析：

① 确定汶川和青川两个地震级别高的地震源的影响范围。

② 确定汶川、北川和青川所组成的轴线上地震源轴线的影响范围。

③ 估算汶川地震中道路的损失情况。

思考练习

1. 什么是缓冲区？分别对点、线、面对象的缓冲区各举一个实例进行说明。
2. 什么是缓冲区分析？简单说明它有哪些用途。
3. 结合实例，简述缓冲区分析的实施过程和步骤。

任务三　叠置分析

任务描述

叠置分析是地理信息系统中常用的提取空间隐含信息的方法之一，叠置分析是将有关主题层组成的各个数据层面进行叠置产生一个新的数据层面，其结果综合了原来两个或多个层面要素所具有的属性。同时叠置分析不仅生成了新的空间关系，而且还将输入的多个数据层的属性联系起来产生新的属性关系。其中被叠加的要素层面必须是基于相同坐标系统的、基准面相同的、同一区域的数据。

相关知识

一、叠置分析的含义

叠置分析是指在统一空间参照系统条件下，每次将同一地区两个地理对象的图层进行叠合，以产生空间区域的多重属性特征，或建立地理对象之间的空间对应关系。叠置分析是地理信息系统最常用的提取空间隐含信息的手段之一。

二、矢量数据的叠置分析

1. 点与多边形叠置

点与多边形叠置，是指一个点图层与一个多边形图层相叠，往往是将其中一个图层的属性信息注入另一个图层中，然后更新得到新的数据图层。基于新数据图层，通过属性直接获得点与多边形叠加所需要的信息。

从根本上来说，点与多边形叠加时首先计算多边形对点的包含关系，矢量结构的 GIS 能够通过计算每个点相对多边形线段的位置，进行点是否在一个多边形中的空间关系判断；其次是进行属性信息处理，最简单的方式是将多边形属性信息叠加到其中的点上，或者点的属性叠加到多边形上，用于标识该多边形。通过点与多边形叠置可以查询每个多边形里有多少个点，以及落入各多边形内部点的属性信息。例如一个县各乡镇农作物产量图与该县的乡镇行政图进行重叠分析后，更新点属性表，可以计算各乡镇有多少种农作物及其产量，或者查询哪些农作物在哪些乡镇分布等信息。

2. 线与多边形叠置

线与多边形的叠置同点与多边形叠置类似，是指一个线图层与一个多边形图层相叠，通常是将多边形层的属性注入另一个图层中，然后更新得到新的数据图层。基于新数据图层，通过属性直接获得线与多边形叠加所需要的信息。

同样，线与多边形的叠加首先要比较线坐标与多边形坐标的关系，判断哪一条线落在哪一个或哪些多边形内，由于一条线常常跨越多个多边形，因此必须首先计算线多边形的交点，将原线分割为两个或两个以上落入不同多边形的新弧段。然后重建线的属性表，表中既包含每条新弧段原来所属的线的所有属性，也包含新添加的、所落入的多边形标识序号，以及该多边形的某些附加属性。例如河流网络与乡镇区划图进行叠置分析，这样河流网络图层中的各个河流的线属性表，将不仅包含原河流的信息，还含有该河流所在行政区的标号和其他信息，可以依次得到任意省市内的河流分布密度和长度等。

3. 多边形叠置

多边形叠置是 GIS 最常用的功能之一。多边形叠置是将两个或多个多边形图层进行叠置产生一个新多边形图层的操作，其结果是将原来多边形要素分割成新要素，新要素综合了原来两层或多层的属性。

叠加过程可分为几何求交过程和属性分配过程两步。几何求交过程首先求出所有多边形边界线的交点，再根据这些交点重新进行多边形拓扑运算，对新生成的拓扑多边形图层的每个对象赋一多边形唯一表示码，同时生成一个与新多边形对象一一对应的属性表。由于矢量结构的有限精度原因，几何对象不可能完全匹配，叠置结果可能出现一些碎屑多边形，通常可以设定一个模糊容限以消除它。

多边形叠置结果通常把一个多边形分割成多个多边形，属性分配过程最典型的方法是将输入图层对象的属性拷贝到新对象的属性表中，或把输入图层对象的标识作为外键，直接关联到输入图层的属性表。这种属性分配方法的理论假设是多边形对象内属性是均质的，将它们分割后，属性不变。也可以结合多种统计方法为新多边形赋属性值。

多边形叠置完成后，根据新图层的属性表可以查询原图层的属性信息，新生成的图层和其他图层一样可以进行各种空间分析和查询操作。

根据叠置结果最后欲保留空间特征的不同要求，一般的GIS软件都提供了三种类型的多边形叠置操作(表5-2)。

并：图层合并是通过把两个图层的区域范围联合起来而保持来自输入地图和叠加地图的所有地图要素。

交：交集操作是得到两个图层的交集部分，并且原图层的所有属性将同时在得到的新图层上显示出来。

擦除：输出层为保留以其中以输入图层为控制界之外的所有多边形。即：在将更新的特征加入之前，须将控制边界的内容删除。

多边形叠置广泛地应用于生活、科研、生产的各个方面。例如对于土地管理信息系统的用户，他们经常需要提取某个县、某些人口统计单元或水文区域内的土地利用数据，并进行面积统计。此时就需要把土地利用图与人口统计分区等图进行叠置。又如进行土地资源分析，还需要把土地利用图与人口统计分区等进行叠置。再如进行土地资源分析，还需要把土地利用图与土壤分布图、DTM模型的数据进行叠置，以得到一系列的分析结果，为土地利用规划等提供依据。

表5-2　　多边形的不同叠置方式

类型	输入图层	叠加图层	输出图层
并			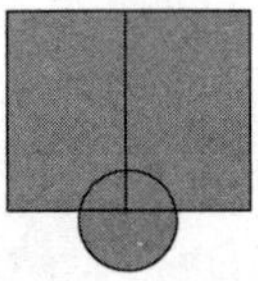
交	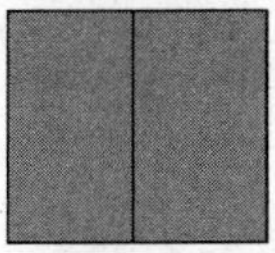		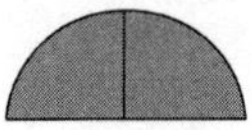
擦除	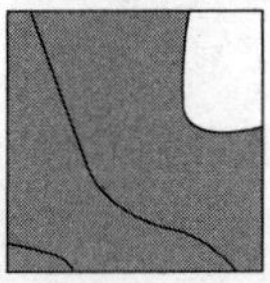		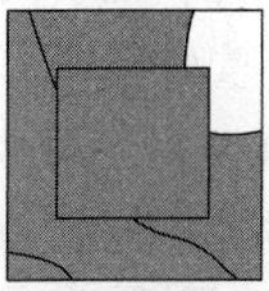

三、栅格数据的叠置分析

栅格数据由于其空间隐含属性信息明确的特点，可以看作是最为典型的数据层面，通过数学关系建立不同数据层面之间的联系是GIS提供的典型功能，空间模拟尤其需要通过各种各样的方式将不同的数据层面进行叠加运算，以揭示某种空间现象或空间过程。在栅格数据内部，叠加运算是通过像元之间的各种运算来实现的。设 $x_1, x_2, \cdots, x_n$ 分别表示第一层至第 n 层上同一坐标属性值，f 函数表示各层上属性与用户需求之间的关系，E 为叠置后属性输出层的属性值，即

$$E = f(x_1, x_2, \cdots, x_n) \tag{5-1}$$

叠加操作的输出结果可能是：

① 各层属性数据的算术运算结果；

② 各层属性数据的极值；

③ 逻辑条件组合；

④ 其他模型运算结果。

同矢量数据多边形叠置分析相比，栅格数据的更易处理，简单而有效，不存在破碎多边形的问题，因此栅格数据的叠置分析在各类领域应用极为广泛。栅格数据的叠置分析运算方法主要有以下几类。

（1）布尔逻辑运算

栅格数据一般可以按属性数据和布尔逻辑运算来检索，即这是一个逻辑选择的过程。设有 A、B、C 三个层面的栅格数据系统，一般可以用布尔逻辑算子以及运算结果的文氏图表示其一般的运算思路和关系。布尔逻辑运算为 AND、OR、XOR、NOT，如图 5-22 所示。

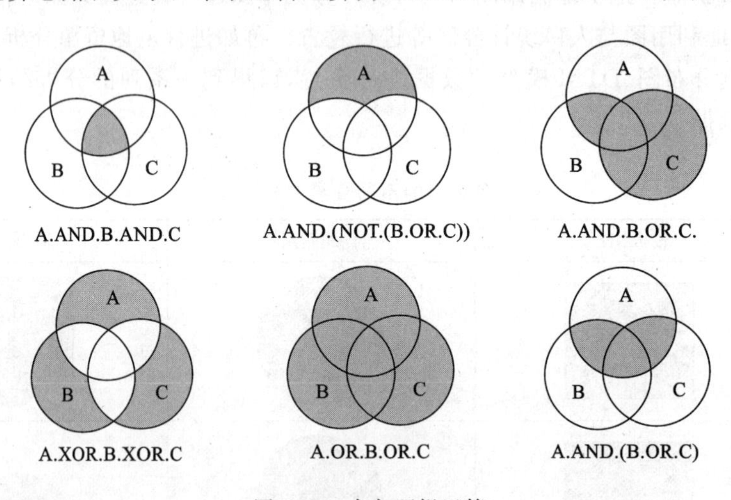

图 5-22 布尔逻辑运算

布尔逻辑运算可组合更多的属性作为检索条件，以进行更复杂的逻辑选择运算。

（2）重分类

重分类是将属性数据的类别合并或转换成新类。即对原来数据中的多种属性类型，按照一定的原则进行重新分类，以利于分析。重分类时必须保证多个相邻接的同一类别的图形单元获得相同的名称，并将图形单元合并，从而形成新的图形单元。

（3）数学运算复合法

指不同层面的栅格数据逐网格值经加、减运算，而得到新的栅格数据系统的方法。其主要类型有以下几种：

① 算术运算

指两个以上图层的对应网格值经加减运算，而得到新的栅格数据系统的方法。这种复合分析法具有很大的应用范围。

② 函数运算

指两个以上层面的栅格数据系统以某种函数关系作为复合分析的依据进行逐网格运算，从而得到新的栅格数据系统的过程。

这种复合叠置分析方法被广泛地应用到地学综合分析、环境质量评价、遥感数字图像处理等领域中。

例如利用土壤侵蚀通用方程式计算土壤侵蚀量时，就可利用多层面栅格数据的函数运算合复合分析法进行处理。一个地区土壤侵蚀量的大小是降雨(R)、植被覆盖率(C)、坡度(S)、坡长(L)、土壤抗蚀性(SR)等因素的函数。可写成

$$E = F(R, C, S, L, SR, \cdots) \tag{5-2}$$

类似这种分析方法在地学综合分析中具有广泛的应用前景。只要得到表达事物关系的各图层的函数关系式，便可运用以上方法完成各种人工难以完成的极其复杂的分析运算。例如，进行土地评价所涉及的多因素分析中可能包括土壤类型、土壤深度、排水性能、土壤结构以及地貌等各个数据层信息，如果直接对这些数据层上的属性值进行数学运算，得到的结果可能是毫无意义的，必须将其变成另一基本元素，(如果数值量化的土地适用性)后才能进行这种多因素分析的数学运算，其结果对土地评价有着重要的指导意义。

任务实施

一、任务内容

叠置分析是GIS用户经常用以提取数据的手段之一。通过对以上空间数据叠置分析基础知识的学习，在MapGIS平台上完成叠置分析。

二、任务实施步骤

空间叠置分析包括区对区叠置分析、线对区叠置分析、点对区叠置分析，但在分析时都要遵循如下的规律：

文件A(包括图形和属性)＋文件(包括图形和属性)＝文件C(包括图形和属性)

其中文件C的图形类型与文件A的图形相同，文件C的属性则是文件A与文件B属性的综合。

例如：若文件A是点文件，则文件C的类型也是点文件；若文件A是线文件，则文件C也是线文件。依此类推，若文件A是面文件，则文件C是面文件。

下面以两个区文件的合并分析为例进行讲解。其操作步骤如下：

① 装入文件。执行如下命令：空间分析→文件→装区文件，分别装入CU. WP和FE. WP两个区文件。

② 浏览文件属性。执行如下命令：属性分析→浏览属性，分别浏览到文件CU. WP和FE. WP的属性，如图5-23、图5-24所示。

③ 区对区合并分析。执行如下命令：空间分析→区对区合并分析，系统弹出“选择叠置文件”对话框，分别选择CU. WP和FE. WP，单击“确定”按钮，如图5-25所示。

④ 模糊半径设置。系统弹出“设置模糊半径”对话框，这里按照默认设置，单击“OK”按钮；

D：\DATA\GISDATA10.2\CU.WP

O结束 L联动 G转至... M屏蔽字段 V可视化图元

序号	ID	面积	周长	异常值
1	1	10879.000000	400.232278	40.00
2	2	11926.000000	430.570205	60.00

图 5-23 CU. WP 的属性

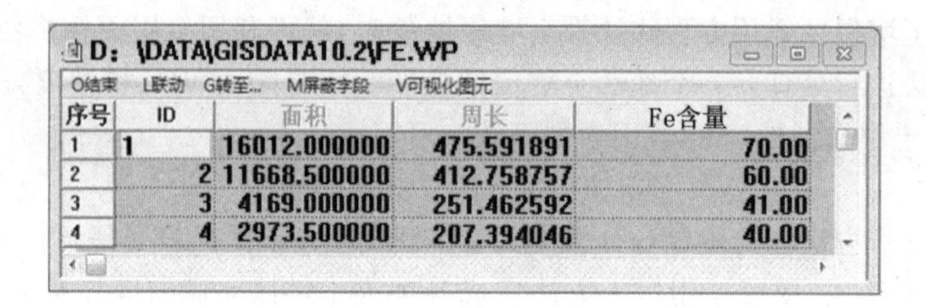

D：\DATA\GISDATA10.2\FE.WP

O结束 L联动 G转至... M屏蔽字段 V可视化图元

序号	ID	面积	周长	Fe含量
1	1	16012.000000	475.591891	70.00
2	2	11668.500000	412.758757	60.00
3	3	4169.000000	251.462592	41.00
4	4	2973.500000	207.394046	40.00

图 5-24 FE. WP 的属性

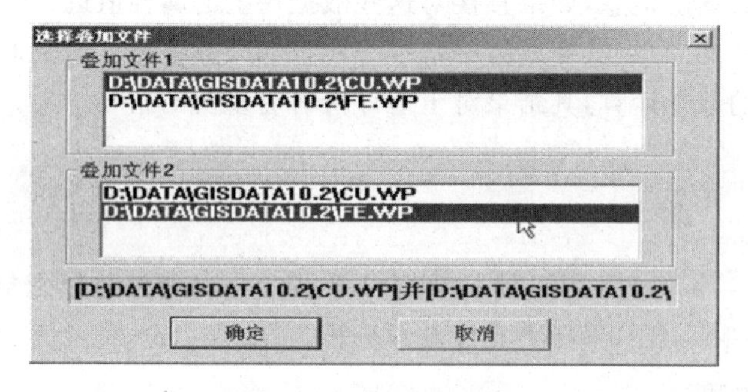

图 5-25 叠置文件选择

⑤ 保存分析结果。系统提示保存结果文件，保存为“合并. WP”；合并结果如图 5-26 所示。可以看出，系统自动将 CU. WP 和 FE. WP 进行叠置分析并生成一个新的综合文件，且该文件的类型与 CU. WP 相同，是区文件，而且区是既属于 CU. WP 又属于 FE. WP 的那一部分区。

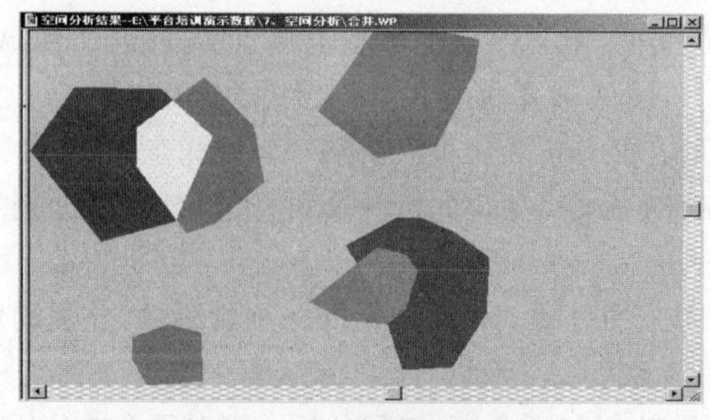

图 5-26 空间叠置分析结果

⑥ 浏览合并文件属性。执行命令：属性分析→浏览属性，可看出合并。WP 的属性是 CU. WP 和 FE. WP 的综合，如图 5-27 所示。

E：\平台培训演示数据\7、空间分析\CU.WP

O结束　L联动　G转至…　M屏蔽字段　V可视化图元

序号	ID	面积	周长	CU含量	RegNo	ID0	面积0	周长0
1	1	6456.378845	395.412950	40.00	0	0	0.000000	0.000000
2	2	11589.378845	480.411220	0.00	1	1	16012.000000	475.591891
3	1	4422.621155	280.338265	40.00	1	1	16012.000000	475.591891
4	4	11668.500000	412.758757	0.00	2	2	11668.500000	412.758757
5	2	2157.317659	193.467990	60.00	3	3	4169.000000	251.462592
6	2	9768.682341	493.115352	60.00	0	0	0.000000	0.000000
7	7	2011.682341	188.917445	0.00	3	3	4169.000000	251.462592
8	8	2973.500000	207.394046	0.00	4	4	2973.500000	287.394046

图 5-27　空间分析结果的属性

其他的区空间分析、线空间分析及点空间分析的方法与区对区的合并分析是相同的。

技能训练

某地区遭受洪涝灾害，给居民生活和财产造成巨大损失，如图 5-28 所示，运用叠置分析的知识，进行以下分析：

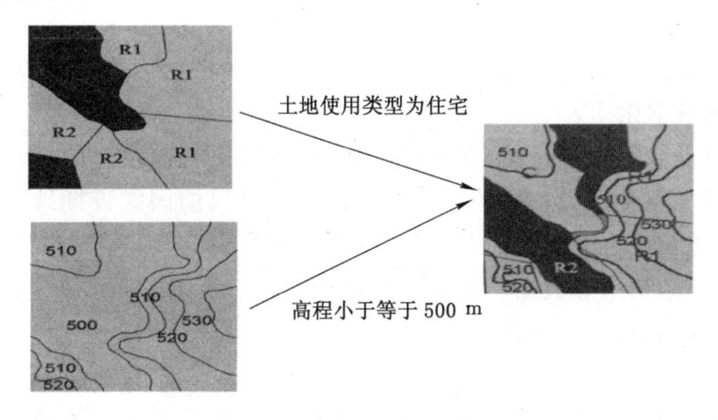

图 5-28　叠置分析显示

① 确定洪水淹没的范围，高程大于 300 m 的地区不受洪水的淹没；

② 确定淹没范围内房屋的位置、类型及面积；

③ 确定淹没范围内农作物的损失情况。

思考练习

1. 什么是叠置分析？简单说明它有哪些用途。

2. 叠置分析的种类有哪些？各举一个实例说明。

3. 结合实例，简述叠置分析的实施过程和步骤。

任务四　数字高程模型分析

任务描述

数字高程模型(digital elevation model，DEM)主要用于描述地貌起伏情况，可以用于各种地形提取，如坡度、坡向等，并可进行可视化分析等应用分析，在测绘、资源与环境、灾害防治、国防、军事指挥等地形分析相关的科研及国民经济各领域发挥着越来越重要的作用。

相关知识

一、DTM 及 DEM 概述

数字地形模型(digital terrain model,DTM)是利用一个任意坐标场中大量已知的 x,y,z 坐标点,对连续地面的一个简单的统计表示,是带有空间位置特征和地形特征的数字描述。地形属性特征包括高程、坡度、土地利用、降雨等地面特征。

数字高程模型是通过有限的地形高程数据实现对地形曲面的数字模拟,它是对二维地理空间上具有连续变化特征地理现象的模型化表达和过程模拟。

二、DEM 的数据及获取

DEM 最主要的数据源是从现有地形图形数据、地面测量或解析航空摄影测量得到的数字化图(DLG)获得,此外,地面测量、声呐测量、雷达和扫描仪数据也可作为 DEM 的数据来源。其数据获取的主要方法有以下几种:

(1) 直接地面测量

直接利用 GPS、全站仪等在野外实测,量测计算目标点的 x,y,z 三维坐标。这种方法适用于建立小范围大比例尺(比例尺大于 1∶5 000)区域的 DEM,对高程的精度要求较高。

(2) 现有地图数字化

这是利用数字化仪对已有地图上的信息(如等高线)进行数字化的方法,目前常用的数字化仪有手扶跟踪数字化仪和扫描数字化仪。以大比例尺的国家近期地形图为数据源,采用数字化的方法,采集已有地图上的有关信息(如等高线、高程值),从中量取中等密度地面点集的数据,并采集附加地形数据。该方法适用于各种尺度 DEM 的建立,但其所表示的集合精度内容详尽程度有很大差别。

(3) 数字摄影测量方法

这是 DEM 数据采集最常用的方法之一。由航空或航天遥感立体像对,用摄影测量的方法沿等高线、断面线、地性线等进行采样或者直接进行规则格网采样,量取密集点的数据(平面坐标 x,y 和高程 z)。该方法适用于高精度大范围的 DEM 的建立。

(4) 空间传感器数据采样

利用全球定位系统 GPS,结合雷达和激光测高仪等进行数据采集。LIDAR(light detection and ranging)也叫机载激光雷达,是一种安装在飞机上的机载激光探测和测距系统,是一种新型的快速测量系统,可以全天候、全天时、高速获取、高精度直接联测地面物体各个点的三维坐标。

三、DEM 的主要表示模型

(1) 等高线模型

等高线模型表示高程,高程值的集合是已知的,每一条等高线对应一个已知的高程值,这样一系列的等高线集合和它们的高程值就一起构成了一种地面高程模型。如图 5-29 所示。

等高线通常被存成一个有序的坐标点对序列,可以认为是一条带有高程值属性的简单多边形或多边形弧段。由于等高线模型只表达了对区域的部分高程值,往往需要一种插值方法来计算落在等高线外的其他点的高程,又因为这些点是落在等高线包围的区域内,所以,通常只是用外包的两条等高线的高程进行插值。

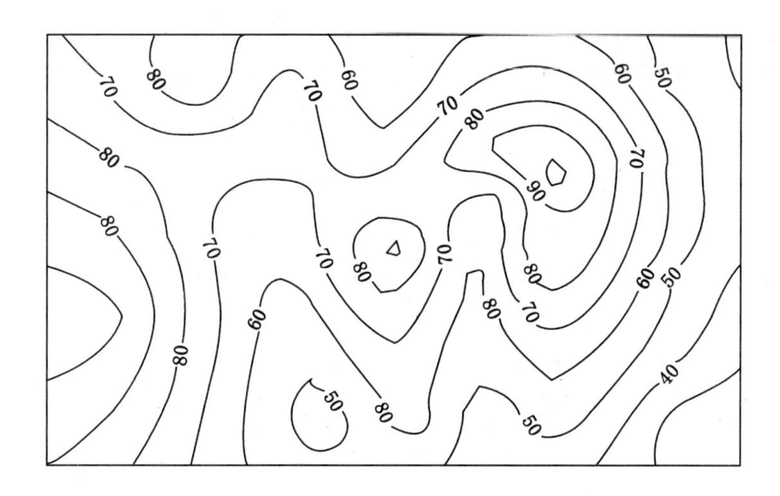

图 5-29　等高线

（2）规则格网模型

规则网格，通常是正方形，也可以是矩形、三角形等规格网格。规则网格将区域空间切分为规则的格网单元，每个格网单元对应一个数值。数学上可以表示为一个矩阵，在计算机实现中则是一个二维数组。每个格网单元或数组的一个元素对应一个高程值，如图 5-30 所示。

91	78	63	50	53	63	44	55	43	25
94	81	64	51	57	62	50	60	50	35
100	84	66	55	64	66	54	65	57	42
103	84	66	56	72	71	58	74	65	47
96	82	66	63	80	78	60	84	72	49
91	79	66	66	80	80	62	86	77	56
86	78	68	69	74	75	70	93	82	57
80	75	73	72	68	75	86	100	81	56
74	67	69	74	62	66	83	88	73	53
70	56	62	74	57	58	71	74	63	45

图 5-30　格网 DEM

对于每个网格的数值有两种不同的解释。第一种是网栅格观点，认为该网格单元的数值是其中所有点的高程值，即格网单元对应的地面面积内高程是均一的高度，这种数字高程模型不是一个不连续的函数。第二种是点栅格观点，认为该网格单元数值是网络中心点的高程或该网格单元的平均高程值，这样就需要用一种插值方法来计算每个点的高程。计算任何不是网络中心的数据点高程值，使用周围四个中心点的高程值，采用距离加权平均方法进行计算，当然也可以使用样条函数和克里金插值方法。

格网 DEM 的优点有：① 数据结构简单，便于管理；② 便于地形分析，以及制作立体图。

格网 DEM 的缺点有：① 格网点高程的内插会损失精度；② 不能准确表示地形的结构和细部（为避免这些问题，可采用附加地形特征数据，如地形特征点、山脊线、谷底线、断裂线，以描述地形结构）；③ 如不改变格网大小，难以表达复杂的地表形状；④ 简单地区存在大量冗余数据；⑤ 对某些计算，如通视问题，过分强调网格的轴方向。

（3）不规则三角网模型

不规则三角网(triangulated irregular network,TIN)是另一种表示数字高程模型的方法,它是直接利用不规则分布的原始采样点进行表面重建,由连续的相互连接的三角形组成,如图 5-31 所示,三角形的形状和大小取决于不规则分布的采样点的密度和位置。

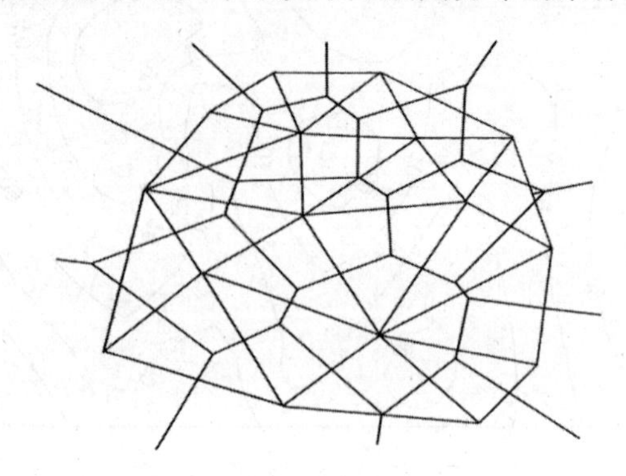

图 5-31 不规则三角网

不规则三角网法随地形的起伏变化而改变采样点的密度和决定采样点的位置。因此,它既减少了规则格网方法带来的数据冗余,又能按照地形特征点、地形特征线等表示 DEM 的特征。

不规则三角网模型表示的优点有:① 能充分利用地貌特征点、线较好地表示复杂地形。② 可根据不同地形,选取合适的采样点数。③ 进行地形分析和绘制立体图很方便。

(4) 层次地形模型

层次地形模型(layer of details,LOD)是一种表达多种不同精度水平的数字高程模型。大多数层次模型是基于不规则三角网模型的,通常不规则三角网的数据点越多精度越高,数据点越少精度越低,但数据点多则要求更多的计算资源。所以如果在精度满足要求的情况下,最好使用尽可能少的数据点。层次地形模型允许根据不同的任务要求选择不用精度的地形模型。层次模型的思想很理想,但在实际运用中必须注意几个重要的问题:

① 层次模型的存储问题,很显然,与直接存储不同,层次的数据必然导致数据冗余。

② 自动搜索的效率问题,例如搜索一个点可能先在最粗的层次上搜索,再在更细的层次上搜索,直到找到该点。

③ 三角网形状的优化问题,例如可以使用 Delaunay 三角剖分算法。

④ 模型可能允许根据地形的复杂程度采用不同详细层次的混合模型,例如,对于飞行模型,近处时必须显示比远处更为详细的地形特征。

⑤ 在表达地貌特征方面应该一致,例如,如果在某个层次的地形模型上有一个明显的山峰,在更细层次的地形模型上也应该有这个山峰。

这些问题目前还没有一个公认的最好的解决方案,仍需进一步深入研究。

四、DEM 分析

1. 基于 DEM 的信息提取

(1) 坡度、坡向

坡度定义为水平面与局部地表之间的正切值。它包含两个成分:斜度——高度变化的最大值比率(常称为坡度);坡向——变化比率最大值的方向。地貌分析还可能用到二阶差分凹率和凸率。比较通用的度量方法是：斜率用百分比度量，坡向按从正北方向起算的角度测量，凸度按单位距离内斜度的度数测量。

坡度和坡向的计算通常使用 3×3 窗口，窗口在 DEM 高程矩阵中连续移动后，完成整幅图的计算。坡度的计算如下

$$\tan\beta = [(\sigma_z/\sigma_x)^2 + (\sigma_z/\sigma_y)^2]^{1/2} \tag{5-3}$$

坡向计算如下：

$$\tan A = (-\sigma_z/\sigma_y)/(\sigma_z/\sigma_x) \quad (-\pi < A < \pi) \tag{5-4}$$

为了提高计算速度和精度，GIS 通常使用二阶差分计算坡度和坡向，最简单的有限二阶差分法是按下式计算点(i,j)在 x 方向的斜度：

$$(\sigma_z/\sigma_x)_{ij} = (z_{i+1} - z_{i-1})/2\sigma_x \tag{5-5}$$

式中，σ_x 是格网间距（沿对角线时 σ_x 应乘以$\sqrt{2}$）。这种方法计算各方向的斜度，运算速度也快得多。但地面高程的局部误差将引起严重的坡度计算误差，可以用数字分析方法来得到更好的结果。用数字分析方法计算东西方向坡度公式如下：

$$(\sigma_z/\sigma_x)_{ij} = \frac{(z_{i+1,j+1} + 2z_{i+1,j} + z_{i+1,j-1}) - (z_{i-1,j+1} + 2z_{i-1,j} + z_{i-1,j-1})}{8\sigma_x} \tag{5-6}$$

同理可以写出其他方向的坡度计算公式。

（2）剖面积、体积

① 剖面积。根据工程设计的线路，可计算其与 DEM 各格网边交点 $P_i(X_i, Y_i, Z_i)$，则线路剖面积为：

$$S = \sum_{i=1}^{n-1} \frac{Z_i + Z_{i+1}}{2} \cdot D_{i,i+1} \tag{5-7}$$

其中，n 为交点数；$D_{i,i+1}$为 P_i与 P_{i+1}之距离。同理可计算任意横断面及其面积。

② 体积。DEM 体积由四棱柱（无特征的格网）与三棱柱体积进行累加得到，四棱柱体上表面用抛物双面拟合，三棱柱体上表面用斜平面拟合，下表面均为水平面或参考平面，计算公式分别为：

$$V_3 = \frac{Z_1 + Z_2 + Z_3}{3} \cdot S_3$$

$$V_4 = \frac{Z_1 + Z_2 + Z_3 + Z_4}{4} \cdot S_4 \tag{5-8}$$

其中 S_3与 S_4分别是三棱柱与四棱柱的底面积。

根据两个 DEM 可计算工程中的挖方、填方及土壤流失量。

2. 基于 DEM 的可视化

（1）剖面分析

研究地形剖面，常常可以以线代面，研究区域的地貌形态、轮廓形状、地势变化、地质构造、斜坡特征、地表切割强度等。如果在地形剖面上叠置上其他地理变量，例如坡地、土壤、植被、土地利用现状等，可以作为土地利用规划、工程选线和选址等的决策依据。

坡度图的绘制应在格网那个 DEM 或三角网 DEM 上进行。已知两点的坐标 $A(x_1, y_1)$，$B(x_2, y_2)$，则可求出两点连线与格网或三角形的交点，以及各交点之间的距离。然后按选定的垂直比例尺和水平比例尺，按距离和高程绘出剖面图，如图 5-32 所示。

在格网或三角网交点的高程通常可采用简单的线性内插算出，且剖面图不一定必须沿

直线绘制，也可沿一条曲线绘制，但其绘制方法仍然是相同的。

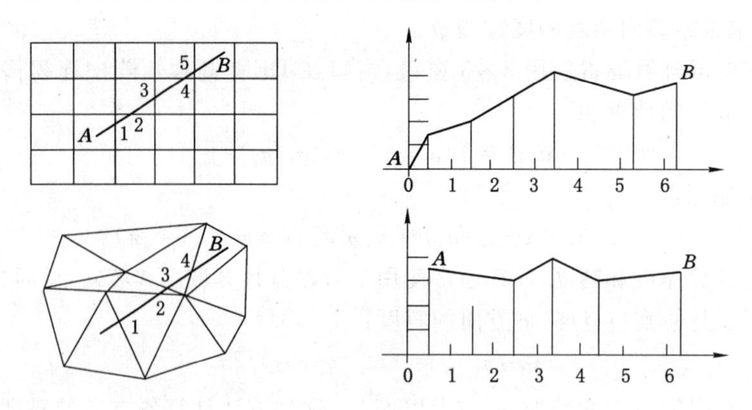

图 5-32 剖面图绘制示意图

(2) 通视分析

通视分析是指某一点为观察点，研究某一区域通视情况的地形分析。通视问题可以分为5类：① 已知一个或一组观察点，找出某一地形的可见区域；② 欲观察到某一区域的全部地形表面，计算最少观察点数量；③ 在观察点数量一定的前提下，计算能获得的最大观察区域；④ 以最小代价建造观察塔，要求全部区域可见；⑤ 在给定建造代价的前提下，求最大可见区域。

通视分析的核心是通视图的绘制。绘制通视图的基本思路是：以 O 为观察点，对格网DEM或三角网DEM上的每个点判断通视与否，通视赋值为1，不通视赋值为0。由此可形成属性值为0和1的格网或三角网。对此以0.5为值追踪等值线，即得到以 O 为观察点的通视图。因此，判断格网或三角网上的某一点是否通视成为关键。

另一种利用DEM绘制通视图的方法是，以观察点 O 为轴，以一定的方位角间隔算出0°～360°的所有方位线上的通视情况。对于每条方位线，通视的地方绘线，不通视的地方断开，或相反。这样可得出射线状的通视图，其判断通视与否的方法与前述类似。

根据问题输出维数不同，通视可分为点的通视、线的通视和面的通视。点的通视是指计算视点与待判定点之间的可见性问题；线的通视是指已知视点，计算视点的视野问题；区域的通视是指已知视点，计算视点能可视的地形表面区域集合的问题。基于格网DEM模型与基于TIN模型的DEM计算通视的方法差异很大。

① 点对点通视。基于格网DEM的通视问题，为了简化问题，可以将格网点作为计算单位。这样点对点的通视问题简化为离散空间直线与某一地形剖面线的相交问题，如图5-33所示，图上灰色区域为不可见区域。

② 点对线通视。点对线的通视，实际上就是求点的视野。应该注意的是，对于视野线之外的任何一个地形表面上的点都是不可见的，但在视野线内的点有可能可见，也可能不可见。

③ 点对区域通视。点对区域的通视算法是点对点算法的扩展。与点到线通视问题相同，P 点沿数据边缘顺时针移动。逐点检查视点至 P 点的直线上的点是否通视。一个改进的算法思想是，视点到 P 点的视线遮挡点，最有可能是地形剖面线上高程最大的点。因此，可以将剖面线的点按高程值进行排序，按降序依次检查排序后每个点是否通视，只要有一个

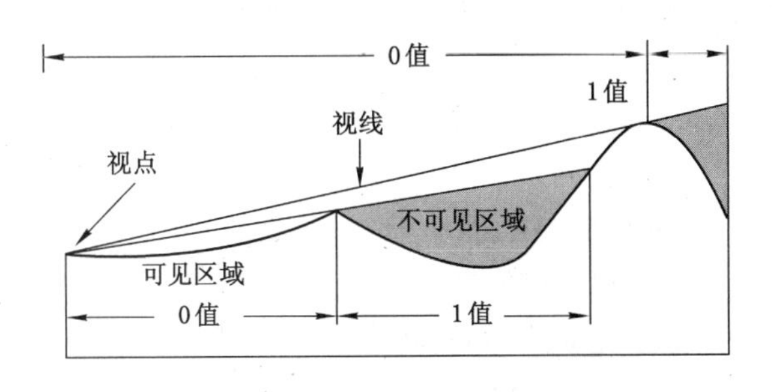

图 5-33 通视分析

点不满足通视条件,其余点不再检查。点对区域的通视实质仍是点对点的通视,只是增加了排序过程。

五、DEM 应用

DEM 应用广泛,其中最重要的一些用途是:

(1) 在国家数据库中存储数字地形图的高程数据。

(2) 计算道路设计、其他民用和军事工程中挖填土石方量。

(3) 为军事目的(武器导向系统、驾驶训练)的地表景观设计与规划(土地景观构筑)等显示地形的三维图形。

(4) 越野通视情况分析(也是为了军事和土地景观规划等目的)。

(5) 规划道路线路、坝址选择等。

(6) 不同地面的比较和统计分析。

(7) 计算坡度、坡向图,用于地貌的坡度剖面图。帮助地貌分析,估计侵蚀和径流等。

(8) 显示专题信息或是将地形起伏数据与专题数据如土壤、土地应用、植被等进行组合分析。

(9) 提供土地景观和景观处理模型的影像模拟需要的数据。

(10) 用其他连续变化的特征代替高程后,DEM 还可以表示如下一些表面:通行时间和费用、人口、直观风景标志、污染情况、地下水水位等。

任务实施

一、任务内容

在整个人类社会的发展过程中,人们一直致力于三维空间的表达。MapGIS 中的 DEM 高程库数据组织方式能够有效地调动和使用地形数据,使其较好地满足实时建立地形的层次细节模型的需求,提高数据处理的速度,从而达到对整个地形数据的无缝漫游。通过对以上数字高程模型分析基础知识的学习,创建带高程属性值的 CONLINE. WL 等高线数据,在 MapGIS 平台上完成数字高程模型的建立及分析。

二、任务实施步骤

1. 数据处理

(1) 加载数据。执行如下命令:空间分析→DTM 分析→文件→打开数据文件→线数据文件,加载 CONLINE. WL。

(2) 离散化等高线。执行如下命令:处理点线→线数据高程点提取,生成离散数据,如图 5-34 所示。

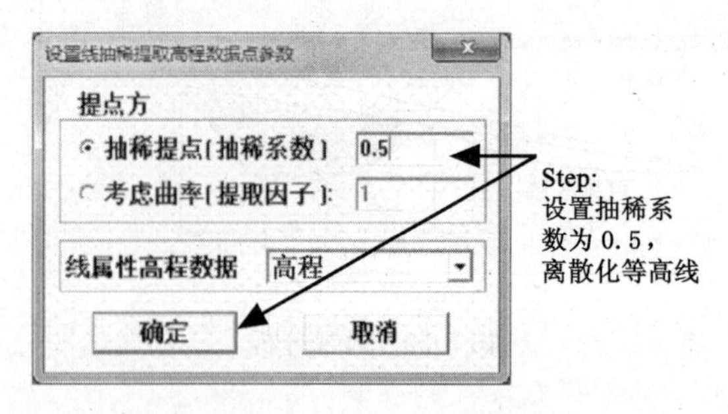

图 5-34 离散化等高线

2. 高程剖面线生成

执行如下命令:模型应用→高程剖面解析→交互造线,在视图窗口任意位置点击鼠标,此时系统会弹出坐标显示框,如图 5-35 所示,点击"确定"后,再选择第二点完成剖面线指定,并将此剖面线保存,文件名命名为"剖面线",在弹出的剖面线分析参数设置对话框(图 5-36)中,选择"仅处理剖面",得到剖面图的效果图。如图 5-37 所示。

图 5-35 采集剖面点的坐标值

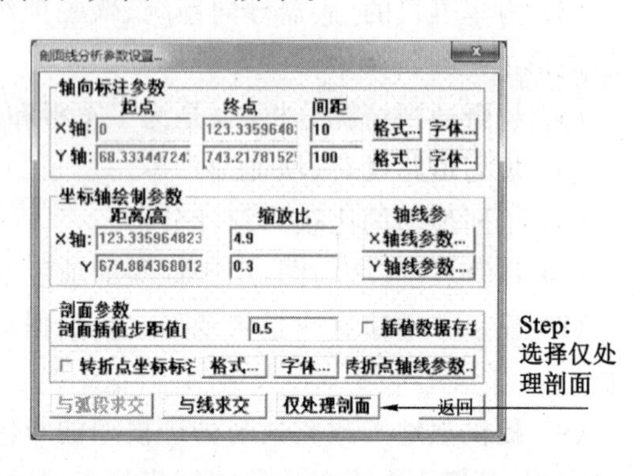

图 5-36 剖面线分析参数设置

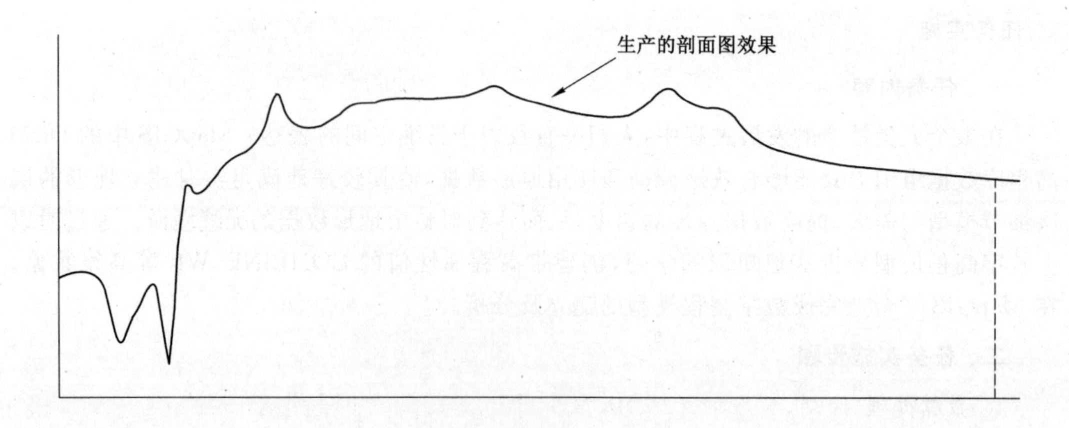

图 5-37 剖面图效果

保存剖面图的线文件和点文件，文件图均为“剖面图”。

3. GRD模型生成

(1) 离散数据网络化。执行如下命令：GRD模型→离散数据网络化，网络化处理离散数据，如图5-38所示。

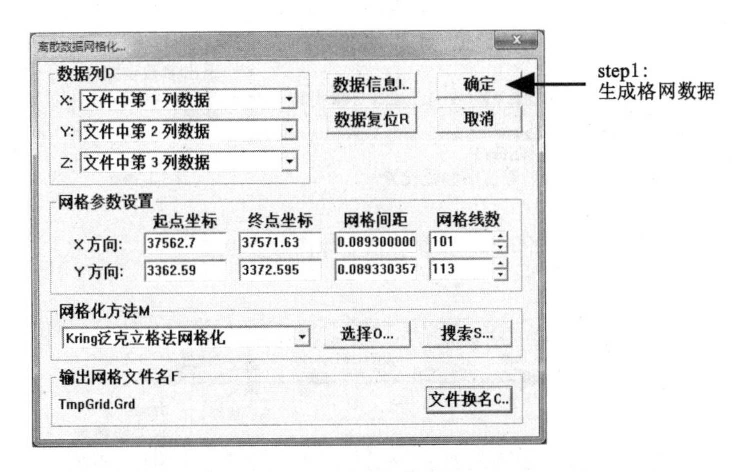

图5-38　离散数据网格化

(2) 彩色等值立体图绘制。执行如下命令：GRD模型→彩色等值立体图绘制，具体操作过程如图5-39、图5-40、图5-41、图5-42所示。

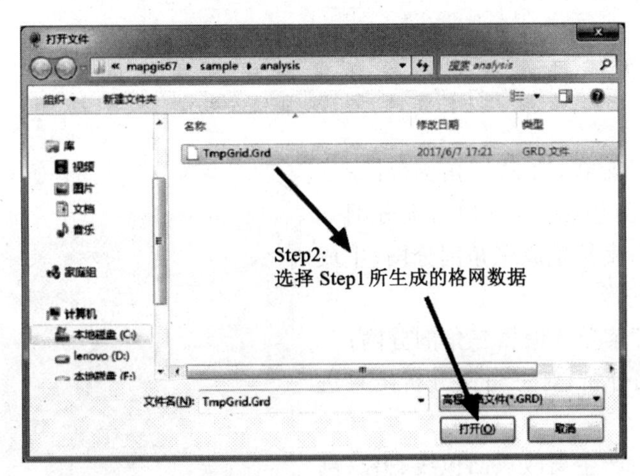

图5-39　打开格网数据

(3) 保存立体图。执行如下命令：文件→数据存于→点数据文件，文件命名为“等值线立体图”。以同样方式分别保存线和区文件，文件名均为“等值线立体图”。

■ 技能训练

(1) 通过外业实测、栅格图矢量化等多种方式得到DEM数据，建立不规则三角网DEM。

① 选择“DTM”模块→“文件”菜单→装入TIN数据或DET数据；

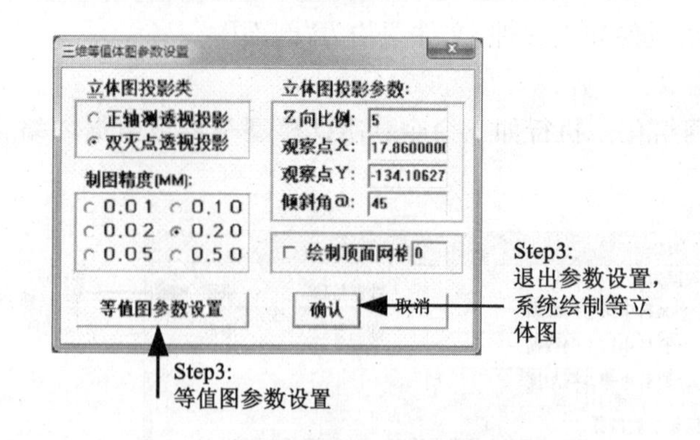

图 5-40 三维等值立体图参数设置

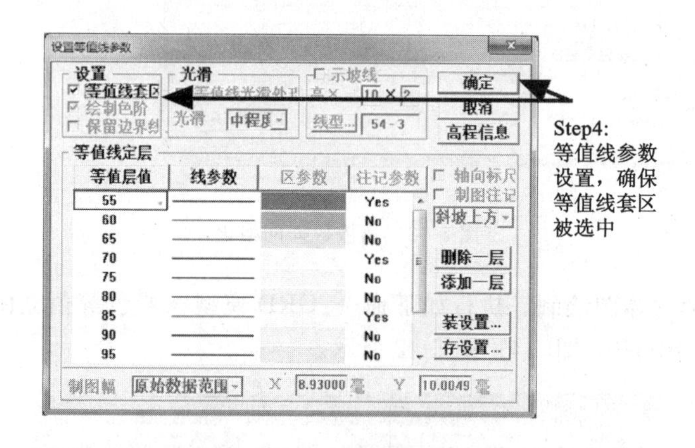

图 5-41 设置等值线参数

② “TIN 模型”菜单→生成三角剖分网；

生成三角剖分网包括：生成初始剖分网→再优化三角剖分网；直接生成三角剖分网；生成约束三角剖分网。

③ “TIN 模型”菜单→编辑三角剖分网；

④ 三角剖分网分析，对三角网分析结果进行处理。

剖分分析包括：产生离散点凸包线、追踪剖分等值线、三角高程网络化、剖分坡元图绘制、部分坡向分布图绘制、坡分坡度分级图绘制。

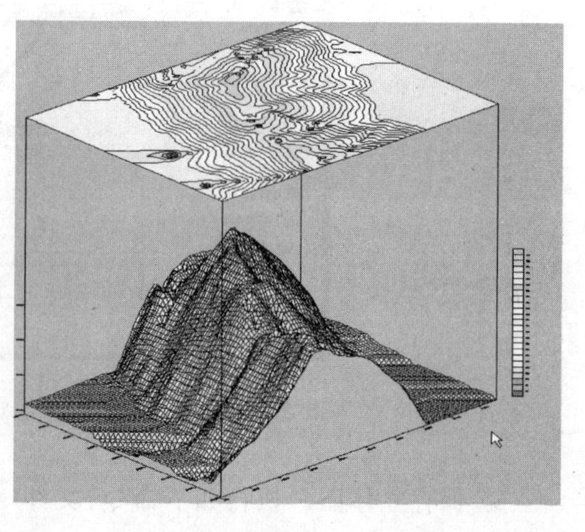

图 5-42 等值线立体图效果

（2）在以上训练的基础上，应用“DTM”模块→“模型应用”菜单功能，完成以下模型应用。

① 蓄积量/表面积计算；

② 高程剖面分析；

③ 可视性分析；

④ 生成剖分泰森多边形和分类泰森多边形；

⑤ 高程点标注制图和高程点分类标注制图；

⑥ 平面数据展布标注制图和平面数据展布分类标注制图等。

思考练习

1. 简述规则网 DEM 和 TIN 的数字地形分析的主要内容，并比较它们的异同。
2. 简述 DEM 数据源及其特点。
3. DEM 在 GIS 空间数据与空间分析中的地位与作用是什么？
4. 如何借助等高线数据生成 TIN 模型？借助 TIN 模型可以绘制哪些图件？

任务五　空间网络分析

任务描述

对地理网络（如交通网络）、城市基础设施网络（如各种网线、电力线、电话线、供排水管线等）进行地理分析和模型化，是地理信息系统中网络分析的主要运用。网络分析的根本目的是研究、筹划一项网络工程如何安排，并使其运行效果最好，如路径分析、资源分配和最佳选址等。其基本思想是人类活动总是趋于按一定目标选择达到最佳效果的空间位置。这类问题在社会经济活动中不胜枚举，因此在地理信息系统中此类问题的研究具有重要意义。

相关知识

一、网络分析基础

1. 网络组成

网络是现实世界中，由链和节点组成的、带有环路，并伴随着一系列支配网络中流动制约束条件的线网图形。它是现实世界中的网装系统抽象表示，可以模拟交通网、通信网、地下水管网、天然气等网络系统。网络的基本组成部分和属性如图 5-43 所示。

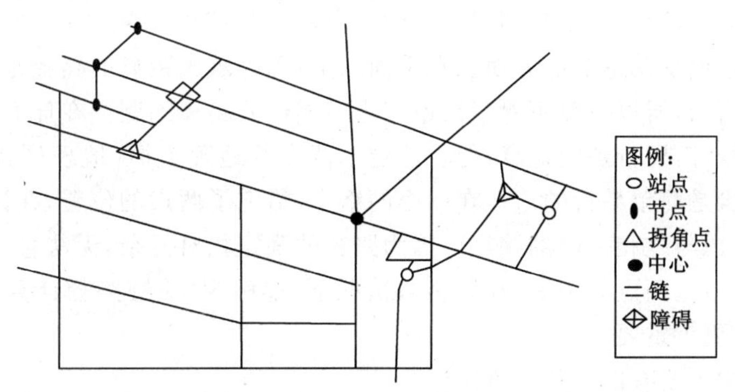

图 5-43　空间网络的构成元素

(1) 线状要素

网络中流动的管线，是构成网络的骨架，也是资源或通信联络的通道，包括有形物体如街道、河流、水管、电缆线等，无形物体如无线点通信网络等，其状态属性包括阻力和需求。

(2) 点状要素

① 障碍：禁止网络中链上流动的，或对资源或通信联络起阻断作用的点。

② 拐角点:出现在网络链中所有的分割节点上状态属性的阻力,如拐弯的时间和限制(如在8:00到18:00不允许左拐)。

③ 节点:网络链与网络链之间的节点连接点,位于网络链的两端,如车站、港口、电站等,其状态属性包括阻力和需求。

④ 中心:是接受或分配资源的位置,如水库、商业中心、电站等。其状态属性包括资源容量(如总的资源量)、阻力限额(如中心与链之间的最大距离或时间限制)。

⑤ 站点:在路径选择中资源增减的站点,如库房、汽车站等,其状态属性有要被运输的资源需求,如产品数。

除了基本组成部分外,有时还要增加一些特殊结构,如用来辅助进行路径分析等的邻接点链表。

2. 网络中的属性

每种网络要素都有许多相联系的属性,如道路宽度、名称等。在网络分析中有非常重要的三个属性:

(1) 阻碍强度

指资源在网络中运移时所受阻力的大小,如花费的时间、费用等。它用于描述链、拐弯、资源中心、站点所具有的属性。

(2) 资源需求量

指网络中与弧段和停靠点相联系资源的数量。如在供水网络中每条沟渠所载的水量;在城市网络中沿每条街道所住的学生数;在停靠站点装卸货物的件数等。

(3) 资源容量

指网络为了满足各弧段的需求,能够容纳或提供的资源总数量。如学校的容量(指学校能注册的学生总数)、停车场能停放机动车辆的空间、水库的总容量。

二、路径分析

在任何定义域上,距离总是指两点或其他对象间的最短的间隔,同时在讨论距离时,定义这个距离的路径也是其重要的方面。在平面域上,因为欧氏距离的路径是一条直线,对它的确定是直截了当的,所以一般不专门讨论与距离相连的路径问题。在球面上,与距离相连的路径是大圆航线,需要特别的计算,但在给定了两点的地理坐标(地理位置)后,这个路径的计算是基本的也是简单易行的。但在一个网络上,给定了两点的位置,在计算两点间的距离时,必须同时考虑与之相关联的路径。因为路径的确定相对复杂,无法直接计算。这就是为什么"计算机网络上两点的距离"在大多数情况下,都称为"最短路径计算"。在这里,"路径"显然比"距离"更为重要。

在路径分析中主要有以下几种方法:

① 静态最佳路径:由用户确定权值关系后,即给定每条弧段的属性,当需求最佳路径时,读出路径的相关属性,求最佳路径。

② 动态分段技术:给定一条路径由多段联系组成,要求标注出这条路上的千米点或要求定位某一公路上的某一点,标注出某条路上从某千米数到另一千米数的路段。

③ 最佳路径分析:确定起点、终点,求代价较小的几条路径,因为在实践中往往仅求出最佳路径并不能满足要求,可能因为某种因素不走最佳路径,而走近似最佳路径。

④ 最短路径:确定起点、终点和所要经过的中间点、中间连线,求最短路径。

⑤ 动态最佳路径分析：实际网络分析中，权值是随着权值关系式变化的，而且可能会临时出现一些障碍点，所以往往需要动态地计算最佳路径。

三、资源分配

资源分配就是为网络中的网线寻找最近（这里的远近是按权值或称阻碍强度的大小来确定的）的中心（资源发散地）。例如，资源分配能为城市中的每一条街道确定最近的消防站，为一条街道上的学生确定最近的学校，为水库提供其供水区。资源分配模拟资源是如何在中心（学校、消防站、水库等）和它周围的网线（街道、水路等）间流动的。

资源分配根据中心容量及网线的需求将网线分配给中心，分配是沿最佳路径进行的。如网线被分配给某个中心，该中心拥有的资源量就依据网线的需求而缩减，如中心的资源耗尽，分配就停止。

网络中同时存在多个中心时，如果实施资源分配，既可以使各个中心同时进行分配，也可以赋予各中心不同的先后次序，中心的延迟量就体现了这种次序。延迟量为零的中心总是最先开始分配；如果某中心延迟量为 $D>0$，则只有当其他某个中心分配资源时延伸出的路径权值达到 D 后，这个中心才能开始分配它的资源。

四、最佳选址

选址功能是指在一定约束条件下、在某一指定区域内选择设施的最佳位置。它本质上是资源分配分析的延伸，例如连锁超市、邮筒、消防站、飞机场、仓库等的最佳位置的确定。在网络分析中的选址问题一般限定设施必须位于某个节点或某条链上，或者限定在若干候选地点中。

五、地址匹配

地址匹配实质是对地理位置的查询，它涉及地址的编码。地址匹配与其他网络分析功能结合起来，可以满足实际工作中非常复杂的分析要求。所需输入的数据，包括地址表和含地址范围的街道网络及待查询地址的属性值。这种查询也经常用于公用事业管理、事故分析等方面，如邮政、通信、供水、供电、治安、消防、医疗等领域。

任务实施

一、任务内容

MapGIS 网络管理分析子系统为管理各类网络提供方便的手段，通过对以上网络分析基础知识的学习，建立 ROAD1. WN、ROAD2. WN 和 ROAD3. WN 三个网络文件，在 MapGIS 平台上分别完成路径分析、资源分配和定位分配。

二、任务实施步骤

1. 路径分析

路径分析功能包括三个方面：求最短路径、求最佳路径和求游历方案。

(1) 寻找最短路径

① 打开 MapGIS 网络分析模块，装入已编辑好的街道网络文件 ROAD1. WN。

② 执行如下命令：分析→路径分析，利用鼠标选择路径经过的多个节点，单击鼠标右键，弹出“路径分析”对话框。如果不考虑网络权值、障碍、转角权值、迂回等因素的影响，寻找的是最短路径，如图 5-44 所示。系统找到最短路径后将要求用户指定路径以怎样的图形

参数来显示，并通过“路径详情”对话框报告此路径的详细情况，如图 5-45 所示。然后系统将该路径存储到网络工作区内，并在网络中显示路径，如图 5-46 所示。

(2) 寻找最佳路径

与寻找最短路径的方法相同，仅需在“路径分析”对话框中，通过选中网线权值、障碍、转角权值、迂回等项，即可找到最佳路径。网线权值、障碍、转角权值等可通过网络分析模块的“附属元素”菜单以单个或统算的方式来赋值。

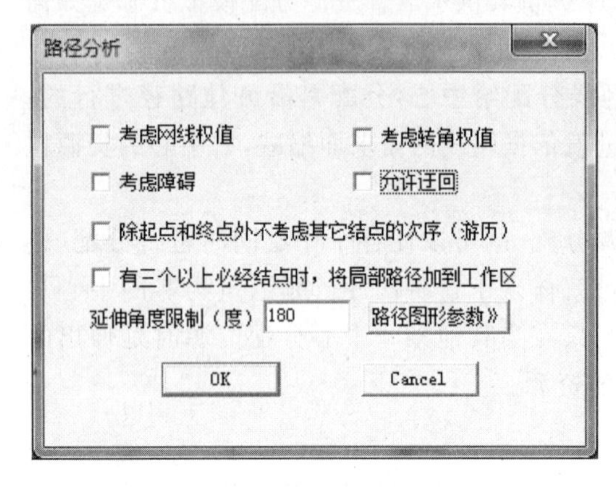

图 5-44　路径分析对话框

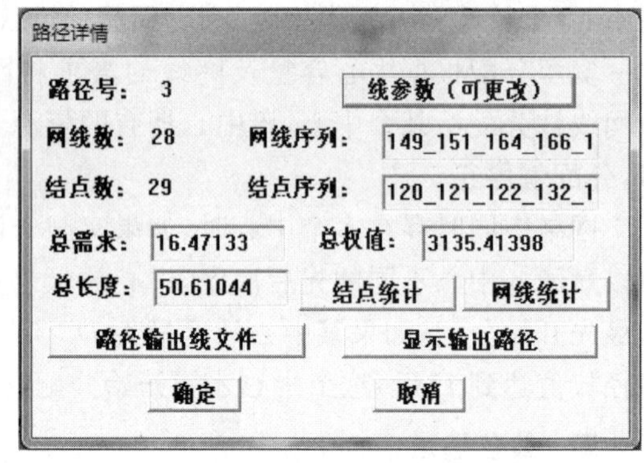

图 5-45　路径详情对话框

(3) 求游历方案

与寻找最短路径方法相同，选定起始节点、中间节点和终止节点。在路径分析对话框中，通过选中游历选项(其他不选)，即可求得游历方案。求得的游历方案也作为一条路径存储到工作区内。

2. 资源分配

① 打开 MapGIS 网络分析模块，装入已编辑好的街道网络文件 ROAD2. WN，该文件已给定了街道网络中的两所学校 100 号、120 号和 129 号为资源分配的中心，如图 5-47 所示，中心的容量、阻碍限度和延迟量及街道的权值和需求已知。

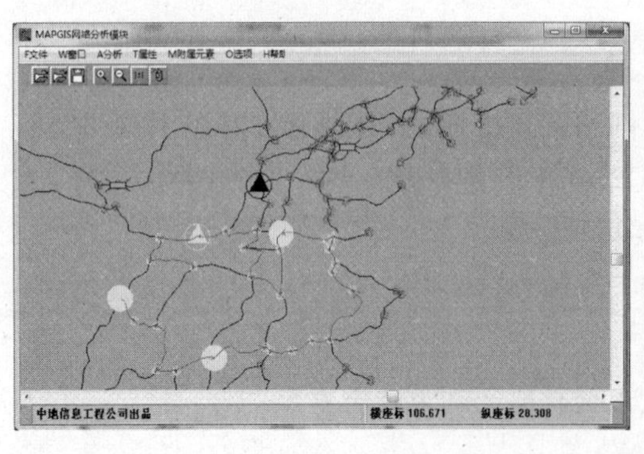

图 5-46　最短路径

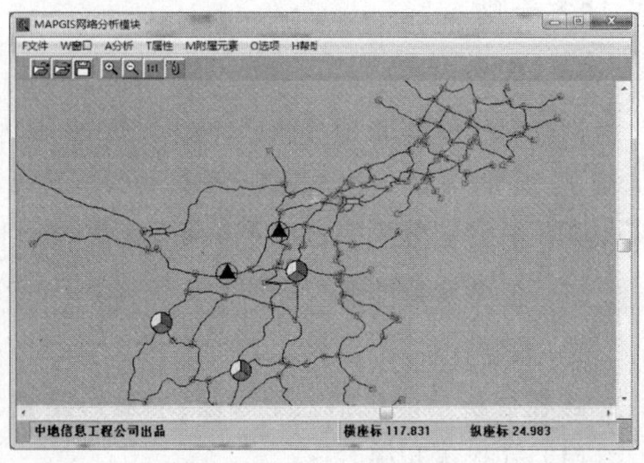

图 5-47　资源分配网络

② 执行如下命令：分析→资源分配→实施资源分配，输入资源分配选项，如图 5-48 所示。单击“OK”按钮，得到资源分配结果，如图 5-49 所示，“中心列表”显示 100 号和 120 号。

当选择一个中心时，“中心分配的网线”显示分配该中心的网线；“中心状况”显示中心的分配情况，如图 5-50 所示；“网线状况”显示网络实体分配情况，如果 5-51 所示；“显示网线集”查看当前中心分配的网线，如图 5-52 的深色线条所示。

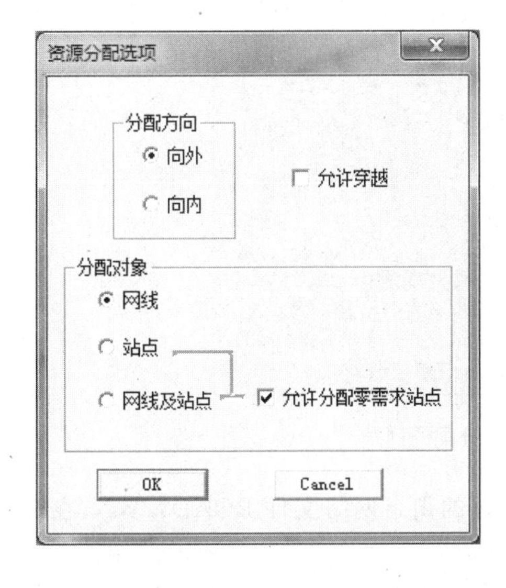

图 5-48　资源分配选项

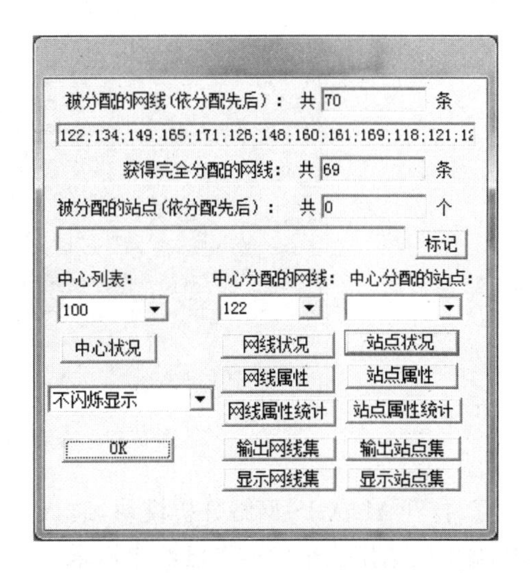

图 5-49　资源分配结果

图 5-50　中心分配情况

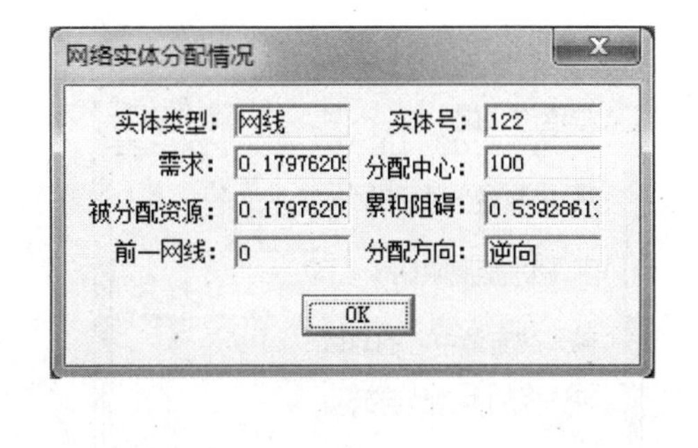

图 5-51　网络实体分配结果

3. 定位分配

在定位分配模型中，中心点(供应点)和候选点都位于网络节点上，网线则表示可到达中心的通路或连接，使用的距离是网络上的路径长度，最优条件可以是总距离最小、总时间最少或总费用最少。根据不同的优化条件，定位分配问题可分为不同的类型，其中加权距离最小是基本的问题。中心点(供应点)和候选点可以是多个，定位分配时可根据候选点的需求，找出最佳的中心。

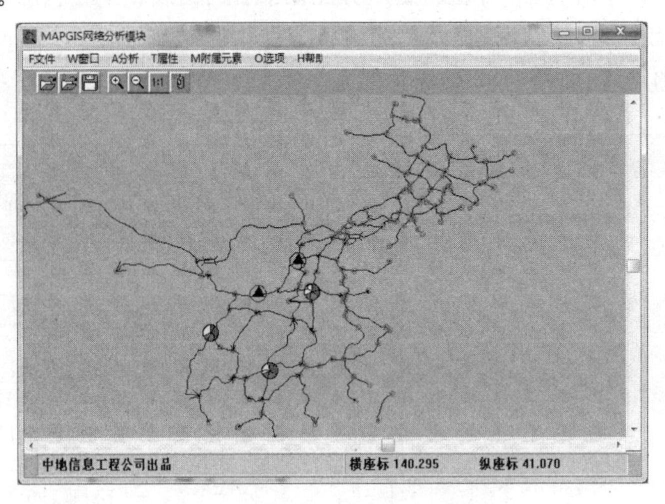

图 5-52　查看当前中心分配的网线

① 打开 MapGIS 网络分析模块，装入已编辑好的街道网络文件 ROAD3. WN，在该网络模型中已给定三个中心点已给定需求。

② 执行如下命令：分析→定位分配→实施定位分配，弹出“实施定位分配”对话框，如图 5-53 所示，单击“OK”按钮，选择要查看的定位分配结果，得到定位分配信息，如图 5-54 所示。“中心点信息”显示 100 号中心信息，如图 5-55 所示；“总体统计信息”显示定位分配统计信息，如图 5-56 所示；“输出辐射线图”显示分配的中心与候选点连接的射线图，如图 5-57 所示。

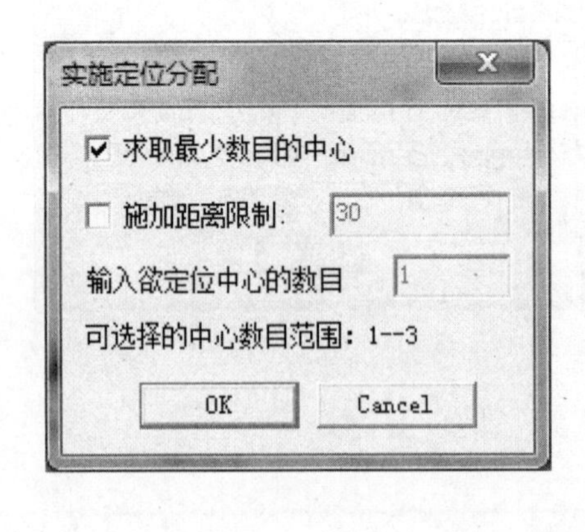

图 5-53　实施定位分配

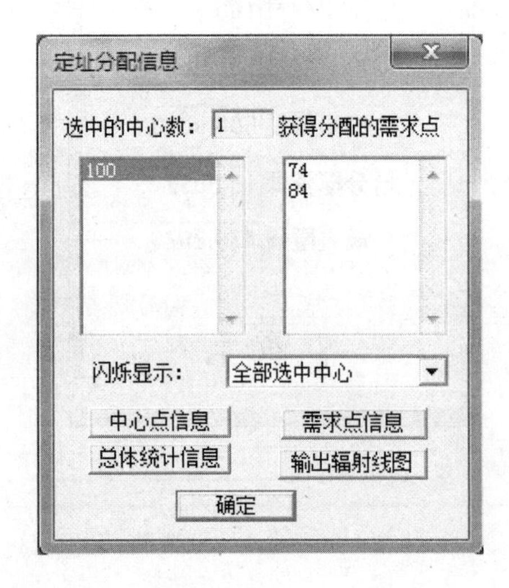

图 5-54　定址分配信息

技能训练

1. 我国汽车工业与公路建设的不断发展和完善使公众的出行更加便利，但同时也面临多条路的选择问题。利用 GIS 系统中的最短路径分析寻求从 A 地到 B 地的最短路径与最

中心点信息

分配信息一览

中心点标号	100
服务的总需求点数目	2
需求点的总权值	2.0000
需求点的总距离	0.0000
需求点的总加权距离	0.0000
需求点的平均距离	0.0000
需求点的平均加权距离	0.0000
最远的需求点标号	84
最远需求点的距离	0.0000
全部需求点的总距离	0.0000
全部需求点的平均距离	0.0000

确定

图 5-55　中心点信息

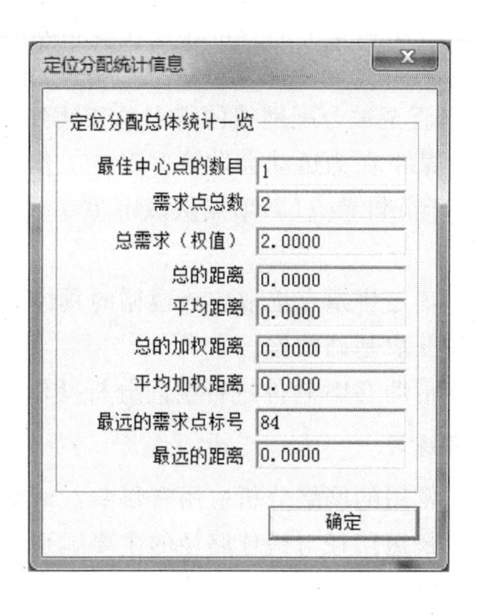

图 5-56　定位分配统计信息

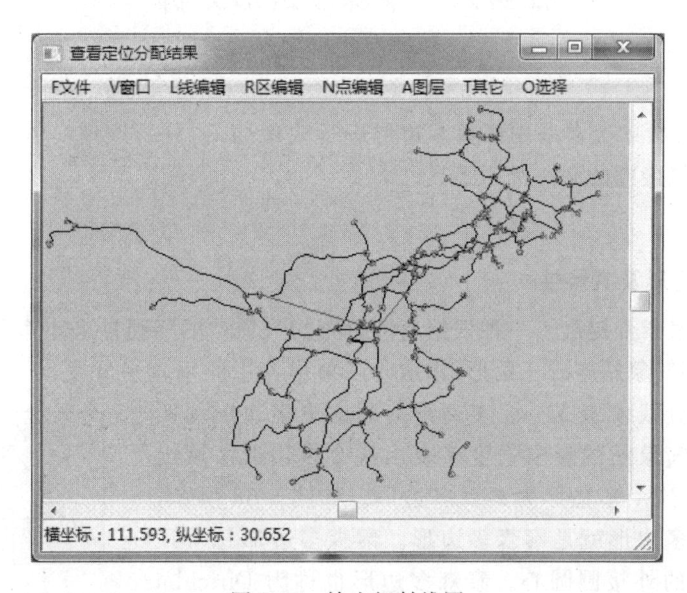

图 5-57　输出辐射线图

佳路径。

① 获取道路网要素图及道路通行情况资料，建立道路网络数据集。

② 在不考虑网络权值、障碍、转角权值、迂回等因素的影响下，寻找最短路径。

③ 考虑网线权值、障碍、转角权值、迂回等情况找到最佳路径。

2. 一所学校要依据就近入学的原则来决定应该接受附近哪些街道的学生。请利用GIS系统中网络资源分配的方法实现。

① 将街道作为网线构成的一个网络，将学校作为一个节点并指定为一个中心，以中心拥有的座位数(即招收的学生计划总数)作为中心的资源容量。

② 每条街道上的适龄儿童作为相应网线的需求,到每条街道的距离作为网线的阻碍强度,如此资源分配功能就将从中心出发,依据阻碍强度由远及近寻找周围的网线并把资源分配给它,直至被分配网线的需求总和达到学校的座位总数为止。

3. 某市在为运动会做筹备宣传工作,需要在已有5个运动会门票售票点的基础上,再增设若干个售票点(新增点从该市100多个邮政网点中选择),利用GIS技术完成售票点的选取。

① 确定售票点选取应该遵循的具体要求。

② 获取基础数据。

③ 借助GIS软件进行空间分析操作,并对分析结果进行解释和评价。

思考练习

1. 常用的网络分析应用有哪些?请举例说明其对GIS应用的价值。
2. 最短路径与最佳路径的主要区别是什么?举例说明最佳路径分析应用。
3. 资源分配有哪些具体应用?怎样进行资源分配分析?

任务六 泰森多边形分析

任务描述

GIS和地理分析中经常采用泰森多边形进行快速插值,分析地理实体的影响区域。泰森多边形是解决邻接度的又一常用工具。

相关知识

一、泰森多边形及其特性

荷兰气候学家泰森提出了一种根据离散分布的气象站的降雨量来计算平均降雨量的方法,即将所有相邻气象站连成三角形,作这些三角形各边的垂直平分线,于是每个气象站周围的若干垂直平分线便围成一个多边形。用这个多边形内所包含的一个唯一气象站的降雨强度来表示这个多边形区域内的降雨强度,并称这个多边形为泰森多边形。如图5-58所示,其中虚线构成的多边形就是泰森多边形。泰森多边形每个顶点是每个三角形的外接圆圆心。泰森多边形也称为Dirichlet图,或Voronoi图。

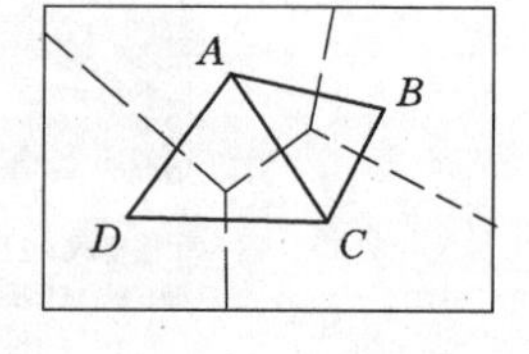

图5-58 泰森多边形

泰森多边形具有如下特性:

① 每个泰森多边形内仅含有一个离散点数据。

② 泰森多边形内的点到相应离散点的距离最近。

③ 位于泰森多边形边上的点到其两边的离散点的距离相等。

④ 泰森多边形的每个顶点是三角形外接圆的圆心。

泰森多边形可用于定性分析、统计分析、临近分析等。可以用离散点的性质来描述泰森多边形区域的性质。可用离散点的数据来计算泰森多边形区域的数据。判断一个离散点与其他哪些离散点相邻时,可根据泰森多边形直接得出,且若泰森多边形是n边形,则就与n

个离散点相邻；当某一数据点落入某一泰森多边形中时，它与相应的离散点最邻近，无须计算距离。例如，利用泰森多边形可以确定一些商业中心、工厂或其他的经济活动点的影响范围。如果要在考虑每个点的实际大小的基础上修正相邻点连线的垂线，利用泰森多边形分析商店和工厂的影响区域，将更具典型意义。由此，城市规划专家能大致估算一个商业中心满足的最大人口数量。

在泰森多边形的构建中，首先要将离散点构成三角网。这种三角网称为 Delaunay 三角网。

二、Delaunay 三角网的构建

Delaunay 三角网的构建也称为不规则三角网的构建，就是由离散数据点构建三角网，即确定哪三个数据点构成一个三角形，最后形成三角网。对于平面上 n 个离散点，其平面坐标为(x_i, y_i)，$i=1,2,\cdots,n$，将其中相近的三个点构成最佳三角形，使每个离散点都成为三角形的顶点。为了获得最佳三角形，在构建三角网时，应符合 Delaunay 三角形产生的如下准则：

① 任何一个 Delaunay 三角形的外接圆内不能包括任何其他离散点。

② 应尽可能使三角形的三个内角均成锐角。

③ 相邻两个 Delaunay 三角形构成凸四边形，在交换凸四边形的对角线之后，6 个内角中的最小角不再增大，即最小角最大化原则。

三、泰森多边形的建立步骤

建立泰森多边形算法的关键是对离散数据点合理地连成三角网，即构建 Delaunay 三角网。建立泰森多边形的步骤为：

① 离散点自动构建三角网，即构建 Delaunay 三角网。对离散点和形成的三角形编号，记录每个三角形是由哪三个点构成的。

② 找出与每个离散点相邻的所有三角形的编号，并记录下来。这只要在已构建的三角网中找出具有一个相同顶点的所有三角形即可。

③ 对与每个离散点相邻的三角形按顺时针或逆时针方向排序，以便下一步连接生成泰森多边形。排序的方法如图 5-59 所示。设离散点为 o，找出以 o 为顶点的一个三角形，设为 A；取三角形 A 除 o 以外的另一顶点，设为 a，则另一个顶点也可找出，即为 f；则下一个三角形必然是以 of 为边的，即为三角形 F；三角形 F 的另一顶点为 e，则下一三角形是以 oe 为边的；如此重复进行，直到回到 oa 边。

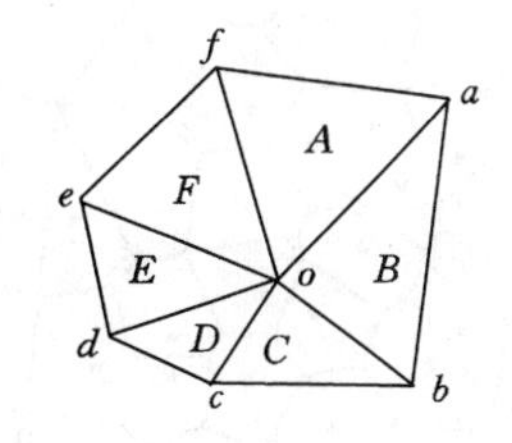

图 5-59　泰森多边形的建立

④ 计算每个三角形的外接圆圆心，并记录之。

⑤ 根据每个离散点的相邻三角形，连接这些相邻三角形的外接圆圆心，即得到泰森多边形。对于三角网边缘的泰森多边形，可作垂直平分线与图廓相交，与图廓一起构成泰森多边形。

任务实施

一、任务内容

Voronoi 图具有最近性、邻接性等特性和比较完善的理论体系，已在图形学、机械工程、虚拟现实、GIS、机器人、图像处理等领域得到了广泛的应用，是解决计算、碰撞检测、路径规划、Delaunay 三角化及骨架、凸包、可见性计算等计算几何问题的有效工具。利用 MapInfo 的 Voronoi 功能进行无线网络规划，生成基站模拟覆盖图、快捷划分 LAC(位置区码)区域。

二、任务实施步骤

(1) 生成基站模拟覆盖图

从几何角度分析，两基站的分界线是两点之间连线的垂直平分线，将整个平面分为两个半平面，各半平面中任何一点与本半平面内基站的距离都要比到另一基站距离小。当基站数量在两个以上时，整个平面会划分为多个包含一个基站的区域，区域中任何一点与本区域内基站距离最近，因此这些区域能够近似看作是基站的覆盖区域。

在 MapInfo 软件中生成基站模拟覆盖图的操作过程如下：

① 生成基站布点图 Base。

② 新建移动通信系统中的位置区码(LAC)Area 表，并将其设为“可编辑”。

③ 选择 Base 表中所有点，点击菜单中的“对象”→“Voronoi”。

④ 设置 Voronoi 图字段值，这里将 Base 表的“LAC”字段设置给 Voronoi 对象，点击“确定”后生成基站模拟覆盖图，如图 5-60 所示。

(2) 快捷划分 LAC 区域

通常在做 LAC 区规划、划分割接批次、安排勘测设计时，往往会遇到一些困难。对于有数千个基站的大网来说，要想在图上准确地划分出 LAC 区域，即使是对于那些有较高技能的规划者来说也是非常耗时的，而利用 Voronoi 图则可快捷准确地完成该项任务。具体操作步骤如下：

① 显示各 Voronoi 对象标注值，即基站的 LAC 号，如图 5-61 所示。

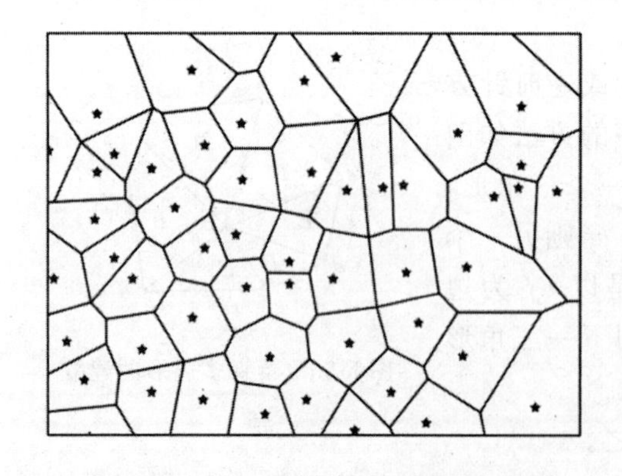

图 5-60 基站模拟覆盖图

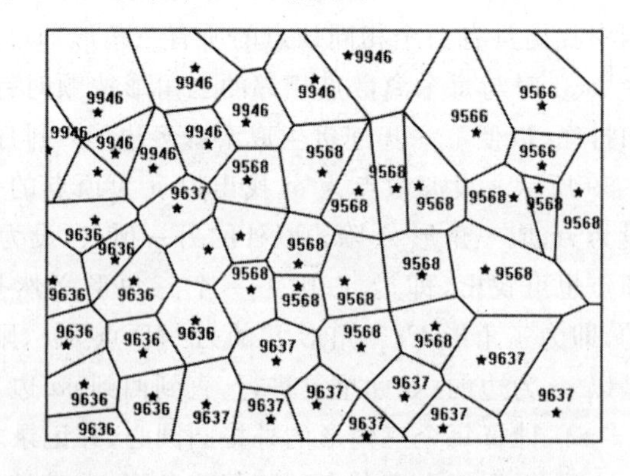

图 5-61 LAC 区域划分——显示 Voronoi 对象标注

② 利用“查询”→“选择”功能，选择 LAC＝“9568”的 Voronoi 对象，如图 5-62 所示。

③ 点击“对象”→“合并”，生成 LAC＝“9568”的 LAC 区，如图 5-63 所示。

④ 如果想对规划的 LAC 区做调整，可以将生成的 LAC 转换成线状再进行调整。转换方法：选择区域，点击“对象”→“转化为折线”。然后可以用鼠标调整线的节点，完成区域重

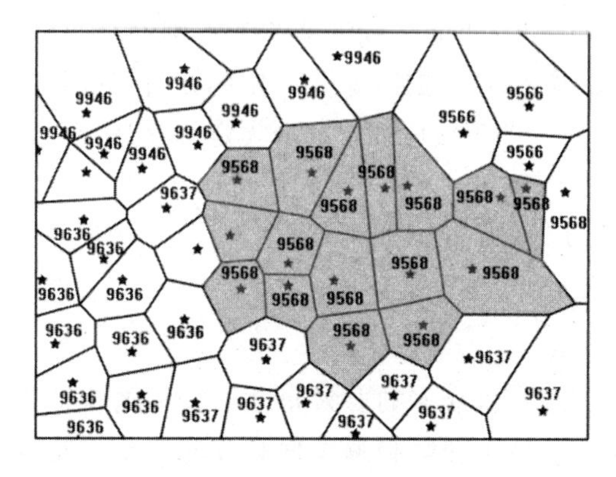

图 5-62 LAC 区域划分——选择 Voronoi 对象

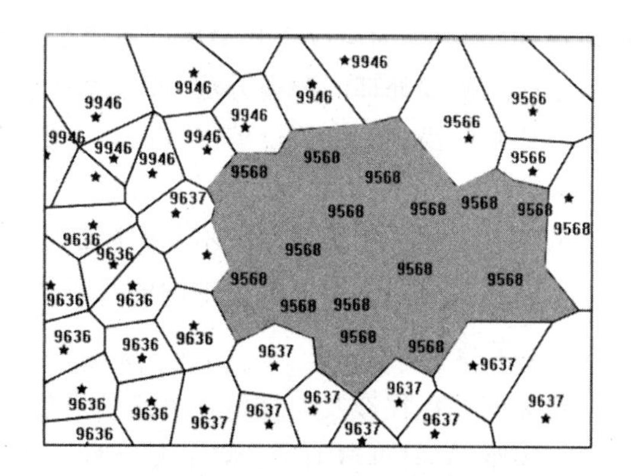

图 5-63 LAC 区域划分——生成 LAC 区

规划。

技能训练

城市公用设施的空间分布与组织直接影响着城市的布局结构以及城市生活的质量。城市学校布局规划作为一项优化配置教育资源的重要措施和内容,受到各级部门和群众的关注。GIS 工具以其特有的空间分析功能在城市规划研究与实践中应用正日渐广泛,选取某市区 60 所学校作为研究样本,借助 Mapinfo 软件的 Voronoi 分析功能对研究样本进行较为深入的分析。

① 建立市区学校分布的空间数据。

② 建立学校的 Voronoi 图,提出相应的布局优化建议与措施。

思考练习

1. 什么是泰森多边形?它有何特点?
2. 如何建立泰森多边形?
3. 举例说明泰森多边形的用途。

任务七 空间统计分析

任务描述

空间统计分析主要用于数据分类和综合评价。数据分类方法是地理信息系统重要的组成部分,综合评价模型是区划和规划的基础。

相关知识

分类和评价的问题通常涉及大量的相互关联的地理因素,主成分分析方法可以从统计意义上将各影响要素的信息压缩到若干合成因子上,从而使模型大大简化。因子权重的确定是建立评价模型的重要步骤,权重设置得正确与否极大地影响着评价模型的正确性,而通常的因子权重确定依赖较多的主观判断。层次分析法是综合众人意见,科学地确定各影响因子权重的简单而有效的数学手段。隶属度反映因子内各类别对评价目标的不同影响,依据不同因子的变化情况确定,常采用分段线性函数或其他高次函数形式计算。常用的分类和综合的方法包括聚类分析和判别分析两大类。聚类分析可根据地理实体之间影响要素的相似程度,采用某种与权重和隶属度有关的距离指标,将评价区域划分若干类别;判别分析类似于遥感图像处理的分类方法,即根据各要素的权重和隶属度,采用一定的评价标准将各地理实体判归最可能的评价等级或以某个数据值所示的等级序列上。分类定级是评价的最后一步,将聚类的结构根据实际情况进行合并,并确定合并后每一类的评价等级,对于判别分析的结果序列采用等间距或不等间距的标准划分为最后的评价等级。

下面简要介绍分类评价中常用的几种数学方法。

一、主成分分析

地理问题往往涉及大量相互关联的自然和社会要素,众多的要素常常给模型的构造带来很大困难,同时也增加了运算的复杂性。为使用户易于理解和解决现有存储容量不足的问题,有必要减少某些数据而保留最必要的信息。由于地理变量中许多变量通常都是相互关联的,就有可能按这些关联关系进行数学处理达到简化数据的目的。主成分分析是通过统计分析,求得各要素间线性关系的实质上有意义的表达式,将众多要素的信息压缩表达为若干具有代表性的合成变量,然后选择信息最丰富的少数因子进行各种聚类分析,构造应用模型,这就克服了变量选择时的冗余和相关。

设有 n 个样本,p 个变量。将原始数据转换成一组新的特征值——主成分,主成分是原变量的线性组合且具有正交特征。即将 $x_1,x_2,\cdots,x_p$ 综合成 $m(m<p)$ 个指标 $z_1,z_2,\cdots,z_m$,即:

$$\begin{aligned} z_1 &= l_{11}\times x_1 + l_{12}\times x_2 + \cdots + l_{1p}\times x_p \\ z_2 &= l_{21}\times x_1 + l_{22}\times x_2 + \cdots + l_{2p}\times x_p \\ &\vdots \\ z_m &= l_{m1}\times x_1 + l_{m2}\times x_2 + \cdots + l_{mp}\times x_p \end{aligned} \tag{5-9}$$

这样决定的总和指标 $z_1,z_2,\cdots,z_m$ 分别称作原指标的第一,第二,…,第 m 主成分。其中 z_1 在总方差中占的比例最大,其余主成分 $z_2,z_3,\cdots,z_m$ 的方差依次递减。在实际工作中常挑选前几个方差比例最大的主成分,这样既减少了指标的数目,又抓住了主要矛盾,简化了指标之间的关系。

从几何上看,确定主成分的问题,就是找 p 维空间中椭球体的主轴问题,从数学上容易得到它们是 $x_1,x_2,\cdots,x_p$ 的相关矩阵中 m 个较大特征值所对应的特征向量,通常用雅可比法计算特征值和特征向量。

显然,主成分分析这一数据分析技术是把数据减少到易于管理的程度,也是将复杂数据变成简单类别便于存储和管理的有力工具。

二、层次分析

层次分析法是系统分析的数学工具之一,它把人的思维过程层次化、数量化,是用数学方法为分析、决策、预报或控制提供定量的依据。事实上这是一种定性和定量分析相结合的方法。在模型涉及大量相互关联、相互制约的复杂因素的情况下,各因素对问题的分析有着不同的重要性,决定它们对目标重要性的序列,对建立模型十分重要。

层次分析方法把相互关联的要素按隶属关系分为若干层次,请有经验的专家对各层次各因素的相对重要性给出定量指标,利用数学方法综合专家意见给出各层次各要素的相对重要性权值,作为综合分析的基础。

以假期选择旅游地为例，介绍层次分析法的步骤：

① 将决策问题分为三个层次，最上层为目标层，即选择旅游地，最下层为方案层，有P_1、P_2、P_3三个供选地点，中间层为准则层，有景色、费用、居住、饮食、旅途五个准则，各层间的联系用相连的线段表示，如图 5-64 所示。

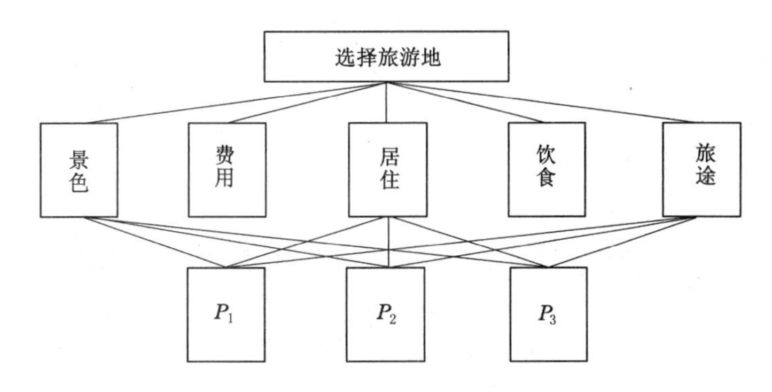

图 5-64　选择旅游地的层次结构

② 通过相互比较确定各准则对于目标的权重，及各方案对于每一准则的权重。这些权重在人的思维过程中是定性的，而在层次分析法中则要给出得到权重的定量方法。

③ 将方案层对准则层的权重及准则层对目标层的权重进行综合，最终确定方案层对目标层的权重。在层次分析法中要给出进行综合的计算方法。这也是层次分析法中至关重要的一步，是层次分析法的核心。

三、系统聚类分析

地理学研究的因子是多种多样的，在地理环境的演化过程中，各自所起的作用以及相互影响的程度、相似程度都有很大差别，这就需要对地理因素、地理区域进行科学分类，这就是聚类分析。它是根据地理变量的属性或特征的相似性、亲疏程度，用数学方法逐步地化型分类的一种方法。聚类分析应有如下几步操作：

(1) 数据处理

在地理分区研究中，被聚类对象常常是多要素构成的，不同要素的数据往往具有不同的单位和量纲，为此在聚类分析前，必须对数据进行处理。

数据处理的目的就是将数据的单位统一化，以便聚类分析时使用。数据处理方法一般有总和标准差标准化、极差标准化。

(2) 聚类分析统计量的选择和计算

聚类分析的统计量是表示数据间差异性和相似程度的特征值，主要有两类：相似系数和距离系数。

相似系数是表示地理数据相似程度的测度指标，常用的有夹角余弦和相关系数。

距离系数表示各点之间的相似性和亲疏程度，常用的距离系数有绝对距离、欧氏距离、明科夫斯基距离。选择不同的距离进行聚类分析时聚类结果会有一定的差异。在地理分区或分类研究中，往往采用集中距离进行计算对比，选择一种合适的距离进行聚类。最常见、最直观的距离是欧几里得距离，其定义如下：

$$D_{ij} = \left\{\left[\sum_{k=1}^{m} (x_{ik} - x_{jk})^2\right]/m\right\}^{\frac{1}{2}} \tag{5-10}$$

依次求出任何两点间的距离系数以后，则可以形成一个距离矩阵。

(3) 选择合适的聚类方法进行聚类分析

有了前两步的数据准备就可以选择聚类方法进行聚类分析了。聚类方法有直接聚类法、最短距离聚类法、最远距离聚类法、重心法、中线法、组平均法等，常用的是前三种，最后得到一张聚类图。不同的聚类方法得到的聚类图不一致，实际工作中，应根据经验选择符合实际的分类方法进行聚类分析。

四、判别分析

判别分析与聚类分析同属分类问题，所不同的是，判别分析是预先根据理论与实践确定等级序列的因子标准，再将待分析的地理实体安排到序列的合理位置上的方法，对于诸如水土流失评价、土地适宜性评价等有一定理论根据的分析系统定级问题比较适用。

判别分析依其判别类型的多少与方法的不同，可分为两类判别、多类判别和逐步判别等。

通常在两类判别分析中，要求根据已知的地理特征值进行线性组合，构成一个线性判别函数 Y，即：

$$Y = c_1 \times x_1 + c_2 \times x_2 + \cdots + c_m \times x_m = \sum_{k=1}^{m} c_k \times x_k \tag{5-11}$$

式中，$c_k(k=1,2,\cdots,m)$ 为判别系数，它可反映各要素或特征值作用方向、分辨能力和贡献率的大小。只要确定了 c_k，判别函数 Y 也就确定了。在确定判别函数后，根据每个样本计算判别函数数值，可以将其归并到相应的类别中。常用的判别分析有距离判别法、Bayes 最小风险判别法、费歇准则判别法等。

任务实施

一、任务内容

MapGIS 的空间统计分析包括单属性统计、单属性函数变换、双属性分类统计、双属性数学运算等。单属性统计是对属性数据库中的某个字段，统计总和、最大值、最小值及平均值，给出字段值落在各个区间内或等于各个离散值的记录数，并据此绘制各类统计图(折线、直方、立体直方、饼图、立体饼图等)。利用 MapGIS 的单属性分析方法统计某地的小麦产量情况。

二、任务实施步骤

1. 数据准备

创建属性分析。MPJ 工程文件，包括 LINE. WL、POINT. WT、REGION. WP、RTVER. WL四个文件，对 REGION. WP 文件添加乡名和小麦、水稻、玉米产量等属性数据。

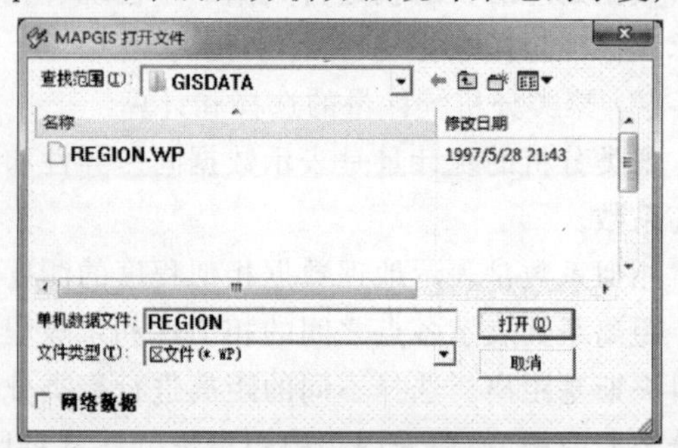

图 5-65 打开属性分析数据文件

2. 立体饼图生成

(1) 执行如下命令：空间分析→空间

分析→文件→装载区文件，加载要进行属性分析的数据文件，如图 5-65 所示。

(2) 执行如下命令：属性分析→单属性分类统计→立体饼图，选择属性分析类型，具体过程如图 5-66、图 5-67、图 5-68、图 5-69 所示。

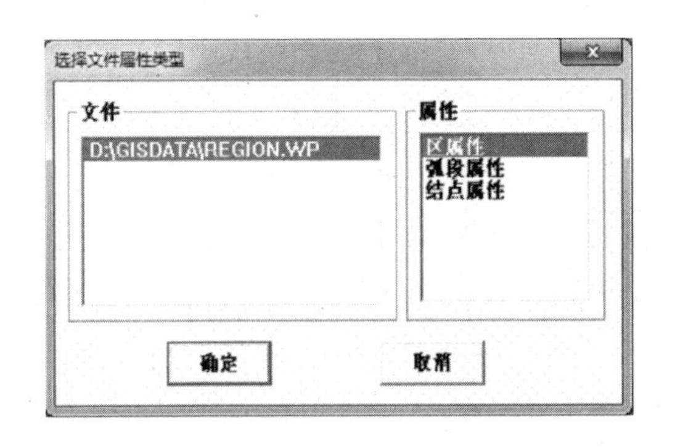

图 5-66　选择区属性文件类型

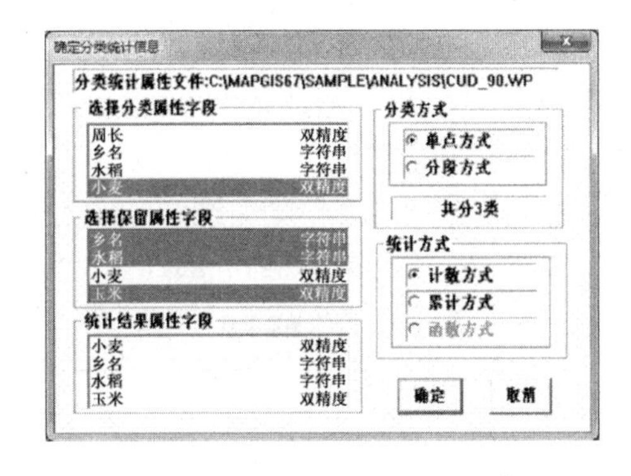

图 5-67　确定分类系统信息

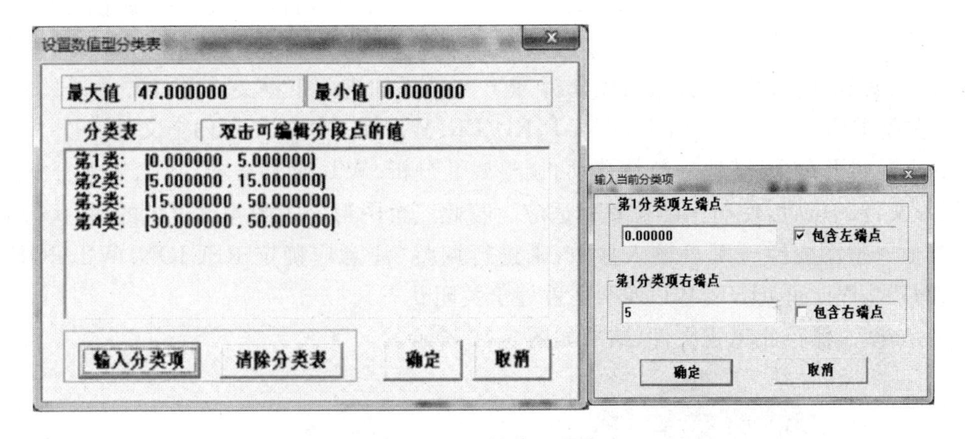

图 5-68　设置数值型分类表

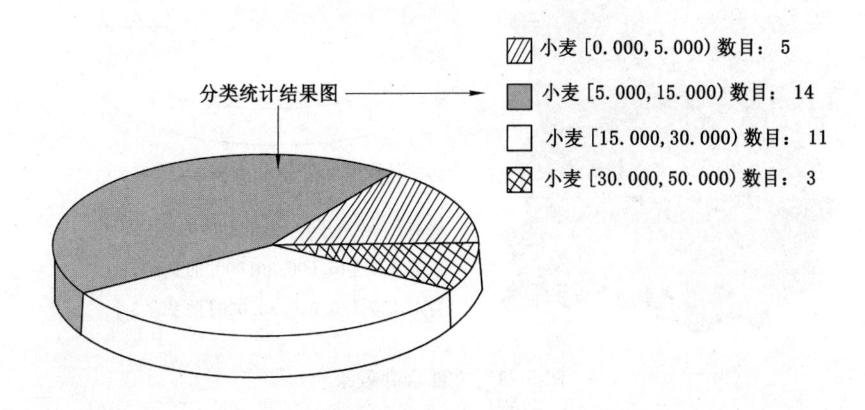

图 5-69　分类统计结果

3. 保存文件

执行如下命令：文件→保存当前文件，换名保存属性分析所生成的图形文件，系统生成的表格文件(*.WB)不需要保存,如图 5-70 所示。

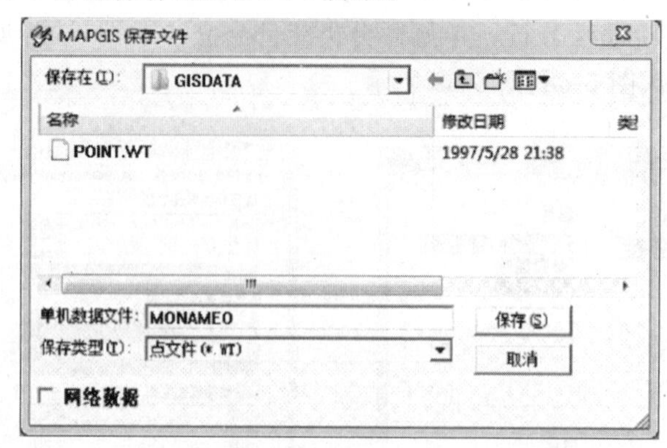

图 5-70 保存文件

4. 文件组合

① 执行如下命令:图形处理输入编辑打开已有工程文件,打开所提供的属性分析.MPJ 文件,在工程文件管理窗口,点击鼠标右键,选择“添加项目”选项,将前面生成的属性分析.WT 文件、属性分析.WL 文件、属性分析.WP 文件添加进此工程文件。

② 关闭 REGION.WP、POINT.WT、RIVER.WL 和 LINE.WL 四个文件。

③ 执行如下命令:其他→整块移动,调整属性分析.WT、属性分析.WL、属性分析.WP 三个图形文件的位置,使与主图位置相适应。若此三个图形与主图相比过大的话,执行如下命令:其他→整图变换→键盘输入参数,来进行调整(注意应确定 REGION.WP、POINT.WT、RIVER.WL 和 LINE.WL 四个文件处于关闭状态)。

④ 完成后,保存此工程文件,结果如图 5-71 所示。

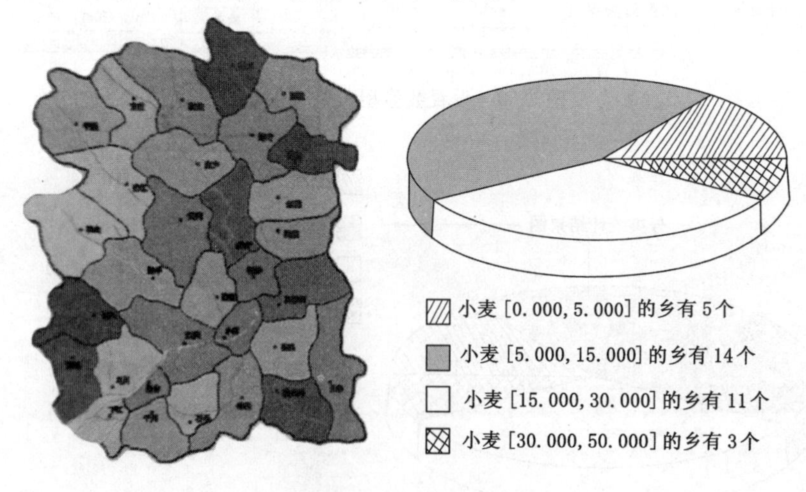

图 5-71 文件合并效果

技能训练

城市学校布局规划作为一项优化配置教育资源的重要措施和内容,受到各级部门和群众的关注。GIS 工具以其特有的空间分析功能在城市规划研究与实践中应用正日渐兴起,选取市区60所学校作为研究样本，借助Mapinfo软件的创建专题地图功能对研究样本进行较为深入的分析。

① 建立市区不同属性的学校统计分析数据。

② 建立不同属性学校分布的专题地图，提出相应的布局优化建议与措施。

思考练习

1. 简述统计分析中常用的数学方法。
2. 举例说明空间统计分析的用途。
3. 上述任务中，若想获取各乡的小麦、玉米、水稻产量三者之和，应该怎样做？

项目小结

空间信息查询是按一定的要求对GIS所描述的空间实体及其空间信息进行访问，从众多的空间实体中挑选出满足用户要求的空间实体及其相应的属性。根据信息查询的出发点不同，可分为三种不同的查询方式，基于空间关系特征的查询、基于属性特征的查询、基于空间关系和属性特征的查询（SQL查询）。

空间分析是GIS区别于其他信息系统的重要特征之一。空间分析研究空间中点、线、面的几何属性，以及它们之间的相互关系，再通过基于几何的空间关系分析，揭示地理特征和过程的内在规律及机理，获取新的地理信息，最终的目的是解决人们所涉及地理空间的实际问题，提取和传输地理信息，特别是隐含信息，以辅助决策。空间分析包括缓冲区分析、叠置分析、网络分析、DEM分析、泰森多边形分析和统计分析等。

职业知识测评

1. 单选题

(1) 下面可以从"地类区"文件中检索出所有"建设用地"的语句是________。

A. Select　* FROM 地类区 WHERE 地类="建设用地"

B. Select　* FROM 地类区 WHERE 地类 IN"建设用地"

C. Select 建设用地　FROM　地类区

D. Select　* FROM 地类区 WHERE 地类= ="建设用地"

(2) 下面哪一个不是缓冲区的组成要素？________

A. 主体　　B. 临近对象　　C. 作用条件　　D. 客体

(3) MapGIS求一组线的缓冲区时缓冲区半径和线对象选取的先后顺序为________。

A. 先输入缓冲区半径　　B. 先选取一组线

C. 顺序不分先后　　D. 以上都不对

(4) 叠置分析中矢量数据叠置不包括________。

A. 点与多边形的叠置分析　　B. 线与多边形的叠置分析

C. 多边形与多边形的重叠分析　　D. 点与点的叠置分析

(5) 下列对多边形叠置分析的描述不正确的是________。

A. 并：保留两个输入图层的所有多边形

B. 交:保留两个输入图层的公共部分多边形

C. 擦除:输出层为保留以其中一输入图层为控制界之外的所有多边形

D. 擦除:输出层为保留以其中一输入图层为控制界之内的所有多边形

(6) 下列对 DEM 的描述正确的是________。

A. DEM 可通过等高线建立

B. DEM 的建立不需要高程数据

C. DEM 不能派生出等高线、坡度图等信息

D. DEM 不能表示地貌形态

(7) 下列属于 GIS 网络分析功能的是________。

A. 计算道路拆迁成本

B. 计算不规则地形的设计填挖方

C. 沿着交通线路、市政管线分配点状服务设施的资源

D. 分析城市地质结构

(8) 在 MapGIS 的空间分析模块中,能否进行属性的统计分析? ________

A. 不能　　B. 能　　C. 不确定　　D. 以上都不对

(9) MapGIS 中哪个功能模块可以实现三维地形的生成? ________

A. 空间分析　　B. 图像处理　　C. 电子沙盘系统　　D. 数字高程模型

(10) 监狱观察哨的位置应设在能随时监视到监狱内某一区域的位置上,视线不能被地形挡住,使用 DEM 分析功能确定观察哨的位置,用到的是 DEM 的哪种分析功能? ________

A. 地形曲面拟合　　B. 通视分析　　C. 路径分析　　D. 选址分析

(11) 以下分析方法中不属于空间统计分类分析的是________。

A. 地形分析　　B. 主成分分析　　C. 系统聚类分析　　D. 判别分析

(12) 对于缓冲区的描述错误的是________。

A. 围绕图层中某个点、线或面周围一定距离范围的多边形

B. 缓冲区是地理空间目标的一种影响范围或服务范围

C. 对于线对象有双侧对称、双侧不对称或单侧缓冲区

D. 对于面对象只能做外侧缓冲区分析

(13) 多边形叠置分析后是否产生新的属性? ________

A. 是　　B. 否

C. 有时产生,有时不产生　　D. 以上都不对

(14) 叠置分析是对新要素的属性按一定的数学模型进行计算分析,其中往往涉及________、逻辑并、逻辑差的运算。

A. 逻辑交　　B. 逻辑和　　C. 逻辑与　　D. 逻辑或

(15) 通过分布在各地的气象站测得的降雨量生成降雨量分布图,用到的方法是________。

A. 缓冲区分析　　B. 泰森多边形分析

C. 空间统计分析　　D. 网络分析

(16)下列给出的方法中,哪项适合生成 DEM? ________

A. 等高线数字化法　　　　B. 多边形环路法
C. 四叉树法　　　　D. 网络分析

(17) 现需要制作一个全国人口分布等值线图，人口数据延伸到县级，此过程中涉及以下哪项技术？________

A. 网络分析　　B. 属性统计　　C. 质心量测　　D. 多边形叠加分析

2. 判断题

(1) 等高线数字化法是普遍采用的生成 DEM 的方法。（　）

(2) 数据内插是广泛应用于等值线自动制图、DEM 建立的常用数据处理方法之一。（　）

(3) 河流周围保护区的定界可采用叠置分析方法进行。（　）

(4) 进行多边形叠置分析采用矢量数据比栅格数据更简单易行。（　）

(5) DTM 的质量决定 DEM 的精确性。（　）

(6) 叠加分析是 GIS 用户经常用以提取数据的手段之一。在 GIS 系统中，根据数据存储的方式不同，叠加分析又分为栅格系统的叠加分析和矢量系统的叠加分析。矢量系统的叠加分析复杂，但能够保留图元的拓扑关系。（　）

(7) 缓冲区生成与分析是根据数据库中的点、线、面实体，自动建立其周围一定宽度范围的缓冲区多边形。（　）

(8) 在 GIS 系统中，根据数据存储的方式不同，叠加分析又分为栅格系统的叠加分析和矢量系统的叠加分析。栅格系统的叠加分析复杂，栅格系统的叠加分析能够保留图元的拓扑关系。（　）

(9) 网格越细，DEM 精度越高。所以网格越细越好。（　）

(10) DEM 通常是从航空立体相片上直接获取的，所以再利用 DEM 进行通视分析时，楼房、建筑物的高度可以忽略不计。（　）

(11) 在利用网络分析进行路径选择时，最短路径不可能是最优路径。（　）

(12) 使用不同的权值关系进行路径分析，得到的最佳路径也必然不同。（　）

(13) 通过在线地图规划出的行车路线，未必是最合理行车路线，在有些情况下，还要综合交通现状、政策、地理特征等众多因素进行判读，所以在线地图的指路服务也只能作为一个参考。（　）

职业能力训练

训练 5-1　空间查询操作

准备一张中国省区图（包括各省的人口统计数、铁路线等数据），分别完成以下空间查询操作，并判断它们各属于哪种查询：

(1) 从中国省区图上查询人口数在全国平均人口数以上的省区。

(2) 查询京广线穿越的省份。

操作提示：

(1) 打开相应图层→输入查询条件→显示人口在平均数以上的省区。

(2) 打开铁路图层→选中该图层中的京广铁路→输入查询条件→显示京广线穿越的所有省区。

训练 5-2 缓冲区分析与叠置分析

某城市需在几个地块选择一个建造停车场，其选址的标准如下：① 停车场必须在高速公路附近，但又必须距高速公路一定的距离，以免噪声或其他干扰；② 停车场必须沿天然的小河流建造；③ 为使停车场的可利用面积最大，停车场的选址必须尽可能避免沿河的沼泽地。根据上述标准，评价各个地块用于建立停车场的适宜性。

操作提示：

(1) 准备数据。

(2) 利用缓冲区、线与多边形重叠操作、多边形与多边形叠置操作等进行。

训练 5-3 最短路径分析

准备一份有中国公路网和省会城市图层的数据，利用最短路径方法找出某两个城市之间的最短距离。

操作提示：

(1) 准备数据。

(2) 利用 GIS 软件进行最短路径分析。

(3) 完成上述空间操作后，根据结果评价各个地块用于建立停车场的适宜性。

训练 5-4 DEM 分析

根据野外实测数据，利用 GIS 软件建立 DEM，并计算坡度、坡向，绘制坡度图。

操作提示：

(1) 对野外实测数据进行处理，以便下一步生产 DEM。

(2) 利用 GIS 软件建立 DEM。

(3) 计算坡度、坡向。

(4) 绘制坡度图。

训练 5-5 空间统计分析

了解所学习的各种空间统计分析方法，并在教师的指导下，准备好相关数据，利用 GIS 软件逐一举例进行比较分析操作。

项目六 GIS 产品输出

【项目概述】

地理空间数据在 GIS 中经过分析处理后，所得到的分析和处理结果必须以某种可以感知的形式（地图、图表、图像、数据报表或文字说明及多媒体等）表现出来，以供 GIS 用户使用。通过本项目的学习，学生将为从事 GIS 产品输出岗位工作打下基础。

【教学目标】

知识目标

1. 掌握地理信息可视化的表现形式。
2. 掌握 GIS 产品质量检查的内容和评定标准。
3. 掌握地理空间数据的输出类型和输出形式。

能力目标

1. 会利用 MapGIS 软件制作电子沙盘，实现地形的可视化。
2. 能对 GIS 产品进行质量检查和质量评定。
3. 能够进行工程输出编辑、设计版面，能够进行地理空间数据输出。

任务一 地理信息可视化

任务描述

地理信息可视化是 GIS 技术与现代计算机图形、图像处理显示技术、数字建模技术共同发展的结果。地理信息的空间数据、数据处理与分析成果可通过不同显示方法和可视化的形式表达出来。

相关知识

一、可视化的概念

可视化的基本含义是将科学计算中产生的大量非直观的、抽象的或者不可见的数据，借助计算机图形学和图像处理等技术，以图形图像信息的形式，直观、形象地表达出来，并进行交互处理。地图是空间信息可视化的最主要和最常用的形式。在地理信息系统中，可视化则以地理信息科学、计算机科学、地图学、认知科学、信息传输学与地理信息系统为基础，通过计算机技术、数字技术、多媒体技术，动态、直观、形象地表现、解释、传输地理空间信息并揭示其规律。

二、地理信息可视化的表现形式

1. 等值线显示

等值线又称等量线，表示在相当范围内连续分布并且数量逐渐变化的现象的数量特征。

用连接各等值点的平滑曲线来表示制图对象的数量差异，如等高线、等深线、等温线等磁线等。

等高线是表示地面起伏形态的一种等值线。它是把地面上高程相等的各相邻点所连成的闭合曲线，垂直投影在平面上的图形。一组等高线可以显示地面的高低起伏形态和实际高度，根据等高线的疏密和图形，可以判断地形特征和斜坡坡度。

用等高线法表示地形，总体来说立体感还是较差的。因此对等高线图形的立体显示方法研究一直在进行，明暗等高线法是其中的一种。明暗等高线法是使每一条等高线因受光位置不同而绘以黑色或白色，以加强其立体感。还有粗细等高线法，它是将背光面的等高线加粗，向光面绘成细线，以增强立体效果。

等值线的应用相当广泛，除常见的等高线、等温线以外，还可表示制图现象在一定时间内数值变化的等值线变化线（如年磁偏角变化线、地下位变化线）、等速度变化线、表示现象位置移动的等位移线（如气团位移、海底抬升或下降）、表示现象起止时间的等时间线（如霜期、植物的开花期）等。

2. 分层设色显示

分层设色是在等高线的基础上根据地图的用途、比例尺和区域特征，将等高线划分一些层级，并在每一层的面积内绘上不同的颜色、以色相、色调的差异表示地势高低。这种方法加强了高程分布的直观印象，更容易判读地势状况，特别是有了色彩的正确配合，使地图具有一定的立体感。

设色有单色和多色两种。单色是利用色调变化表示地形的高低，现在已经很少采用。多色是利用不同色相和色调深浅表示地形的高低。设色时要考虑地形表示的直观性、连续性以及自然感等原则。要求每一色准确地代表一个高程带，各色层之间要有差别，但变化不能过于突然和跳跃，以便反映地表形态的整体感和连续感。选色尽量和地面自然色彩相接近，各色层的颜色组合会产生一定程度的立体感。色相变化视觉效果显著，用以表示不同的地形类别，每类地形中再以色调的变化来显示内部差异。如平原用绿色，丘陵用黄色，山地用褐色；在平原中又以深绿、绿、浅绿等三种浓淡不同的绿色调显示平原上的高度变化。色相变化也采用相邻色，以避免造成高度突然变化的感觉。

目前普遍采用的色层是绿褐色。陆地部分由平原到山地为：深绿—绿—浅绿—浅黄—黄—深黄—浅褐—褐—深褐；高山（500 m 以上）为白色或紫色；海洋部分采用浅蓝到深蓝，海水愈深，色调越浓。这种设色使色相色调相结合，层次丰富，具有一定象征性意义和符合自然的色彩，效果较好。图 6-1 为分层设色图。

图 6-1　分层设色图

3. 地形晕渲显示

晕渲法也叫阴影法，是用深浅不同的色调表示地形的起伏形态，如图 6-2 所示。按光源的位置分直照晕渲、斜照晕渲和综合光照晕渲；按色调分墨渲和彩色晕渲。

晕渲法的基本思想是：一切物体

只有在光的作用下才产生阴影，才显示更清楚，才有立体感。由于光源位置不同，照射到物体上所产生的阴影也不同，其立体效果也就不同。晕渲法通常假定把光源固定在两个方向上：一为西北方向俯角 45°；二为正上方与地面垂直。前者称为斜照晕渲，后者称为直照晕渲。当山脉走向恰与光源照射方向一致时，或其他不利显示山形立体效果时，则适当调整光源位置，这种称为综合晕渲。它们的光影特点如图 6-3 所示。

图 6-2　由 DEM 产生的地面晕渲图

斜照晕渲的立体感很强，明暗对比明显，与日常生活中自然光和灯光照射到物体上所形成的阴影相似。光的斜照使地形各部位分为迎光面、背光面和地平面三部分。

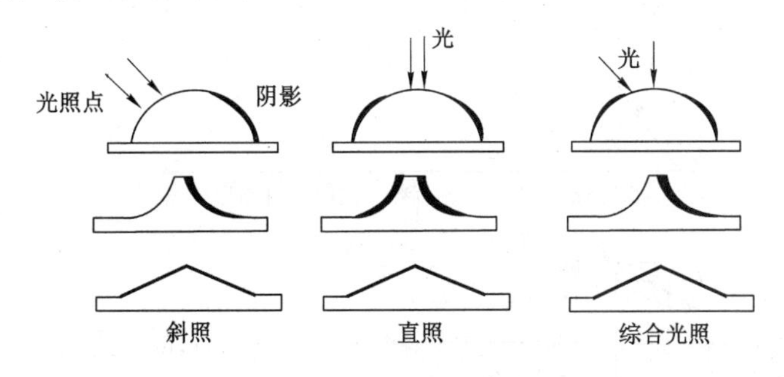

图 6-3　三种不同光源的光影

斜照光下，每一地点的明暗又因其坡度与坡向而有所不同，且立体的阴影又互相影响，改变其原有的明暗程度，使阴影有浓淡强弱之分。斜照晕渲的光影变化十分复杂，但也有一定的规律，即：迎光面愈陡愈明，背光面愈陡愈暗，明暗随坡向而改变，平地也有淡影三分。斜照光下，物体的阴影随其主体与细部不同而不同。主体阴影十分重要，它可以突出山体总的形态和基本走向，使之脉络分明，有利于增强立体效果。

斜照晕渲立体感强，山形结构明显，所以多为各种地图采用。其缺点是无法对比坡度，背光面阴影较重，影响图上其他要素的表示。

直照晕渲又称坡度晕渲。光线垂直照射地面后，地表的明暗随坡度的不同而改变。平地受光量最大，因而最明亮。直照晕渲能明显地反映地面坡度的变化。其缺点是立体感较差，只适合表示起伏不大的丘陵地区。

综合光照晕渲是斜照与直照晕渲的综合运用。或以斜照晕渲为主，或以直照晕渲为主，另一种来补充。它具备了两种晕渲的优点，弥补了两者的不足。

墨渲是用黑墨色的浓淡变化来反映光影的明暗。由于墨色层次丰富，复制效果好，应用广泛。印刷时用单一的黑色作晕渲色的很少，印成青灰、棕灰、绿灰者的居多。

彩色晕渲又分为双色晕渲、自然色晕渲等。双色晕渲，常见的有阳坡面用明色或暖色系，阴坡面用暗色或寒色系，高地用暖色，低地用寒色，或制图主区用近感色，邻区用远感色等。主要是利用冷暖色对比加强立体感或突出主题。这种方法效果好，常被用于一些精致的地图上。自然色晕渲是模仿大自然表面的色调变化，结合阴影的明暗绘成晕渲图。这种方法主要是把地面色谱的规律与晕渲法的光照规律结合起来，用各种颜色及它们的不同亮度来显示地面起伏。如用绿色调为主晕染开发的平原，以棕黄色调为主渲染高原和荒漠，山区则有黄、棕、青、灰等色的变化，再加以明暗的区别，可构成色彩十分丰富的图面。

4. 剖面显示

剖面是指地面沿某一方向的垂直截面(或断面)，它包含地形剖面图和地质剖面图等。

地形剖面图是为了直观地表示地面沿某一方向地势的起伏和坡度的陡缓，以等高线地形图为基础绘成的。它沿等高线地形图某条边下切而显露出来的地形垂直剖面，如图 6-4 所示。从地形剖面图上可以直观地看出地面高低起伏状况。

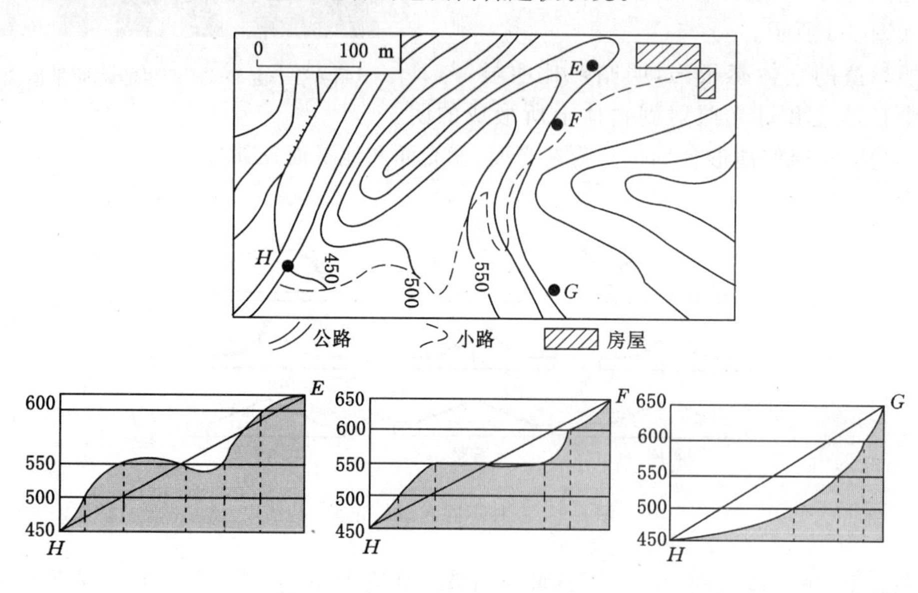

图 6-4　地形剖面图

地质剖面图是用来显示地质构造的一种特殊地形图，如图 6-5 所示。

5. 专题地图显示

专题地图，是在地理底图上，按照地图主题的要求，突出而完善地表示与主题相关的一种或几种要素，使地图内容专题化、形式各异、用途专门化的地图。

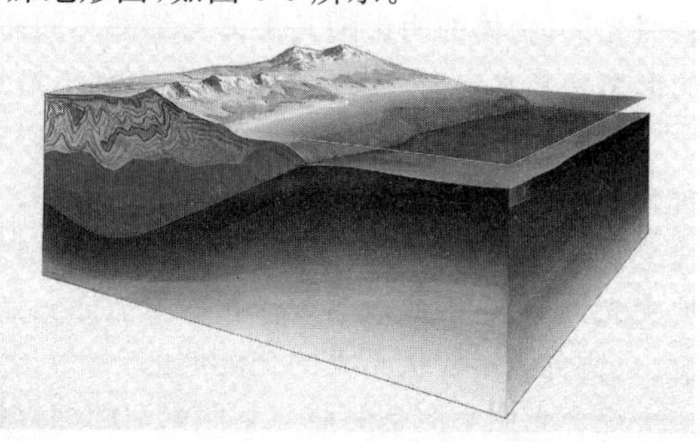

图 6-5　地质剖面图

(1) 专题地图的特点

① 专题地图只将一种或几种与专题相关联的要素特别完备而详细地显示，而其他要素的显示则较为概略，甚至不予显示。

② 专题地图的内容广泛，主题多样。在自然界与人类社会中，除了那些在地表上能见到的和能进行测量的自然现象或人文现象外，还有那些往往不能见到的或不能直接测量的自然现象或人文现象均可以作为专题地图的内容。

③ 专题地图不仅可以表示现象的现状及其分布，而且能显示现象的动态变化和发展

规律。

(2) 专题地图的分类

专题地图按照表现方法来分主要有以下几种：

① 点位符号法：用点状符号反映点状分布要素的位置、类别、数量或等级。图6-6所示为使用的点位符号表示某市不同种类企业的分布。

② 定位图表法：在要素分布的点位上绘制成统计图表，表示其数量特征及结构。常见的图表有两种：一种是方向数量图表；一种是时间数量图表。如图6-7所示为使用定位图表示不同村庄所种植的不同作物的构成情况。

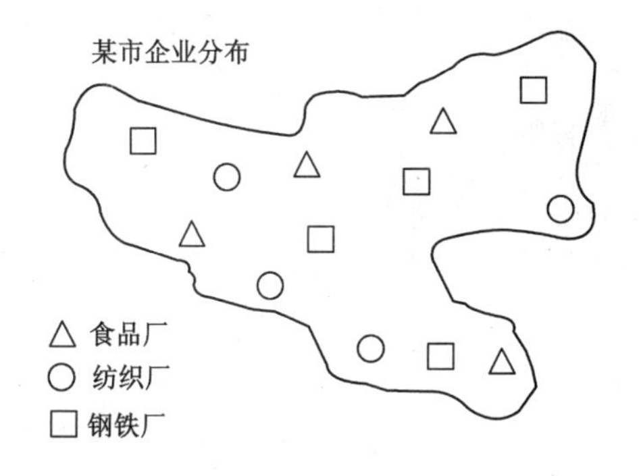

图6-6　点位符号法

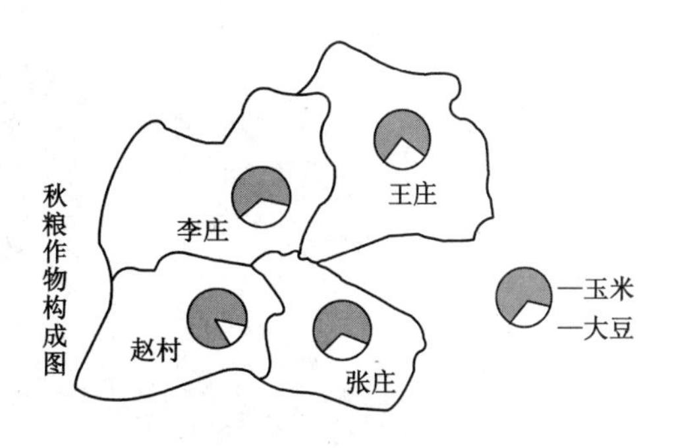

图6-7　定位图表法

③ 线状符号法：用线状符号表示呈线状、带状分布要素的位置、类别或等级。如河流、海岸线、交通线、地质构造线及山脊线等。

④ 动态符号法：在线状符号上加绘箭头，表示运动方向。还可以用线条的宽窄表示数量的差异，也可以用连续的动线符号表示面状分布现象的动态。

⑤ 面状分布要素表示法：面状符号表示成片分布的地理事物。

此外，在专题地图上还使用柱状图图表、剖面图表、塔形图表、三角形图表等多种统计图表，作为地图的补充。上述各种方法经常是配合应用的。

专题地图按照其内容要素的不同性质，可以划分为自然地图、社会政治经济地图、其他专题地图三个基本类型：

① 自然地图包括如地质图、地球地理图、地震图、地势图、地貌图、气候气象图、水文图、海洋图、环境图、植被图、土壤图和综合自然地理图等。

② 社会政治经济地图包括如政治行政区划图、交通图、人口图、经济地图、文化建设图、历史地图、旅游地图等。

③ 其他专题地图主要在行业性较强的领域使用，如物种分布图、疫情扩散趋势图等。

6. 立体透视显示

GIS的立体透视显示可以实现多种地形的三维表达，常用的包括立体等高线图、线框透视图、立体透视图以及各种地形模型与图像数据叠加而形成的地形景观等。

(1) 立体等高线模型

平面等高线图在二维平面实现了三维地形的表达，但地形起伏需要进行判读，虽具有量测性但不直观。借助于计算机技术，可以实现平面等高线构成的空间图形在平面上的立体体现，即将等高线作为空间直角坐标系函数 $H=f(x,y)$ 的空间图形，投影到平面上所获得的立体效果图。

(2) 三维线框透视模型

线框透视图或线框模型是计算机图形学和CAD/CAM领域中较早用来表示三维对象的模型,至今仍广为运用,流行的CAD软件、GIS软件等都支持三维对象的线框透视图建立。线框模型是三维对象的轮廓描述,用顶点和邻边来表示三维对象,其优点是结构简单、易于理解、数据量小、建模速度快,缺点是线框模型没有面和体的特征、表面轮廓线将随着视线方向的变化而变化、由于不是连续的几何信息因而不能明确地定义给定点与对象之间的关系(如点在形体内、外等),如图6-8所示。

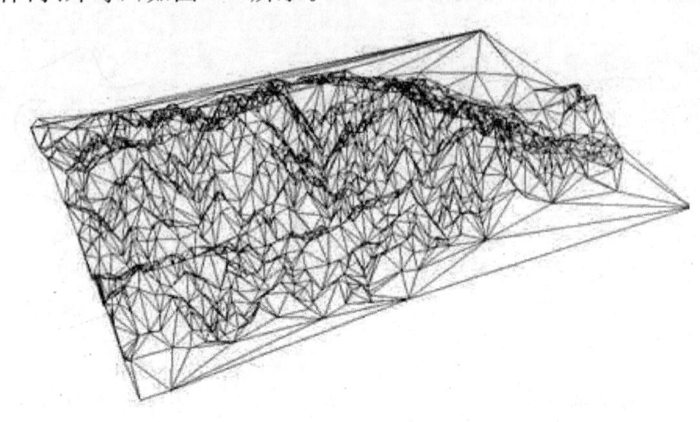

图6-8 DEM三维线框透视图

(3) 地形三维表面模型

如前所述,三维线框透视图是通过点和线来建立三维对象的立体模型,仅提供可视化效果而无法进行有关的分析。地形三维表面模型在三维线框模型基础上,通过增加有关的面、表面特征、边的连接方向等信息,实现对三维表面的以面为基础的定义和描述,从而可满足面面求交、线面消除、明暗色彩图等应用的需求。简言之,三维表面模型是用有向边所围成的面域来定义形体表面,由面的集合来定义形体。

若把数字高程模型的每个单元看作一个个面域,可实现地形图表面的三维可视化,表达形式可以是不渲染的线框图,也采用光照模型进行光照模拟,同时也可叠加各种地物信息,以及与遥感影像等数据叠加形成更加逼真的地形三维景观模型,如图6-9所示。

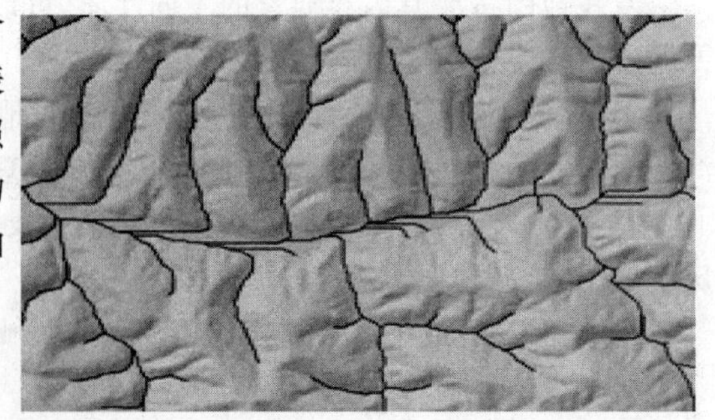

图6-9 DEM三维透视模型

7. 三维景观显示

(1) 基于纹理映射技术的地形三维景观

真实地物表面存在着丰富的纹理细节,人们正是依据这些纹理细节来区别各种具有相同的形状的景物。因此,景观表面纹理细节的模拟在真实感图形生成技术中起着非常重要的作用,一般将景物表面纹理细节的模拟称为纹理映射技术。

纹理映射技术的本质是:选择与DEM同样地区的纹理影像数据,将该纹理“贴”在通过

DEM 所建立的三维地形模型上，从而形成既具有立体感又具有真实性、信息含量丰富的三维立体景观。以扫描数字化地形图作为纹理图像，依据地形图和 DEM 数据建立纹理空间、景物空间和图像空间三者之间的映射关系，可以依据真实感图形绘制的基本理论生成以地形要素地图符号为表面纹理的三维地形景观。

(2) 基于遥感影像的地形三维景观

各类遥感影像数据(航空、航天、雷达等)记录了地形表面丰富的地物信息，是地形景观模型建立主要的纹理库。

基于航摄相片生成地形三维景观图的基本原理是：在获取区域内的 DEM 的基础上，在数字化航摄图像上按一定的点位分布要求选取一定数量(通常大于 6 个)的明显特征点，量测其影像坐标的精确值以及在地面的精确位置，据此按航摄相片的成像原理和有关公式确定数字航摄图像和相应地面之间的映射关系，解算出变化参数。同时利用生成的三维地形图的透视变换原理，确定纹理图像(航摄相片)与地形立体图之间的映射关系。DEM 数据细分后的每一地面点可依透视变换参数确定其航摄相片图像的位置。经重采样后获得其影像灰度，最后经透视变换、消隐、灰度转换等处理，将结果显示在计算机屏幕上，生成一幅以真实影像纹理构成的三维地形景观，如图 6-10 所示。

基于航天数据处理的方法与航摄相片的方法基本相同，如图 6-11 所示。不同的是由于不同遥感影像数据获取的传感器不同，其构像方程、内外方位元素也各异，需要针对相应的遥感图像建立相应的投影映射关系。

图 6-10　(航空)正射影像＋DEM

图 6-11　(遥感)正射影像＋DEM

需要说明的是，对大多数工程而言，用于建立地形逼真显示的影像数据只有航空影像最合适，因为一般地面摄影由于比例尺太小，各种微小起伏和较小的地物影像不清楚，仅适用于小比例尺的地面重建。航空影像具有精度均匀、信息完备、分辨率适中等特点，因而特别适用于一般大比例尺的地面重建。

(3) 基于地物叠加的地形三维景观

将图像的纹理叠加在地形的表面，虽然可以增加地形显示的真实性，但若是能够在 DEM 模型上叠加地形表面的各种人工和自然地物，如公路、河流、桥梁、地面建筑等，则更能逼真地反映地表的实际情况，而且这样生成的地形环境还能进行空间信息查询和管理。

对于这些复杂的人工和自然地物的三维造型，可利用现有的许多商用地形可视化系统(如 MultiGen) 开发的专门进行三维造型的生成器 Creator，可先由该三维造型生成器生成各种地物，然后再贴在地形的表面；另外还可利用现有的三维造型工具(如 3DMax) 来塑造三维实体地物，然后再导入到地形可视化系统中。对于简单的建筑物，可以将其多边形先用三角剖分，然后将其拉伸到一定的高度，就形成三维实体；而对河流、道路、湖泊等地表地物，由于存在多边形的拓扑关系，如湖中有岛，这时的三角形剖分就要复杂得多，但约束Delaunay三角形可以保证在三角形剖分过程中，将河流或湖泊中的岛保留，同时还能保留多边形的边界线，以及保证剖分后的三角形具有良好的数学性质(不出现狭长的三角形)。

8. 三维动态漫游

三维景观的显示属于静态可视化范畴，在实际工作中，对于一个较大的区域或者一条较长的路线，有时既需要把握局部地形的详细特征，又需要观察较大的范围，以获取地形的全貌。一个较好的解决方案就是使用计算机动画技术，使观察者能够畅游于地形环境中，从而从整体和局部两个方面了解地形环境。

为了形成动画，就要事先生成一组连续的图形序列，并将图像存储于计算机中。将事先生成的一系列图像存储在一个隔离缓冲区，通过翻页建立动画；图形阵列动画即位组块传送，每幅画面只是全屏幕图像的一个矩形块，显示每幅画面只操作一小部分屏幕，较节省内存，可获得较快的运行时间性能。

对于地形场景而言，不但有DEM数据，还有纹理数据，以及各种地物模型数据，数据量都比较庞大。而目前计算机的存储内容有限，因此为了获得理想的视觉效果和计算机处理速度，使用一定的技术对地形场景的各种模型进行管理和调度就显得非常重要，这类技术主要有单元分割法、细节层次法(LOD)、脱线预计算以及内存管理技术等，通过这些技术实现对模型的有效管理，从而保证视觉效果的连续性。

9. 虚拟现实技术

虚拟现实(virtual reality, VR)是计算机产生的集视觉、听觉、触觉等为一体的三维虚拟环境，用户借助特定装备(如数据手套、头盔等)以自然方式与虚拟环境交互作用、相互影响，从而获得与真实世界等同的感受以及在现实世界中难以经历的体验。随着三维信息的应用和计算机图形学技术的发展，地理信息三维表示不仅追求普通屏幕上通过透视投影展示的真实感图形，而且具有强烈沉浸感的虚拟现实真立体展示日益成为主流技术之一。

VR基本特征包括多感知性、自主性、交互性和临场性。自主性指VR中的物体应具备根据物理定律动作的能力，如受重力作用的物体下落；交互性指对VR内物体的互操作程度和从中得到反馈的程度。用户与虚拟环境相互作用、相互影响，当人的手抓住物体时，则人的手有握住物体的感觉并可感知物体的重量，而物体应能随着移动的手移动而移动。现在一般把交互性(interaction)、沉浸感(immersion)和想象力(imagination)“3I”作为一个虚拟现实系统的基本特征，如图6-12所示。

生成VR的方法技术简称VR技术。VR技术强调身临其境感或沉浸感，其实质在于强调VR系统对介入者的刺激，在物理上和认知上符合人长期生活所积累的体验和理解。

图6-12 虚拟现实技术工具

VR技术正日益成为三维空间数据可视化通用的工具。VR系统把地理空间数据组织成一组有结构、有组织的具有三维几何空间的有序数据，使得 VR 世界成为一个有坐标、有地方、有三维空间的世界，从而与现实世界中可感知、可触摸的三维世界相对应。

虚拟现实技术与多维海量空间数据库管理系统结合起来，直接对多维、多源、多尺度的海量空间数据进行虚拟显示，建立具有真三维景观描述的、可实时交互设计、能进行空间分析和查询的虚拟现实系统，是今后虚拟现实系统的一个重要发展方向。虚拟场景与真实场景的真实感融合技术和增强现实技术也正在日益成为 GIS 和 VR 集成的重要方向。

任务实施

一、任务内容

MapGIS 的电子沙盘系统提供了强大的三维交互地形可视化环境，利用 DEM 数据与专业图像数据，可生成近实时的二维和三维透视景观。通过交互地调整飞行方向、观察方向、飞行观察位置、飞行高度等参数，就可生成近实时的飞行鸟瞰景观。以某地 1∶50 000 三维电子沙盘模型的制作过程为例，在 MapGIS 平台上制作电子沙盘。

二、任务实施步骤

MapGIS 电子沙盘的制作过程包括获取基础数据、建立数字高程模型和形成电子沙盘三个过程。

(1) 获取电子沙盘基础数据

首先从 MapGIS 主菜单的图形处理的输入编辑子系统中通过交互矢量方法获取该地的等高线数据“dgx. wl”，然后对等高线数据进行全面检查。在 MapGIS 软件下等高线数据的检查过程如下：

① 编辑子系统→其他→检查重叠弧线→重叠线检查。根据其提示删除重叠线。

② 编辑子系统→其他→清重坐标及自相交→清线重叠坐标及自相交。根据其提示删除自相交点。

③ 等高线属性检查(一组等高线数目为 5)。

在 MapGIS 编辑子系统中打开矢量化→高程值色谱设置，弹出等高线高程检查对话框，在对话框中分别选 20，5，参数选择完毕后，打开高程值色谱显示，这时，等高线就自动分为 5 种不同的颜色，根据等高线色彩顺序，可发现大多数等高线高程属性正确，但仍存在部分特殊的错误，如高程＝1 000，被录入为 100，高程＝2 050 被录入为 2 150，高程值不能被查出，我们可将一组等高线分别设置为 6 根或者 4 根，等高线就会自动分为 6 种或者 4 种不同的颜色，这样可以按色彩顺序进行进一步的检查。

(2) 建立数字高程模型(DEM)

DEM 的表现形式主要有两种类型：

① 规则格网文件 *. GRD。GRD 模型操作专门针对以栅格为基础的高程格网数据。在 GRD 模型中，我们可以对输入的离散型数据进行显示，交互式地修改，离散数据网格化，稀疏网格插密，绘制各种图形等各种分析操作。其中，除了“离散数据网格化”只针对非规则网数据进行操作以外，其他功能都只针对规则网数据进行操作。如果当前的数据格式不正确，系统会拒绝执行并给出相关信息。

② 不规则三角网 *. TIN。不规则三角网也是 DTM 的一种表现形式，所谓 TIN 模型，实质上也是 DTM 的一种表现形式。所谓 TIN 模型，实质上是将原始离散数据点，按一定

规则连接成 delaunay 三角形，然后在此基础上进行分析，与 GRD 模型相比，TIN 模型可以不必对原始离散数据直接建立三角剖分，进行分析。

数字高程模型的建立步骤如下：

首先打开 MapGIS 主窗口→空间分析→DTM 分析→MapGIS 模型子系统→三角剖分显示窗口，在文件中打开线数据文件(dgx. WL)→处理点线→线数据高程点提取→TIN 模型→快速生成三角剖分网→整理三角剖分网→处理点线→等值线高程栅格化。快速生成三角剖分网是将“生成三角剖分网”和“优化三角剖分网”两个功能结合起来，直接生成优化的三角剖分网，以简化用户操作的步骤；整理三角剖分网是删除三角网边缘的一些满足条件的狭长的三角形。图是整理三角剖分网的截图。确认后，系统即进行整理工作，此时，已生成了规则的 *.grd 文件。

(3) 形成电子沙盘

电子沙盘系统是完全支持 MSI 图像的所有的数据类型的三维地形可视化，可以用鼠标实时控制飞行方向和飞行高度。它提供了绝对和相对的飞行高程，用户可以任意调节三维场景质量和飞行速度。它支持 24 bit 的彩色显示设备，支持地形日光照射模型，各种灰度变换的动态显示和任意大图像的自动浏览显示。电子沙盘的制作步骤如下：

① 首先打开 MapGIS 主菜单，在图像处理下面点中电子沙盘→文件→装入高程文件 *.GRD，DEM 数据投影参数设置→确定→高程缩放比例设置→确认→三维显示窗口可看见结果。

② 打开彩色数据。打开与 DEM 数据相对应的专题数据，专题数据是用作建立三维景观的彩色数据。

在分析研究电子沙盘前首先可以按需要进行飞行参数设置，包括：

① 文件菜单设置。进行飞行参数设置，飞行参数包括位置、速度、视角、比例、高程和绘制等参数。

② 编辑路径菜单设置。设置飞行路径，包括：添加飞行路径、添加路径点、删除路径点和移动路径点等。

③ 查看菜单设置。设置显示参数，包括：三维飞行浏览、按路径飞行、RGB 图像设色、索引图像设色及图像变换参数设置等。

参数设置完，就可以按已设置好的程序进行飞行研究。

技能训练

小秦岭金矿区位于晋、豫、陕三省交界处，是我国著名的黄金产地，多年来粗放式的矿产资源开发方式以及采矿废渣和尾矿弃渣在沟道里的乱堆乱放使得该区如遇暴雨天气，极易爆发矿渣性泥石流灾害，严重威胁着沿沟各矿山的人员与财产安全。利用电子沙盘系统可以直观地分析矿区的地形地貌，为矿渣型泥石流的成因分析和风险评价提供有效的帮助。

① 利用 MapGIS 软件获取该区的基础数据。

② 建立该区的数字高程模型。

③ 进行电子沙盘的生成与三维显示。

思考练习

1. 简述空间信息可视化的概念与形式。

2. 如何使用自己编辑的系统库?

3. 如何将自己系统库中不需要的符号、线型、图案删除?

4. 为什么在提交成果时,要求将系统库一并提交?

任务二 GIS产品检查与质量评定

任务描述

对GIS来说,空间数据是基础,非空间数据是内涵,数据质量的优劣将直接影响GIS应用分析结果的可靠程度和应用目标的实现。GIS产品的质量是伴随着数据采集、处理和应用的过程而产生并表现出来的,对其产品质量进行科学的检验和评价是确保数字产品符合GIS应用的质量标准。

相关知识

一、空间数据质量的相关概念

1. 误差

简而言之,误差表示数据与其真值之间的差异。误差的概念是完全基于数据而言的,没有包含统计模型在内,从某种程度上讲,它只取决于量测值,因为真值是确定的。如测量地面某点高程为1 002.4 m,而其真值为1 001.3 m,则该数据误差为0.9 m。

误差与不确定性有着不同的含义。在上例中,认为量测值(1 002.4 m)与误差(0.9 m)都是确定的。也就是说,存在误差,但不存在不确定性。不确定性指的是“未知或未完全知”,因此,不确定性是基于统计的推理、预测。这样的预测既针对未知的真值,也针对未知的误差。

2. 准确度

准确度是测量值与真值之间的接近程度。它可以用误差来衡量。仍以前面所述某点高程值为例,如果以更先进测量方式测得其值为1 002.1 m,则此量测方式比前一种方式更为准确,亦即其准确度更高。

3. 偏差

与误差不同,偏差基于一个面向全体量测值的统计模型,通常以平均误差来描述。

4. 精密度

精密度指在对某个量的多次测量中,各量测值之间的离散程度。可以看出,精密度的实质在于它对数据准确度的影响,同时在很多情况下,它可以通过准确度而得到体现,故常把二者结合在一起称为精确度,简称精度。精度通常表示成一个统计值,它基于一组重复的监测值,如样本平均值的标准差。

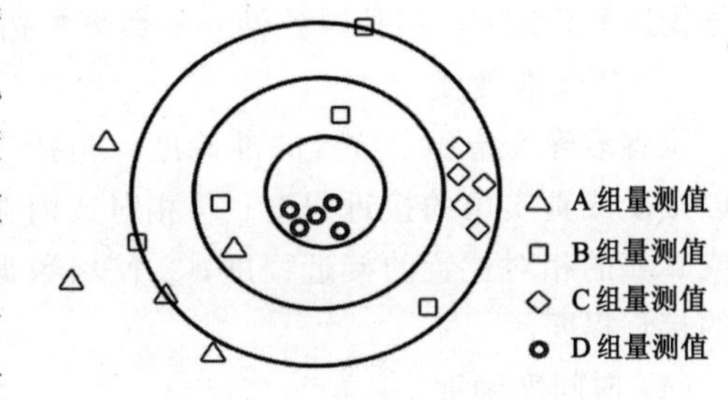

图6-13 数据质量相关概念示意图

图6-13中,离中心圆圆心越近,表示越高的准确度。图中,A组量测值中,只有一个距离圆心较近,准确度相对较高,整体值比较分散,说明这一组数据偏差打、精密度较差;B组

量测值偏差不大但精度较低，数据整体准确度较低；C组值偏差较大，虽具有较高的精密度，整体准确度仍较低；D组值偏差较小且具有很高的精密度，数据整体准确性较高。

5. 不确定性

不确定性是指对真值的认知或肯定的程度，是更广泛意义上的误差，包含系统误差、偶然误差、粗差、可度量和不可度量误差、数据的不完整性、概念的模糊性等。在GIS中，用于进行空间分析的空间数据，其真值一般无从量测，空间分析模型往往是在对自然现象认识的基础上建立的，因而空间数据和空间分析中倾向于采用不确定性来描述数据和分析结果的质量。

此外，GIS数据的规范化和标准化直接影响地理信息的共享，而地理信息共享又直接影响GIS的经济效益和社会效益。为了尽量利用已有数据资源，并为今后数据共享创造条件，各国都在努力开展标准化研究工作。国家制定的规范和标准是信息资源共享的基础，不但有利于国内信息交流，也有利于国际信息交流。但是目前空间数据的标准化仍然存在不少问题，还缺乏统一的标准和规范，各部门间也缺乏必要的联系和协调，对空间数据科学的分类和统计缺乏严格的定义，直接导致建立的各类信息系统之间数据杂乱，难以相互利用，信息得不到有效交流和共享。为使数据库和信息系统能向各级政府和部门提供更好的信息服务，实现数据共享，数据的规范化和标准化刻不容缓。

二、空间数据质量评价

1. 评价指标

数据质量是数据整体性能的综合体现，而空间数据质量标准是生产、应用和评价空间数据的依据。为了描述空间数据质量，许多国际组织和国家都制定了相应的空间数据质量标准和指标。空间数据质量指标的建立必须考虑空间过程和现象的认知、表达、处理、再现等全过程。

从实用的角度来讨论空间数据质量，空间数据质量指标应包括以下几个方面：

(1) 完备性

完备性指要素、要素属性和要素关系的存在和缺失。完备性包括两个方面的具体指标：多余，数据集中多余的数据；遗漏，数据集中缺少的数据。

(2) 逻辑一致性

逻辑一致性指对数据结构、属性及关系的逻辑规则的依附度(数据结果可以是概念上的、逻辑上的或物理上的)。包括四个具体指标：① 概念一致性——对概念模式规则的符合情况；② 值域一致性——值对值域的符合情况；③ 格式一致性——数据存储同数据集的物理结构匹配程度；④ 拓扑一致性——数据集拓扑特征编码的准确度。

(3) 位置准确度

位置准确度指要素位置的准确度。包括三个具体指标：① 绝对或客观精度：坐标值与可以接受或真实值的接近程度；② 相对或内在精度：数据集中要素的相对位置和其可以接受或真实的相对位置的接近程度；③ 网格数据位置精度：格网数据位置同可以接受或真实值的接近程度。

(4) 时间准确度

时间准确度指要素时间属性和时间关系的准确度。包括三个具体指标：① 时间量测准确度——时间参照的正确性(时间量测误差报告)；② 时间一致性——事件时间排序或时间次序的正确性;③ 时间有效性——时间上数据的有效性。

(5) 专题准确度

专题准确度指定量属性的准确度,定性属性的正确性,要素的分类分级以及其他关系。包括四个具体指标:① 分类分级正确性——要素被划分的类别或等级,或者它们的属性与论域(例如,地表真值或参考数据集)的比较;② 非定量属性准确度——非定量属性的正确性;③ 定量属性准确度——定量属性的准确度;④ 对于任意数据质量指标可以根据需要建立其他的具体指标。

当然,还可以根据实际需要建立其他指标来描述数据质量的某一方面。

2. 评价方法

空间数据质量评价方法分直接评价和间接评价两种。直接评价方法是对数据集通过全面检测或抽样检测方式进行评价的方法,又称验收度量。间接评价方法是对数据的来源和质量、生产方法等间接信息进行数据质量评价的方法,又称预估度量。这两种方法的本质区别是面向的对象不同,直接评价方法面对的是生产出的数据集,而间接评价方法则面对的是一些间接信息,只能通过误差传播的原理,根据间接信息估算出最终成品数据集的质量。

(1) 直接评价法

直接评价法又分为内部和外部两种。内部直接评价方法要求对所有数据仅在其内部对数据集进行评价。例如在属于拓扑结构的数据集中,为边界闭合的拓扑一致性做的逻辑一致性测试所需要的所有信息。外部直接评价法要求参考外部数据对数据集测试。例如对数据集中道路名称做完整性测试需要另外的道路名称及原始性资料。

(2) 间接评价法

间接评价法是一种基于外部知识的数据集质量评价方法。本方法只是推荐性的,仅在直接评价方法不能使用时使用。在下列几种情况下,间接评价法是有效的:使用信息中记录了数据集的用法;数据日志信息记录了有关数据集生产和历史的信息;用途信息描述了数据集成产的用途。

三、空间数据的误差源及误差传播

空间数据的误差包括随机误差、系统误差以及粗差。数据是通过对现实世界中的实体进行解译、量测、数据输入、空间数据处理以及数据表示而完成的。其中每一个过程均有可能产生误差,从而导致相当数量的误差积累。图 6-14 表示出 GIS 中数据的误差源及误差的传播过程。

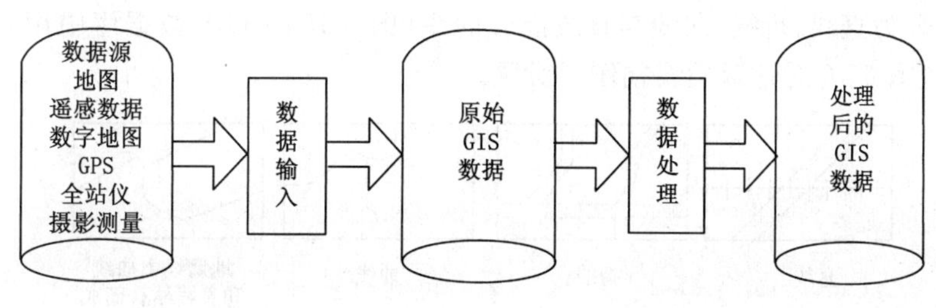

图 6-14 GIS 中数据的误差源

图 6-14 中，GIS 的各类空间数据源本身都会有误差存在，这种误差会一直传播到 GIS 的分析结果中。在对数据进行输入时，会由于采样办法、仪器设备等的固有误差以及一些无法避免的因素造成新的误差，这些误差会随着数据进入空间数据库。GIS 对数据库中数据的处理和分析过程也会产生误差，并传播到处理、分析结果数据中。

总之，空间数据的误差源蕴含在整个 GIS 运行的每个环节，并且往往会随系统的运行不断传播，使得 GIS 空间数据的误差分析相当复杂，甚至在某些环节没有任何方式可对其进行分析。

四、误差类型分析

GIS 中的误差是指 GIS 中数据表示与其现实世界本身的差别。数据误差的类型可以是随机的，也可以是系统。归纳起来，数据的误差主要有四大类，即几何误差、属性误差、时间误差和逻辑误差。在这几种误差中，属性误差和时间误差与普通信息系统中的误差概念是一致的，几何误差是地理信息系统所特有的，而几何误差、属性误差和时间误差都会造成逻辑误差，下面主要讨论讨论几何误差、逻辑误差和属性误差。

1. 几何误差

由于地图是以二维平面坐标表达位置，二维平面上的几何误差主要反映在点和线上。

(1) 点误差

关于某点的点误差即为测量位置与其真实位置的差异。真实位置的测量方法比测量位置的要更加精确，如在野外使用高精度的 GPS 方法得到。点误差可通过计算坐标误差和距离的方法得到。

为了衡量整个数据采集区域或制图区域内的点误差，一般采用抽样测算的方法。抽样点应随机分布于数据采集区内，并具有代表性。这样抽样点越多，所测的误差分布就越接近于点误差的真实分布。

(2) 线误差

线在地理信息系统数据库中既可表示线性现象，又可以通过连成的多边形表示面状现象。第一类是线上的点在真实世界中是可以找到的，如道路、河流、行政界限等，这类的线性特征的线误差主要产生于测量和对数据的后处理；第二类是现实世界中找不到的，如按数学投影定义的经纬线、按高程绘制的等高线，或者是气候区划线和土壤类型界限等，这类线性特征的线误差及在确定线的界线时的误差，被称为解译误差。解译误差与属性误差直接相关，若没有属性误差，则可以认为那些类型界线是准确的，因而解译误差为零。

另外，线分为直线、折线、曲线与直线混合的线(图 6-15)。GIS 数据库中用两种方法表达曲线、折线，图 6-16 对这两类误差作了对照。

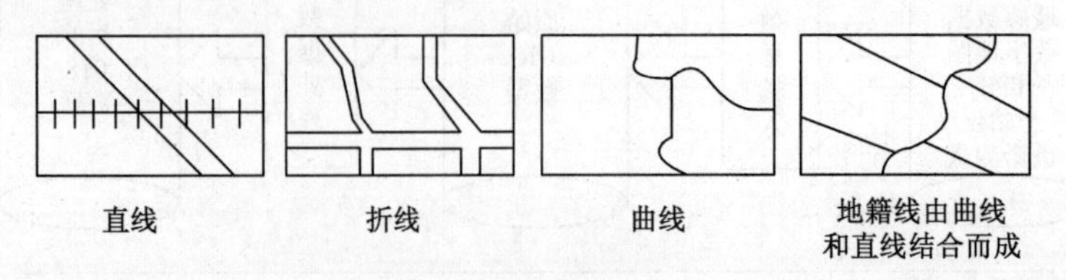

图 6-15　各种线

线误差分布可以用 Epsilon 带模型来描述，它由沿着一条线以及两侧定宽的带构成，真

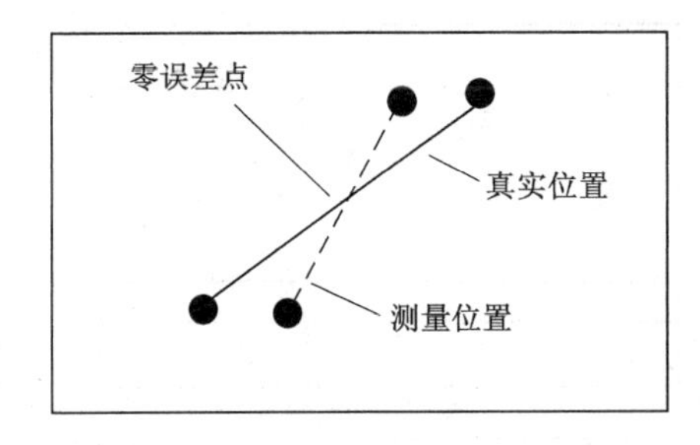

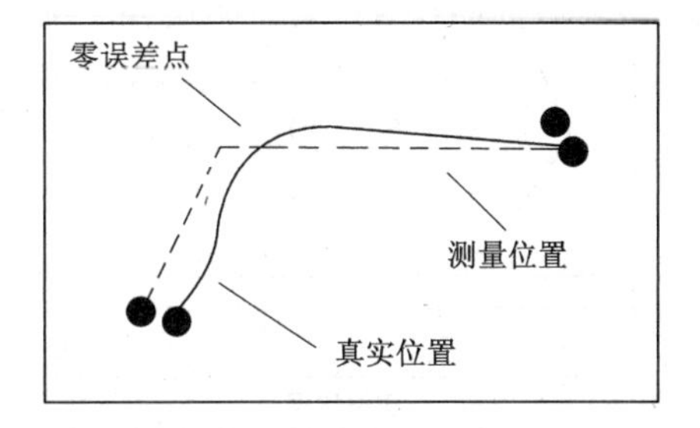

图 6-16 折线和曲线的误差

实的线以某一概率落于 Epsilon 带内。Epsilon 带是等宽的(类似于前面讲述的缓冲区,不过其意义不同),在此基础上,误差带模型被提出,与 Epsilon 带模型相比,它在中间最窄而在两端较宽。基于误差带模型,可以把直线与折线误差分布的特点分别看作是"骨头形"或者"车链形"的误差分布模式(图 6-17)。

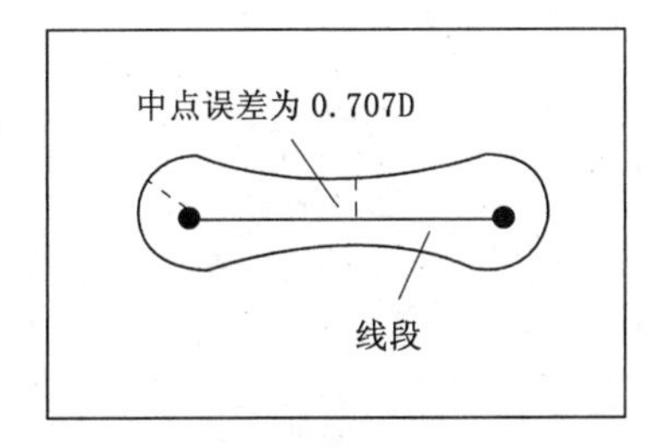

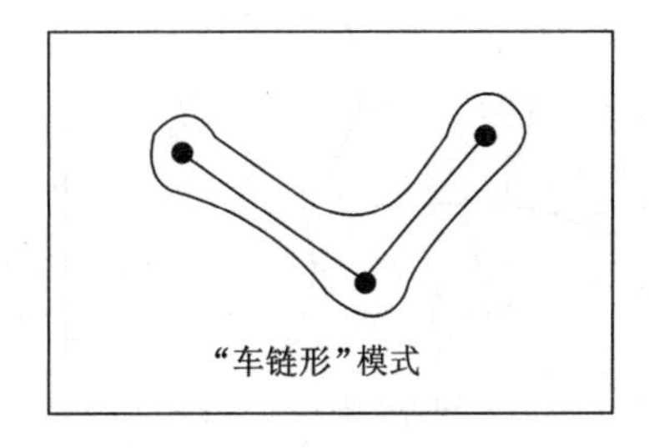

图 6-17 直线与折线误差的分布

对于曲线的误差分布可以看成"串肠形"模式(图 6-18)。

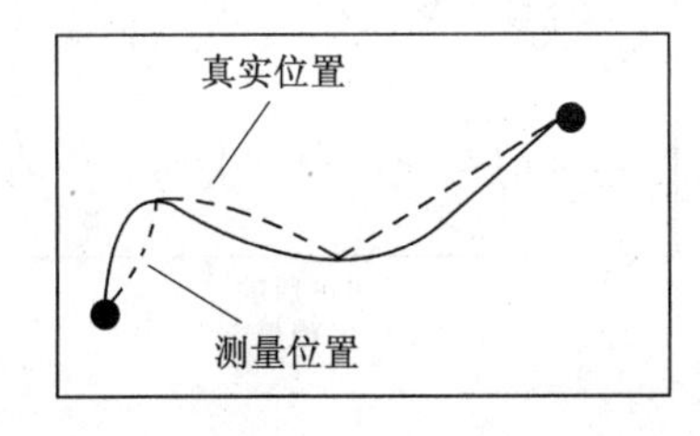

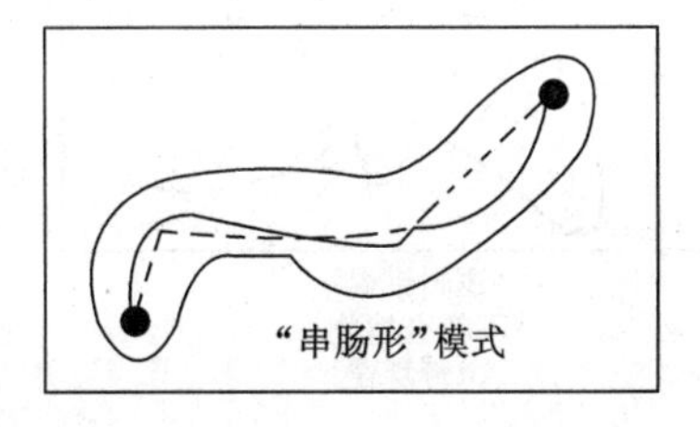

图 6-18 曲线的误差分布

2. 逻辑误差

数据的不完整性是通过上述四类误差反映出来的。事实上检查逻辑误差,有助于发现不完整的数据和其他三类误差。对数据进行质量控制或质量评价,一般先从数据的逻辑性检查入手。如图 6-18 所示,其中桥或停车场等与道路是相连接的,如果数据库中只有桥或停车场,而没有与道路相连,则说明道路数据被遗漏,数据不完整。图 6-19 表示出了多种逻辑误差。

3. 属性误差

属性数据可以分为命名、次序、间隔和比值四种类型。间隔和比值的属性数据误差可以用点误差的分析方法进行分析评价。此处主要讨论命名和次序这两种类型。多数专题地图都用命名或次序表现,如人口分布图、土地利用图、地质图等内容主要为命名数据,而反映坡

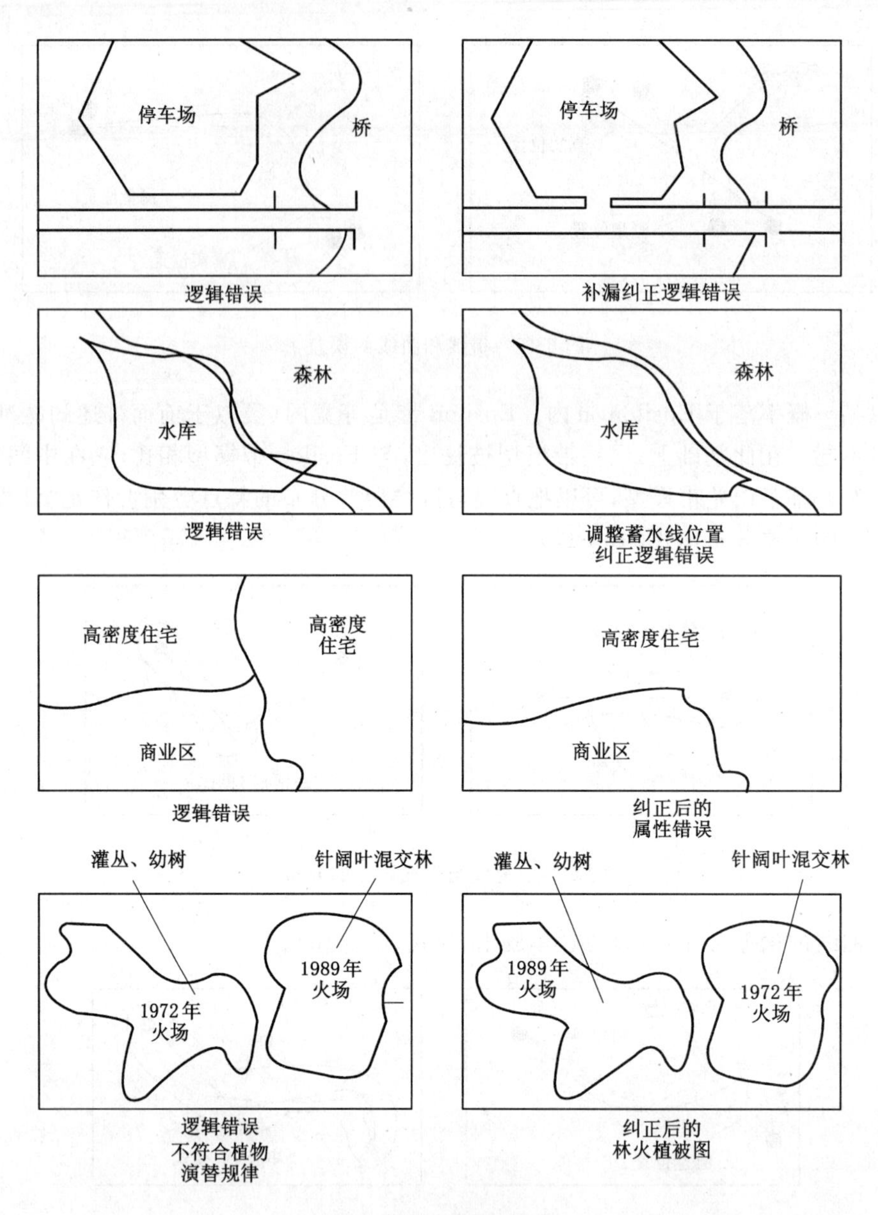

图 6-19　各种逻辑误差

度、土壤侵蚀度等的一般是次序数据。如将土壤侵蚀度分为若干级，级数即为次序数据。考察空间任意点处定性属性数据与其真实的状态是否一致，只有对或错两种可能。因此可以用遥感分类中常用的准确度评价方法来评价定性数据误差。

定性属性数据的准确度评价方法比较复杂，它受属性变量的离散值（如类型的个数）、每个属性值在空间分布和每个同属性地块的形态和大小、检测样点的分布和选取，以及不同属性值在特征上的相似程度等多种因素的影响。

五、空间数据质量的控制

空间数据质量控制是指，在GIS建设和应用过程中对可能引入误差的步骤和过程加以控制，对这些步骤和过程的一些指标和参数予以规定，对检查出的错误和误差进行修正，以达到提高系统数据质量和应用水平的目的。在进行空间数据质量控制时,必须明确数据质量是一个相对的概念,除了可度量的空间和属性误差外,许多质量指标是难以确定的。因此空间数据质量控制主要是针对其中可度量和控制的质量指标而言的。数据质量控制是个复杂的过程,要从数据质量产生和扩散的所有过程和环节入手,分别采取一定的方法和措施来减少误差。

1. 空间数据质量控制的方法

空间数据质量控制常见的方法有以下几种:

(1) 传统的手工方法

质量控制的手工方法主要是将数字化数据与数据源进行比较,图形部分的检查包括目视方法、绘制到透明图上与原图叠加比较,属性部分的检查采用与原属性逐个对比或其他比较方法。

(2) 元数据方法

数据集的元数据中包含了大量的有关数据质量的信息,通过它可以检查数据质量,同时元数据也记录了数据处理过程中质量的变化,通过跟踪元数据可以了解数据的状况和变化。

(3) 地理相关法

用空间数据的地理特征要素自身的相关性来分析数据的质量。例如,从地表自然特征的空间分布着手分析,山区河流应位于微地形的最低点,因此叠加河流和等高线两层数据中必有一层数据有质量问题,如不能确定哪层数据有问题时,可以通过将它们分别与其他质量可靠的数据层叠加来进一步分析。因此,可以建立一个有关地理特征要素相关关系的知识库,以备各空间数据层之间地理特征要素的相关分析之用。

2. 空间数据生产过程中的质量控制

数据质量控制应体现在数据生产和处理的各个环节。下面仍以地图数字化生成空间数据过程为例,介绍数据质量控制的措施。

(1) 数据源的选择

由于数据处理和使用过程的每一个步骤都会保留甚至加大原有误差,同时可能引入新的数据误差,因此,数据源的误差范围至少不能大于系统对数据误差的要求范围。

所以对于大比例尺地图的数字化,原图应尽量采用最新的二底图,即使用变形较小的薄膜片基制作的分版图,以保证资料的现势性和减少材料变形对数据质量的影响。

(2) 数字化过程的数据质量控制

数字化过程的数据质量控制主要从数据预处理、数字化设备的选用、数字化对点精度、数字化限差和数据精度检查等环节出发。

① 数据预处理。主要包括对原始地图、表格等的整理、誊清或清绘。对于质量不高的数据源,如散乱的文档和图面不清晰的地图,通过预处理工作不但可减少数字化误差,还可提高数字化工作的效率。对于扫描数字化的原始图像或图像,还可采用分版扫描的方法,来减小矢量化误差。

② 数字化设备的选用。主要按手扶数字化仪、扫描仪等设备的分辨率和精度等有关参数进行挑选,这些参数应不低于设计的数据精度要求。一般要求数字化仪的分辨率达到0.025 mm,精度达到0.2 mm;对扫描仪的分辨率则不低于300 DPI(dots per inch)。

③ 数字化对点精度(准确性)。数字化对点精度是指数字化时数据采集点与原始点重合的程度。一般要求数字化对点误差小于0.1 mm。

④ 数字化限差。数字化时各种最大限差规定为：曲线采点密度 2 mm，图幅接边误差 0.2 mm，线划接合距离 0.2 mm，线划悬挂距离 0.7 mm。对于接边误差的控制，通常当相邻图幅对应要素间距离小于 0.3 mm 时，可移动其中一个要素以使两者接合；当这一距离在 0.3 mm 与 0.6 mm 之间时，两要素各自移动一半距离；若距离大于 0.6 mm，则按一般制图原则接边，并作记录。

⑤ 数据精度检查。主要检查输出图与原始图之间的点位误差。一般要求，对直线地物和独立地物，这一误差应小于 0.2 mm；对曲线地物和水系，这一误差应小于 0.3 mm；对边界模糊的要素应小于 0.5 mm。

任务实施

一、任务内容

GIS 产品质量检查是地理信息系统建设中必不可少的工作。通过对以上基础知识的学习，在 MapGIS 平台上对城镇地籍数据库成果进行质量检查与评定。

二、任务实施步骤

根据第二次全国土地调查成果数据质量检查细则和相关标准，对城市数字地籍调查数据成果进行各项检查等，快速生成质量检查报告，使生产单位能够对有问题的数据及时纠错，确保城镇数字地籍调查数据成果最终满足建库的要求。

1. 数据质检的流程

数据质量检查的待检查数据是地籍调查数据(含部分土地利用现状数据)。在 MapGIS 平台进行数据库建设，直接由 MapGIS 数据检查软件读入该数据库即可进行检查，不需要数据转换，发现问题直接在 MapGIS 平台中进行交互式修改。根据要求实现对检查规则项的设定，包括对规则类型、规则有效性、强制与否及缺陷类型进行设定，确定数据质检方案，并针对入库的待检数据选用定制的方案，建立数据检查任务。根据创建的任务与选择的数据质检方案，从空间数据“母库”中读取空间数据进行自动检查，用手工检查。通过人机交互的方式进行检查结果的查看，并对检查结果进行质量评定，输出质检报告。如果质量评定数据不合格，则返回到原数据生产系统中修改数据。如果数据质量评定合格，则可以通过数据建库系统，将检查合格的数据批量导入到城镇地籍管理信息系统中。

2. 数据质检内容与方法

(1) 要素代码、要素名称与标准保持一致，必选要素代码、要素名称不能有遗漏。

(2) 图层名称与标准保持一致，必选图层不能有遗漏。

(3) 空间要素属性结构与标准保持一致，必选的空间要素属性结构不能有遗漏，属性表中必选字段不能为空。

(4) 数据具有严格的拓扑结构，不存在拓扑错误。

(5) 相关图层(如宗地与房屋、宗地与界址线等)的空间关系必须正确。

(6) 属性结构逻辑关系正确，属性数据输入正确。

(7) 元数据结构满足《城镇地籍数据库标准》(TD/T 1015—2016)要求。

(8) 元数据内容填写正确，元数据必填项内容不能为空值。

3. 空间数据错误示范

城镇地籍数据库成果中，常见的空间数据错误如图 6-20、图 6-21、图 6-22、图 6-23 所示。

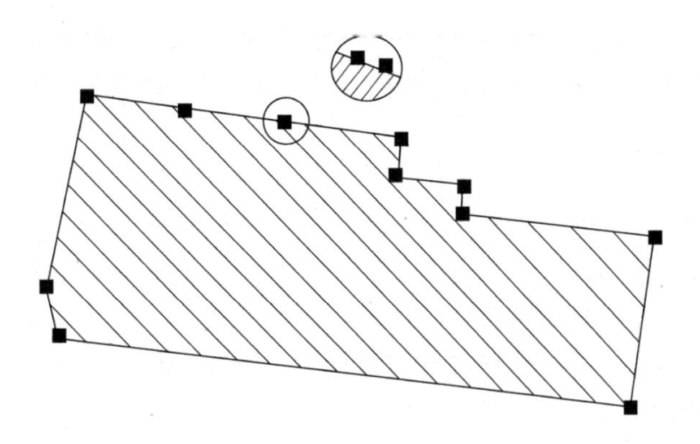

图 6-20　线上重点、微短线

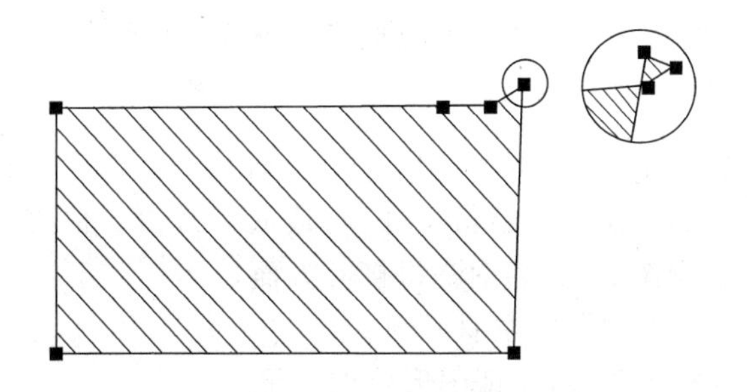

图 6-21　面自交

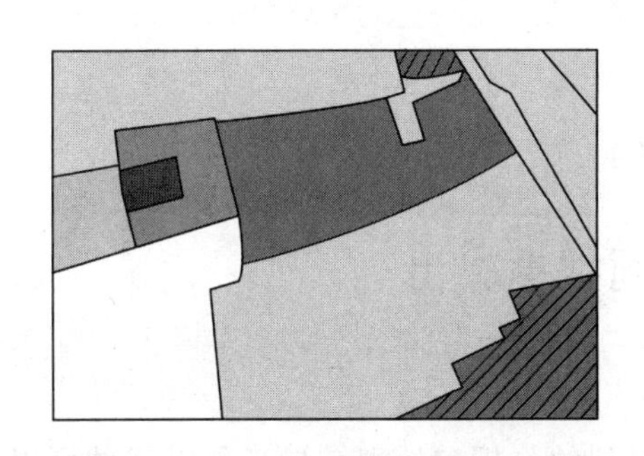

图 6-22　裂缝、重叠

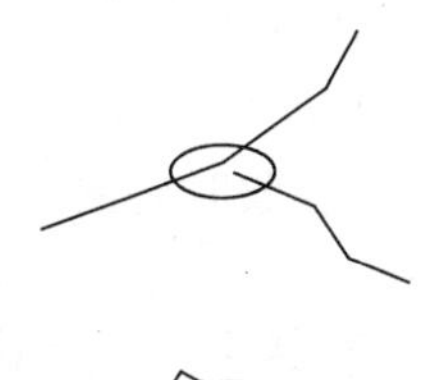

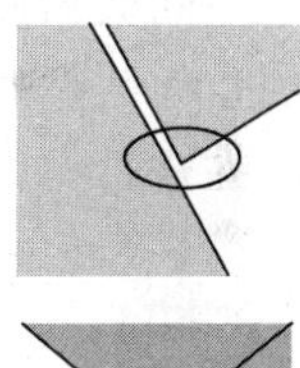

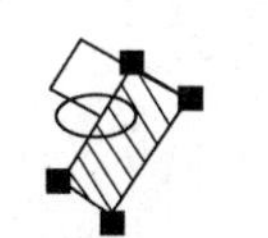

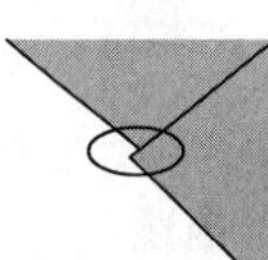

图 6-23　悬挂点

4. 地籍数据库成果质量评定方法

采用缺陷扣分法计算地籍数据库成果数据的得分。缺陷指个体的任何一个质量特性不符合规定的要求。汇总数据的质量缺陷分为三级，即严重缺陷、重缺陷和轻缺陷。出现严重缺陷则判定数据集及数据产品不合格。在确定数据集全检和抽检部分是否合格的基础上，按下列规则判定：只有当全检和抽检部分的数据都合格时，数据才是合格的。

5. 质量评定方法

每个成果数据产品得分预置为 X 分，根据缺陷扣分标准对调查成果数据中出现的缺陷逐个扣分，调查成果数据得分按下式计算：

$$N=X-42i-(12/T)j-(1/T)k$$

式中，N 为成果数据得分；X 为成果数据预置得分；i 为成果数据中严重缺陷的个数；j 为成果数据中重缺陷的个数；k 为成果数据中轻缺陷的个数；T 为缺陷值调整系数。

6. 成果数据质量等级的划分标准

城镇数字地籍调查数据库最终成果(包括纸质资料和电子数据)质量实行优级品、良级品、合格品、不合格品评定制。优级品：$N=90\sim100$ 分；良级品：$N=75\sim89$ 分；合格品：$N=60\sim74$ 分；不合格品：$N=0\sim59$ 分。缺陷扣分标准：严重缺陷的缺陷值 42 分；重缺陷的缺陷值 $12/T$ 分；轻缺陷的缺陷值 $1/T$ 分。

其中 T 为缺陷值调整系数，根据复杂的重要程度确定，默认值为 1，某些缺陷级别较低，如某一重缺陷每 3 处计 1 个，则 $T=3$。

7. 质量检查记录

地籍数据库数据质量质检，利用 MAPGIS 软件的自检功能，可以直接查看质检记录。最终根据质检记录和人工检查记录便可形成地籍数据库的质量检查报告。

技能训练

2011 年 4 月项目组承接了某地区 1∶10 000 土地利用数据库的建库工作，由于当时工期很紧，就将大部分内业工作交给了新员工处理，造成 7 月份自检时发现大量严重错误，主要表现在图形拓扑错误、碎图斑、相邻图幅拼接等方面。

① 请分析出现这一系列问题的主要原因。

② 应采取什么样的技术路线，保证图形数据质量。

思考练习

1. 空间数据质量评价指标有哪些？
2. 空间数据质量控制的方法有哪几种？
3. 在进行 GIS 产品质量验收时应注意哪些事项？

任务三　地理空间数据输出

任务描述

地理空间数据在 GIS 中经过分析处理后，所得到的分析和处理结果必须以某种可以感知的形式(地图、图表、图像、数据报表或文字说明及多媒体等)表现出来，以供 GIS 用户使用。

相关知识

一、地理空间数据输出方式

目前，一般地理信息系统软件都为用户提供三种主要的图形、图像和属性数据报表输出方式。屏幕显示主要用于系统与用户交互式的快速显示，是比较廉价的输出产品，需以屏幕摄影方式做硬拷贝，可用于日常的空间信息管理和小型科研成果输出；矢量绘图仪制图用来绘制高精度的、比较正规的大图幅图形产品；喷墨打印机，特别是高品质的激光打印机已经成为当前地理信息系统地图产品的主要输出设备。

1. 屏幕显示

由于屏幕同绘图机的彩色成图原理有着明显的区别，所以，屏幕所显示的图形如果直接用色彩打印机输出，两者的输出效果往往存在着一定的差异，这就为利用屏幕直接进行地图色彩配置的操作带来很大的障碍。解决的方法一般是根据经验制作色彩对比表，以此作为色彩转换的依据。近年来，部分地理信息系统与机助制图软件在屏幕与绘图机色彩输出一体化方面已经做了不少卓有成效的工作。

2. 矢量绘图

矢量绘图通常采用矢量数据方式输入，根据坐标数据和属性数据将其符号化，然后通过制图指令驱动制图设备；也可以采用栅格作为输入，将制图范围划分为单元，在每一单元中通过点、线构成颜色、模式表示，其驱动设备的指令依然是点、线。矢量制图指令可在矢量制图设备上直接实现，也可以在栅格制图设备上通过插补将点、线指令转化为需要输出的点阵单元，其质量取决于制图单元的大小。

在图形视觉变量的形式中，符号形状可以通过数学表达式、连接离散点、信息块等方法形成；颜色采用笔的颜色表示；图案通过填充方法按设定的排列、方向进行填充。

常用的矢量制图仪器有笔式绘图仪，它通过计算机控制笔的移动而产生图形。大多数笔式绘图仪是增加型，即同一方向按固定步长移动而产生线。许多设备有两个马达，一个为 X 方向，另一个是 Y 方向。利用一个或两个马达的组合，可在 8 个对角方向移动。但是移动步长应很小，以保持各方向的移动相等。

3. 打印输出

打印输出一般是直接以栅格方式进行的，可利用以下几种打印机：

① 点阵打印机。点阵打印是用打印机内的撞击色带，然后利用印字头打将色带上的墨水印在纸上而达成打印效果，点精度达 0.141 mm，可打印比例准确的彩色地图，且设备便宜、成本低，速度与矢量绘图相近，但渲染图比矢量图均匀，便于小型地理信息系统采用，目前的主要问题是解析度低，且打印幅面有限，大的输出图需进行图幅拼接。

② 喷墨打印机(亦称喷墨绘图仪)。喷墨打印机是高档的点阵输出设备，输出质量高，速度快，随着技术的不断完善与价格的降低，目前已取代矢量绘图仪的地位，成为 GIS 产品的主要输出设备。

③ 激光打印机。激光打印机是一种既可用于打印又可用于绘图的设备，是利用碳粉附着在纸上而成的一种打印机，由于打印机内部使用碳粉，属于固体，而激光光束又不受环境影响，所以激光打印机可以常年保持印刷效果清晰细致，任何纸张上都可得到好的效果。绘制的图像品质高、绘制速度快，是计算机图形输出的基本发展方向。

二、地理空间数据输出类型

1. 地图

地图是空间实体的符号化模型，是地理信息系统产品的主要表现形式。根据地理实体的空间形态，常用的地图种类有点位符号图、线状符号图、面状符号图、等值线图、三维立体图、晕渲图等。点位符号图在点状实体或面状实体的中心以制图符号表示实体质量特征；线状符号图采用线状符号表示线状实体的特征；面状符号图在面状区域内用填充模式表示区域的类别及数量差异；等值线图将曲面上等值的点以线划连接起来表示曲面的形态；三维立体图采用透视变换产生透视投影使读者对地物产生深度感并表示三维曲面的起伏；晕渲图以地物对光线的反射产生的明暗使读者对二维表面产生起伏感，从而达到表示立体形态的目的。

2. 图像

图像也是空间实体的一种模型,它不采用符号化的方法,而是采用人的直观视觉变量(如灰度、颜色、模式)表示各空间位置实体的质量特征。它一般将空间范围划分为规则的单元(如正方形),然后根据几个规则确定图像平面的相应位置,用直观视觉变量表示该单元的特征。

3. 统计图表

非空间信息可采用统计图表表示。统计图将实体的特征和实体间与空间无关的相互关系采用图形表示,它将与空间无关的信息传递给使用者,使得使用者对这些信息有全面、直观的了解。统计图常用的形式有柱状图、扇形图、直方图、折线图和散点图等。统计表格将数据直接表示在表格中,使读者可直接看到具体数据值。

三、图面配置

图面配置是指对图面内容进行安排。在一幅完整的地图上,图面内容包括图廓、图名、图例、比例尺、指北针、制图时间、坐标系统、主图、副图、符号、颜色、背景等内容,内容丰富而繁杂,在有限的制图区域上如何合理地进行制图内容的安排,并不是一件轻松的事。一般情况下,图面配置应该主题突出、图面均衡、层次清晰、易于阅读,以求美观和逻辑的协调统一而又不失人性化。

1. 主题突出

制图的目的是通过可视化手段来向人们传递空间信息,因此在整个图面上应该突出所要传递的内容,即制图主体。制图主体的放置应遵循人们的心理感受和习惯,必须有清晰的焦点,为吸引读者的注意力,焦点要素应放置于地图光学中心的附近,即图面几何中心偏上一点,同时在线画、纹理、细节、颜色的对比上要与其他要素有所区别。

图面内容的转移和切换应比较流畅。例如图例和图名可能是随制图主体之后要看到的内容,因此应将其清楚地摆放在图面上,甚至可以将其用方框或加粗字体突出,以吸引读者注意,如图 6-24 所示。

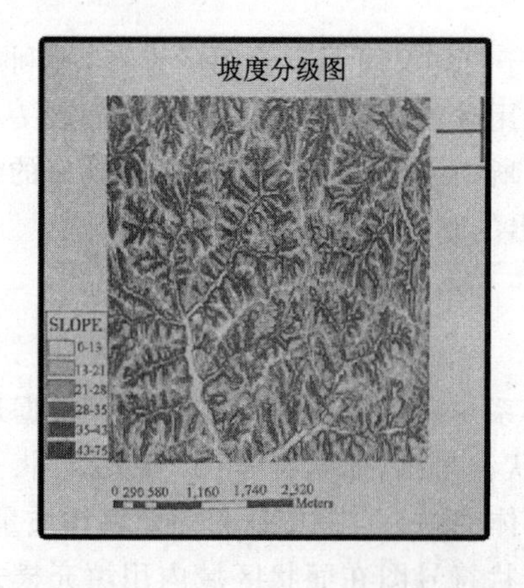

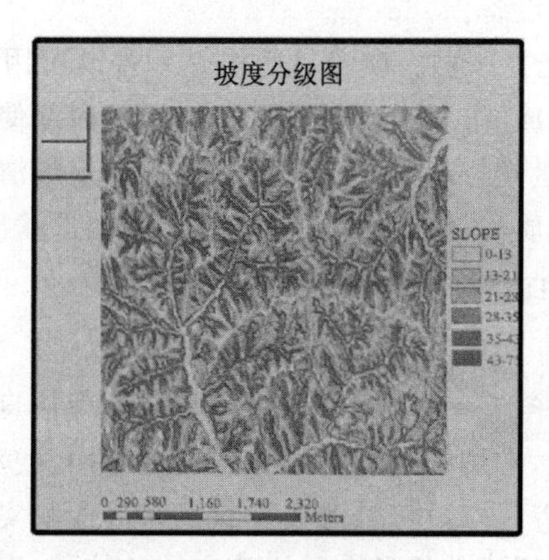

图 6-24 图面内容与图例转换

2. 图面平衡

图面是以整体形式出现的,而图面内容又是由若干要素组成的。图面设计中的平衡,就是要按照一定的方法来确定各种要素的地位，使各个要素显示得更为合理。图面布置得平衡不意味着将各个制图要素机械性地分布在图面的每一个部分，尽管这样可以使各种地图要素的分布达到某种平衡，但这种平衡淡化了地图主体，并且使得各个要素无序。图面要素的平衡安排往往无一定之规，需要通过不断的试验和调整才能确定。一般不要出现过亮或过暗，偏大或偏小，太长或太短，与图廓太紧等现象，如图 6-25 所示。

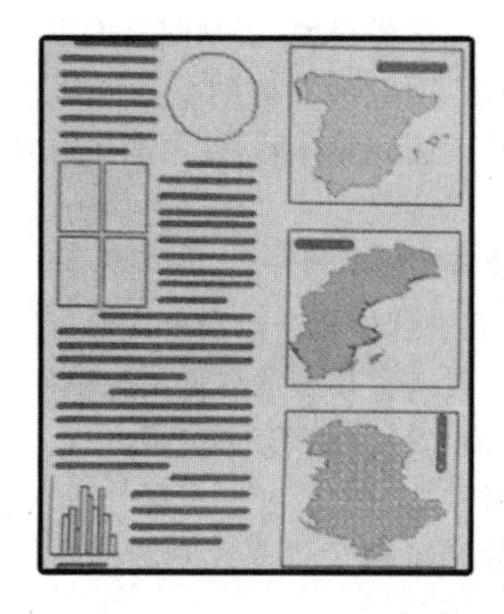
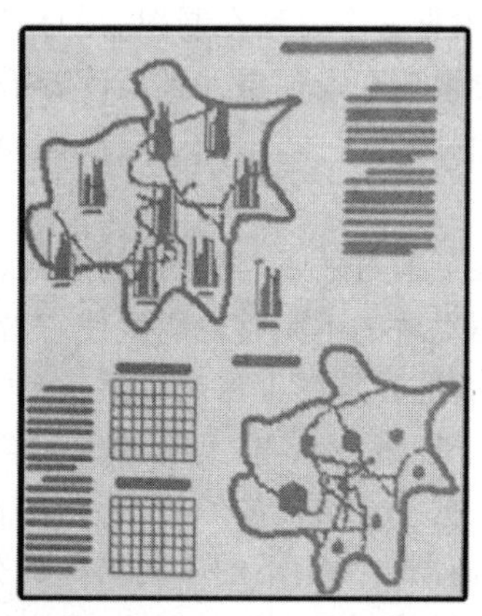

图 6-25　视觉的平衡

3. 图形-背景平衡

图形在视觉上更重要一些，距读者更近一些，有形状、颜色和具体的含义。背景是图形背景，目的是衬托和突出图形。合理地利用背景可以突出主体，增加视觉上的影响和对比度，但背景太多会减弱主体的重要性。图形-背景并不是简单地决定应该有多少对象和多少背景，而是要将读者的注意力集中在图面的主体上。例如，如果在图面的内部填充的是和背景一样的颜色，则读者就会分不清陆地和水体，如图 6-26 所示。

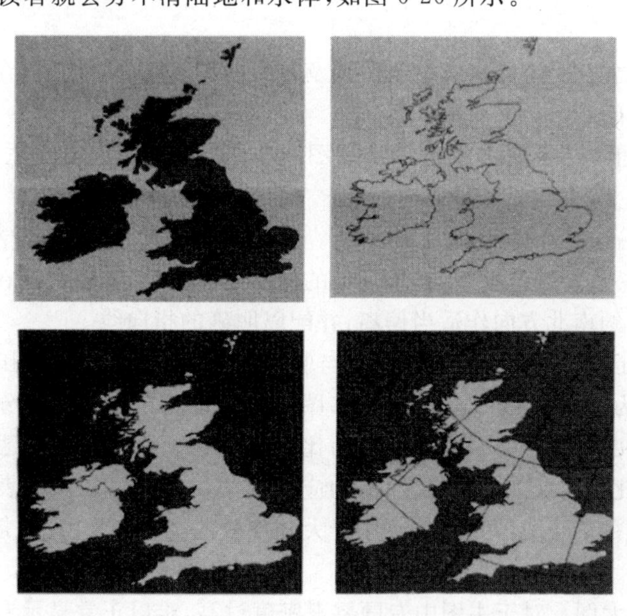

图 6-26　图形-背景关系

图形-背景可用它们之间的比值进行衡量，称为图形-背景比率。提高图形-背景比率的方法是使用人们熟悉的图形，例如分析陕北黄土高原的地形特点时，可以将陕西省从整体中分离出来，使人们立即识别出陕西的形状，并将其注意力集中到焦点上。

4. 视觉层次

视觉层次是图形-背景关系的扩展。视觉层次是指将三维效果深度引入制图的视觉设计与开发过程，它根据各个要素在制图中的作用和重要程度，将制图要素置于不同的视觉层次中。最重要的要素放在最顶层并且离读者最近，而较为次要的要素放在底层且距读者比较远，从而突出了制图的主体，增加了层次性、易读性和立体感，使图面更符合人们的视觉生理感受。

视觉层次一般可通过插入、再分结构和对比等方式产生。

插入是用制图对象的不完整轮廓线使它看起来像位于另一对象之后。例如当经线和纬线相交于海岸时，大陆在地图上看起来显得更重要或者在整个视觉层次中占据更高的层次，图名、图例如果位于图廓线以内，无论是否带修饰，看起来都会更突出。

再分结构是根据视觉层次的原理，将制图符号分为初级和二级符号，每个初级符号赋予不同的颜色表示，而同一类型下的不同结构成分则可通过点或线对图案进行区分。再分结构在气候、地质、植被等制图中经常用到。

对比是制图的基本要求，对布局和视觉层都非常重要。尺寸宽度上的变化可以使高等级公路看起来比低等级公路、省界比县界、大城市比小城市等更重要，而色彩、纹理的对比则可以将图形从背景中分离出来。

不论是插入法还是对比法，应用过程中要注意不要滥用。过多地使用插入，将会导致图面的费解而破坏平衡性，而过多地采用对比则会导致图面和谐性的破坏，如亮红色和亮绿色并排使用就会很刺眼。

四、制图内容的一般安排

1. 主图

主图是地图图幅的主体，应占有突出位置及较大的图面空间。同时，在主图的图面配置中，还应注意以下的问题：

① 在区域空间上，要突出主区与邻区是图形与背景的关系，增强主图区域的视觉对比度。

② 主图的方向一般按惯例定为上北下南。如果没有经纬网格标示，左、右图廓线即指示南北方向。但在一些特殊情况下，如果区域的外形延伸过长，难以配置在正常的制图区域内，就可考虑与正常的南北方向作适当偏离，并配以明确的指向线。

③ 移图。制图区域的形状、地图比例尺与制图区域的大小难以协调时，可将主图的一部分移到图廓内较为适宜的区域，这就成为移图。移图也是主图的一部分。移图的比例尺可以与主图比例尺相同，但经常也会比主图的比例尺缩小。移图与主图区域关系的表示应当清楚无误。假如比例尺及方向有所变化，均应在移图中注明。在一些表示我国完整疆域的地图中，经常在图的右下方放置比例尺小于大陆部分的南海诸岛图，就是一种常见的移图形式。

④ 重要地区扩大图。对于主图中专题要素密度过高，难以正常显示专题信息的重要区域，可适当采取扩大图的形式处理。扩大图的表示方法应与主图一致，可根据实际情况适当

增加图形数量。扩大图一般不必标注方向及比例尺。

2. 副图

副图是补充说明主图内容不足的地图，如主图位置示意图、内容补充图等。一些区域范围较小的单幅地图，用图者难以明白该区域所处的地理位置，需要在主图的适当位置配上主图位置示意图，它所占幅面不大，但却能简明、突出地表现主图更大区域范围内的区位状况。内容补充图是把主图上没有表示、但却又是相关或需要的内容，以附图形式表达，如地貌类型图上配一副比例尺较小的地势图，地震震中及震级分布图上配一副区域活动性地质构造图等。

3. 图名

图名的主要功能是为读图者提供地图的区域和主题的信息。表示统计内容的地图，还必须提供清晰的时间观念。图名要尽可能简练、确切。组成图名的三个要素（区域、主题、时间）如已经以其他形式作了明确表示，则可以酌情省略其中的某一部分。例如在区域性地图集中，具体图幅的区域名可以不用。图名是展示地图主题最直观的形式，应当突出、醒目。它作为图面整体设计的组成部分，还可以看成是一种图形，可以帮助取得更好的整体平衡。图名一般可放在图廓外的北上方，或图廓以内以横排或竖排的形式放在左上、右上的位置。图廓内的图名，可以是嵌入式的，也可以直接压盖在图面上，这时应处理好与下层注记或图形符号的关系，如图6-27所示。

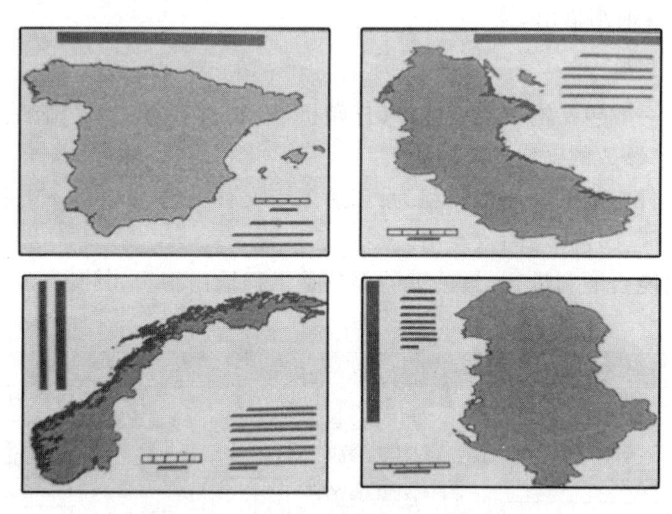

图6-27 图名位置的安排

4. 图例

图例应尽可能集中在一起。虽然经常都被置于图面中不显著的某一角，但这并不降低图例的重要性。为避免图例内容与图面内容的混淆，被图例压盖的主图应当镂空。只有当图例符号的数量很大，集中安置会影响主图的表示及整体效果时，才可将图例分成几部分，并按读图习惯，还会对图面配置的合理与平衡起重要作用。

5. 比例尺

地图的比例尺一般被安置在图名或图例的下方。地图上的比例尺，以直线比例尺的形式最为有效、实用。但在一些区域范围大、实际的比例尺已经很小的情况下，如一些表示世界或全国的专题地图，可以将比例尺省略。因为，这时地图所要表达的主要是专题要素的宏观分布规律，各地域的实际距离等已经没有多少价值，更不需要进行什么距离方面的量算。放置了比例尺，反而有可能会得出不切合实际的结论。

6. 统计图表与文字说明

统计图表与文字说明是比较有效的对主题的概括与补充形式。由于其形式(包括外形、大小、色彩)多样，能充实地图主题、活跃版面，因此有利于增强视觉平衡效果。统计图表与文字说明在图面组成中占次要地位，数量不可过多，所占幅面不宜太大。对单幅地图更应如此。

7. 图廓

单幅地图一般都以图框作为制图分区域范围。挂图的外图廓形状比较复杂。桌面用图的图廓都比较简练，有的就以两根内细外粗的平行黑线显示内外图廓。有的在图廓上表示有经纬度分化注记，有的为检索而设置了纵横方格的刻度分划。

任务实施

一、任务内容

地理空间数据输出是将 GIS 分析或查询检索结果表示为某种用户需要的、可理解的形式的过程。地图输出是地理信息系统的主要表现形式。通过对以上基础知识的学习，在 MapGIS 平台上完成地图输出。

二、任务实施步骤

地图输出设计一般包括输出类型选择(打印机、绘制机等)以及输出纸张、输出幅面、比例尺、黑白或彩色等参数的确定。

在 MapGIS 软件中地图输出的流程为：创建工程文件→添加项目→工程输出编辑→光栅化处理→打印光栅文件→绘图仪绘出。

整个工程输出能否顺利进行，最关键的部分是工程输出编辑，其参数设置界面窗口如图 6-28 所示。

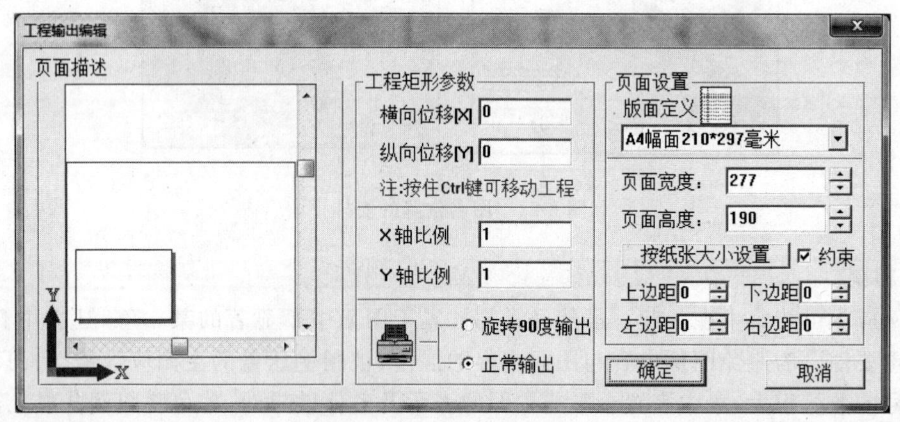

图 6-28 工程输出参数设置

工程输出编辑对话框左边是页面描述信息，右边可以设置版面，中间可以选择输出方式，具体设置在工程输出编辑中。

1. 工程输出编辑

(1) 设置工程矩形参数

在地形图编辑中，图框上坐标往往要求实际坐标为图角坐标。而在输出系统中，输出范围是从原点开始的第一象限的范围，即工程矩形参数的横向位移和纵向位移的最大值和最小值分别为 65 535 和－65 535，如果图的左下角坐标的范围已经超出输出页面的控制范围，输出时就会产生这种情况。解决的方法有两种：第一种是将原数据拷贝一份单独用作打印输出，随后建立项目文件，在编辑子系统中利用整图变换功能，将其左下角坐标移到(0,0)点附近，再进入输出系统输出，这样既消除了输出时遇到的无图形现象，又避免了对原数据的破坏；另一种方法是将原图的左下角坐标记录下来后将其移动到原点，打印输出完毕后，再转移到原坐标。显然，第一种方法更为简便。

(2) 进行页面设置

可以先在版面定义的选择中系统自动检测，由系统自动检测图幅的大小来设定页面的大小，然后设置输出比例，再看图幅是在页面内还是超出页面的范围，超出则应加大页面范围，页面范围过大则应缩小页面范围，从而使图幅大小与页面大小相匹配。

(3) 设置 XY 比例

通过 XY 比例的设置可以用同一幅图输出不同比例尺的图形，例如要用 1∶10 000 的底图输出 1∶5 000 的图纸，则 XY 比例均应为 2，此时还应更改图上的比例尺标识。但要指出的是，在缩放输出时，必然会使图形失真，所以在实际输出时通常采用等大输出，即 1∶1 输出。

(4) 设置输出方式

输出方式有两种：正常输出和旋转 90°输出，即纵向输出和横向输出。正常输出较为简单，这里不再叙述。当图幅的高度超过绘图仪幅面宽度时，就需要横向输出，横向输出较难掌握，有两种办法可以解决：第一种方法是仍然选择正常输出，在光栅化时选择纵向光栅化，然后输出即可；另一种方法是先将图形置于页面的中心，如横向输出发现图形不在图纸的中间，或者只输出一部分，这时必须返回工程编辑框，进行更细致的纵向位移调整。具体调整过程：先用尺子量测图形偏离位于图纸中央的距离 H，如果图形左偏，则向上移动距离 H，若右偏，则向下移动距离 H，在具体移动的过程中，往往并不能一次就能移动到位，熟练之后，就能事半功倍了。

(5) 设置完毕，进行光栅化处理

MapGIS 系统在对数据进行光栅化时，能设定颜色的还原曲线，在进行分色光栅化前应根据所用设备的色相、纸张的吸墨性等特点对光栅设备进行设置。对不同的设备调整使用不同曲线，能得到满意的色彩效果，系统提供的缺省参数是针对 HP250C 使用 HP 专用绘图纸的情况调整的，调整的效果与印刷效果比较接近。

(6) 光栅化

光栅化完毕，就会自动生成光栅化文件(＊.NVI)，打印光栅文件即可驱动绘图仪出图。

2. 输出系统的基本操作

MapGIS 输出系统是一个具有 Windows 多文档界面的软件系统，它具有 Windows 多窗口系统操作的基本特征。“多工程输出”和“单工程输出”操作界面及功能不一样，在创建或打开的时候，只要指定版面(＊.NPJ)即可进入对应的“多工程输出”文档界面或“单工程输出”文档界面状态。

用 MapGIS 输出系统输出地图时，首先要创建一个版面(＊.MPB)或工程(＊.MPJ)。在版面中，给出组成版面的各幅地图的各个工程文件的文件名及各种版面参数，在工程中，给出组成这幅地图的各个文件(要素层)的文件名、相对位置及在图中的缩放比例、旋转角度等信息，进行拼版。然后，选择需要的输出处理功能，进行输出处理。最后，装入处理后的文件，驱动设备进行输出。MapGIS 的地图输出流程如图 6-29 所示。

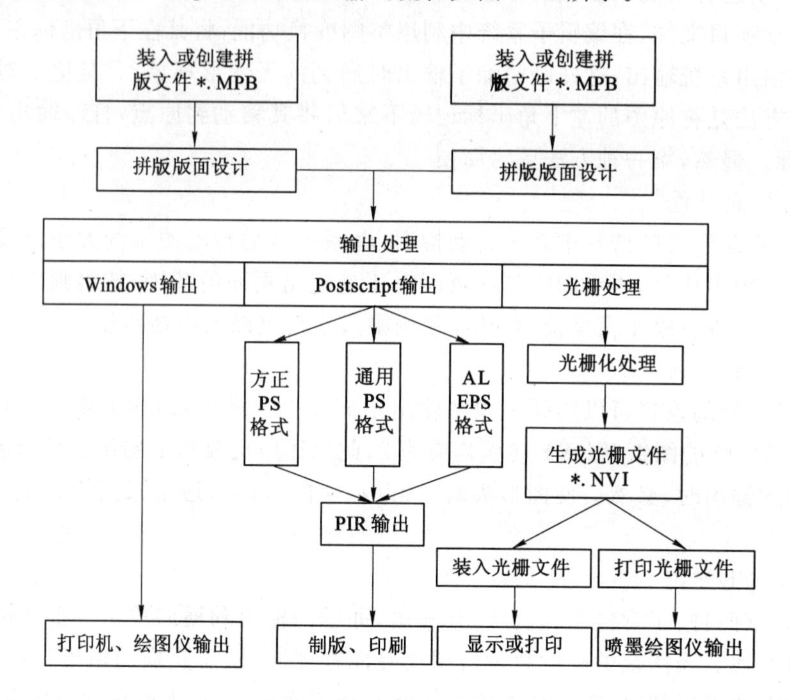

图 6-29 地图输出流程图

3. Windows 输出

打开一个＊.MPB 版面或一个.MPJ 工程后，可以直接选择打印输出，它可以驱动 Windows 打印设备进行图形输出(必须安装该设备的打印驱动程序)。在打印前，可以使用“打印机设置”功能对打印机的参数、打印方式等进行设置，设置方法请参考打印机的使用手册。

“Windows 输出”由于受到输出设备的 Windows 输出驱动程序及输出设备的内部缓存限制，有的图元输出效果可能不令人满意，有的图元不能正确输出，但是对于一些比较简单而且幅面较小的图来说，这种方法输出速度快，而且能驱动的设备比较多，适应单位也比较广。

4. 光栅输出

栅格输出是将地图进行分色光栅化，形成分色光栅化后的栅格文件。将生成的栅格文件在“文件”菜单下打开后，就可以对形成的栅格文件进行显示检查。

在设置光栅化参数时，可以调整各种颜色的输出的墨量、线性度、色相补偿调整，以及设置机器的分辨率等。设置的参数能以文件形式保存。

光栅化参数设置好后，即可进行光栅化处理，生成光栅文件。

“光栅输出”中的“打印光栅文件”功能可以在HP系列和NOVJET系列的喷墨绘图仪上输出光栅文件。如果是NOVJET喷墨绘图仪，请在喷墨绘图仪的面板上将绘图命令语言设置为HP RTL语言。若要在其他型号的绘图仪或打印机上输出该光栅文件，只要该绘图仪与HP系列兼容，能执行HP RTL需要，“光栅化输出”是正常的。用“打印光栅文件”功能在HP系列和NOVJET系列的喷墨绘图仪上输出光栅文件时，应该根据装入的纸张大小设定正确的纸张大小。这样，当纸张大小比图小时(这里的“图”指光栅化前设置的版面)，系统会进行自动拆页处理，即可用多张纸输出图形，最后还能拼接成一张大图。

打印设置中的设备尺寸(纸宽、纸长)指的是打印机或绘图仪装载的纸的实际长宽。在MapGIS 6.X正式版中，设备尺寸是由系统自动设置的，无须再进行人工干预，只要在光栅化处理时设定好参数即可。

5. 生成图像

“光栅输出”中的“生成GIF、TIFF、JPEG图像”功能可以将MapGIS图形文件转换成GIF、TIFF、JPEG格式的图像文件，供其他软件(如Word、PowerPoint、PhotoShop等)直接调用。与PS格式、EPS格式、CGM格式相比，生成的图像格式效果更好，而且图像的转换、调用都很方便。

6. 拼版注意事项

① 输出时MapGIS只是将图形在页面内的内容输出出来，所以要正确设置页面的大小。最好是页面刚好能包含整个地图，过小时不能正确输出，过大则会降低输出速度及浪费纸张。如果对设置没有把握，则可以在版面定义的选择栏中选择“系统自动检测”，由系统自动检测图幅的大小来设定页面大小。

② 页面大小并不是纸张大小，而是指整幅图的大小。如果页面的大小大于输出设备限制的纸张大小，系统会进行移动分幅。

③ 在同一工程文件中的各个文件使用相同的位移、比例和旋转参数，这一点和以前的版本不同。也即编辑窗口中的这些参数是对整个工程文件而言的。

④ 工程文件既可以在“编辑系统”的工程菜单下建立，也可以在输出系统中建立，一般情况下在编辑系统中建立比较方便。在此对整个工程给出相对位移、比例及旋转参数，便于在给定的幅面内正确输出。

技能训练

根据某省政府工作需求，需要一幅小麦的产量图，为省领导、农业部门及其他管理部门了解全省小麦产量的分布提供服务。

① 在MapGIS平台上建立小麦产量的工程文件，完成省区行政区划的空间数据和小麦产量属性数据的输入与编辑。

② 在MapGIS平台上对小麦产量进行属性分析，生成产量的立体饼图。

③ 在MapGIS平台上创造图框，对工程进行版面设计，并把图形输出为图像，名称命名为“小麦产量图.JPG”。

思考练习

1. GIS输出产品有哪些？各自有什么优缺点？

2. 简述地图图面配置的方法与内容。

3. 何为拼版文件？它有什么作用？如何建立拼版文件？

4. 文件输出方式有几种？各有什么特点？

项目小结

GIS产品输出是指将GIS分析或查询检索的结果以用户可以理解的形式来表示，以满足用户需要的过程。本项目的特点是理论和实践并重，既有制图理论知识，又有制图实践知识。重点内容是专题地图理论及实践，这里以MapGIS软件为例讲述了专题地图的制图过程，其他制图软件的应用与这一过程相类似，希望在学习之后能达到举一反三的效果，还介绍了地理信息可视化技术，展示了当今可视化的新技术及发展趋势。

职业知识测评

1. 单选题

(1) 下面哪种情况下不会引起空间数据误差________。

A. 地物界线与行政界线重叠时，分别对其进行了矢量化

B. 相邻图幅的接边

C. 将数据从32位计算机移至64位计算机进行数据处理

D. 由于原始地图数据的个别图元破损，图面信息表示不全

(2) 在MapGIS6.X中，关于地图输出描述错误的是________。

A. 支持Windows输出　　B. 不支持PostScript格式输出

C. 支持网络打印输出　　D. 支持光栅输出

(3) 下面不属于地理信息系统输出产品的是________。

A. 地图　　B. 元数据　　C. 图像　　D. 统计图表

(4) 在打印输出图形时，为了解图形幅面的大小，在页面设置对话框中选择________项进行检测。

A. 自定义幅面　　B. 系统自动检测幅面

C. A1幅面　　D. A4幅面

(5) 以下设备中不属于输出设备的是________。

A. 打印机　　B. 绘图仪　　C. 扫描仪　　D. 显示器

(6) 对MapGIS中符号的自定义在哪个子系统中完成？________

A. 输入编辑　　B. 输出　　C. 图像分析　　D. 属性库管理

(7) MapGIS光栅输出不能输出哪种格式图片？________

A. GIF　　B. TIFF　　C. JPEG　　D. PNG

(8) 生成电子地图必须要经过的一个关键技术步骤是________。

A. 细化　　B. 二值化　　C. 符号识别　　D. 符号化

(9) 对MapGIS输出子系统的表达正确的是________。

A. 该子系统可用于工程输出　　B. 该子系统不能完成光栅输出

C. 该子系统能输出光栅系统　　D. 以上都不对

(10) 对MapGIS输出子系统的表达正确的是________。

A. MapGIS输出子系统只能输出一个工程

B. MapGIS输出子系统可同时输出多个工程

C. MapGIS输出子系统不能输出图形

D. 以上都不对

2. 判断题

(1) 中国第一套彩色出版系统是MapCAD,是MapGIS软件的前身。 (　　)

(2) 地图符号库可建成矢量符号库或栅格符号库,前者比后者的优势在于占用储存空间小,且图形输出时容易实现几何变换。 (　　)

(3) 图形是GIS的主要输出形式之一,它包括各种矢量地图和栅格地图及各种全要素地图、专题地图、等高线地图、坡度坡向图、剖面图以及立体图等。 (　　)

(4) 扫描仪输入得到的是矢量数据。 (　　)

(5) 地图是地理信息系统的数据源,是GIS查询与分析结果的主要表示手段。 (　　)

(6) GIS产品的输出设备有显示器、打印机、扫描仪、硬盘等。 (　　)

(7) 数据数字是GIS的输出形式之一,它包括存储在磁盘、磁带或光盘上的各种图形、图像或测量、统计数据等。 (　　)

(8) 电子地图的生成一般要经过数据采集、数据处理和符号化三个步骤。 (　　)

(9) MapGIS在打印输出时,可以有多种打印方式,如:Windows打印、光栅打印和PostScript打印。 (　　)

(10) MapGIS主要用于数字制图与输出。 (　　)

职业能力训练

训练6-1　利用网络资源体验电子地图

登录百度地图或谷歌地图,搜索所在的城市,体验电子地图给生活带来的便利,并撰写一份不少于3 000字的读书报告。

训练6-2　比较不同的专题地图表示方法

比较定点符号法与分区统计图表法、线状符号法与动线法、范围法与质底法之间的区别。

训练6-3　制作专题地图

根据给定的数据及专题地图主题,选择合适的制图软件,制作一幅专题地图。

训练6-4　比较虚拟现实与三维地图

虚拟现实在GIS中的应用与三维地图比较类似,根据虚拟现实的特点比较二者的差别。

项目七　GIS技术综合应用

【项目概述】

目前，GIS技术已进入一个新的发展时期，无论从技术还是应用上，都已经达到了一个新的阶段，它的社会作用和影响不断扩大。基于GIS的应用系统在我国国民经济建设中发挥着日益重要的作用。

本项目由"3S"集成技术应用、地理信息系统行业应用和GIS的大众化与信息服务3个学习型任务组成。通过本项目的实施，为学生从事GIS管理及应用岗位工作打下基础。

【教学目标】

◆知识目标

1. 熟悉GIS、RS和GNSS三者的内涵，了解"3S"集成技术应用的模式。
2. 掌握GIS应用于不同行业中的途径与方式。
3. 了解GIS的大众化与信息服务。

◆能力目标

1. 会举例说明"3S"集成技术应用的方法。
2. 能说出GIS应用于不同行业中的途径与方式。
3. 能从WebGIS的角度阐述GIS发展的大众化。

任务一　"3S"集成技术应用

任务描述

"3S"集成技术是以GIS、RS、GNSS为基础，将三种独立的技术领域中的有关部分与其他高技术领域有关部分有机地构成一个整体而形成的一项新的综合技术领域，其通畅的信息流贯穿于信息获取、信息处理和信息应用的全过程。

相关知识

"3S"技术概述

"3S"技术即利用GIS的空间查询、分析和综合处理能力，RS的大面积获取地物信息特征，GNSS的快速定位和获取数据准确的能力，三者有机结合成一个系统，实现各种技术的综合。作为目前对地观测系统中空间信息获取、存储管理、更新、分析和应用的三大支撑技术。它们是现代社会持续发展、资源合理规划利用、城乡规划与管理、自然灾害动态监测与防治等的重要技术手段，也是地学研究走向定量化的科学方法之一。从20世纪90年代开始，"3S"集成日益受到关注。

GIS是采集、存储、管理、分析和显示有关地理现象信息的综合系统。经过多年的发展，

GIS 在数据库系统、分析模型等方面有长足进步。地理信息科学、空间信息科学越加受到关注，数据结构也已发展到面向对象的数据模型和多库一体化，表达技术向着多比例尺、多尺度、动态多维和实时三维可视化的方向发展。网络使 GIS 发展为网络上的分布式异构系统，也促使了空间互操作的迅速发展。LBS(基于位置的服务)和 MLS(移动定位服务)则是其突出反映。多源数据集成、知识挖掘和知识发现等也是 GIS 的研究重点。

RS(遥感技术)是 20 世纪 60 年代兴起的一种不直接与目标物接触而感知其性质和状态的探测技术，是根据电磁波的理论，应用各种传感仪器对远距离目标所辐射和反射的电磁波信息，进行收集、处理，并最后成像，从而对地面各种景物进行探测和识别的一种综合技术。

GNSS(Global navigation satellite system)即全球导航卫星系统。目前，GNSS 包含了美国的 GPS、俄罗斯的 GLONASS、中国的 Compass(北斗)系统、欧盟的 Galileo 系统，可用的卫星数目达到 100 颗以上。

早在 20 世纪 90 年代中期，欧盟为了打破美国在卫星定位、导航、授时市场中的垄断地位，获取巨大的市场利益，增加欧洲人的就业机会，就开始致力于一个雄心勃勃的民用全球导航卫星系统计划，称为 Global navigation satellite system。该计划分两步实施：第一步是建立一个综合利用美国的 GNSS 系统和俄罗斯的 GLONASS 系统的第一代全球导航卫星系统(当时称为 GNSS-1，即后来建成的 EGNOS)；第二步是建立一个完全独立于美国的 GPS 系统和俄罗斯的 GLONASS 系统之外的第二代全球导航卫星系统，即在建设中的 Galileo 卫星导航定位系统。由此可见，GNSS 从一问世起，就不是一个单一的星座系统，而是一个包括 GPS、GLONASS、Compass、Galileo 等在内的综合星座系统。众所周知，卫星是在天空中环绕地球而运行的，求全球性是不言而喻的；而全球导航是相对于陆基区域性导航而言，以此体现卫星导航的优越性。

1. GIS 与 RS 集成

GIS 与 RS 的集成是“3S”集成中最重要也最核心的内容。对于各种 GIS，RS 是其重要的外部信息源，也是其数据更新的重要手段。反之，GIS 亦可为 RS 的图像处理提供所需要的一切辅助数据，两者结合的关键技术在于栅格数据和矢量数据的接口问题，遥感系统普遍采用栅格格式，其信息是以像元存储的，而 GIS 主要是采用图形矢量格式，是按点、线、面(多边形)存储的。

目前，RS 与 GIS 一体化的集成应用技术渐趋成熟，在植被分类、灾害估算、图像处理等方面均有相关报道。

2. GIS 与 GNSS 集成

GIS 与 GNSS 集成是利用 GIS 中的电子地图结合 GNSS 的实时定位技术为用户提供一种组合空间信息服务方式，通常采用实时集成方式。从严格的意义上说，GNSS 提供的是空间点的动态绝对位置，而 GIS 提供的是地球表面地物的静态相对位置，二者通过同一个大地坐标系统建立联系。通过 GIS 系统，可使 GNSS 的定位信息在电子地图上获得实时准确而又形象的反应及漫游查询。GNSS 可以为 GIS 及时采集更新和修正数据。

两者集成的主要内容有多尺度的空间数据库技术、金字塔和 LOD 空间数据库技术、真四维的时空 GIS 和实时数据库更新等。GIS 数据库的实时更新技术包括实时动态测量 RTK 技术和虚拟参考站 VRS 技术等。VRS 技术在国外很早就得到了推广和运用。丹麦覆盖全国的 VRS 网络是全球第一个 VRS 网络，1999 年建成。经过多年发展 VRS 网络几乎覆盖了整个欧洲。亚洲的网络包括日本覆盖全境的网络，韩国、新加坡、马来西亚和中国已建的大部分系统也都是选用了 VRS 技术。

3. GNSS 与 RS 集成

两者集成的主要目的是利用 GNSS 精确定位解决 RS 定位困难的问题，GNSS 作为一种定位手段，可应用它的动态和静态定位方法，直接获取各类大地模型信息。这样，既可以采用同步集成方式也可以采用非同步集成方式。GNSS 的快速定位为 RS 实时、快速进入 GIS 系统提供了可能，其基本原理是用 GNSS/INS 方法，将传感器的空间位置(X,Y,Z)和变态参数(φ,ω,κ)同步记录下来，通过相应软件，快速产生直接地学编码。

4. GIS、RS、GNSS 整体集成

GIS、RS、GNSS 的三者集成可构成高度自动化、实时化和智能化的地理信息系统。这种系统不仅能够分析和运用数据，而且能为各种应用提供科学的决策依据，以解决复杂的用户问题。按照集成系统的核心来分主要有两种。一种是以 GIA 为中心的集成系统，目的主要是非同步数据处理，通过利用 GIS 作为集成系统的中心平台，对包括 RS 和 GNSS 在内的多种来源的空间数据进行综合处理、动态储存和集成管理，存在数据、平台(数据处理平台)和功能三个集成层次，可以认为是 RS 与 GIS 集成的一种扩充。另一种是以 GNSS 和 RS 为中心的集成，它以同步数据处理为目的，通过 RS 和 GNSS 提供的实时动态空间信息结合 GIS 的数据库和分析功能为动态管理、实时决策提供在线空间信息支持服务。该模式要求多种信息采集和信息处理平台集成，同时需要实时通信支持。

任务实施

一、任务内容

"3S"集成技术是当前空间信息采集处理较先进的技术。结合数字公路具有的集成化数字化、自动化和智能化等特征，将"3S"集成技术应用在数字公路中，实现公路从规划、勘测、设计到施工、运营等环节上的数字化管理。

二、任务实施步骤

(1) 可行性研究和初步设计阶段

公路工程在可行性研究和初步设计阶段需要的基础资料主要有拟建公路沿线的地形、地貌植被、土地、水体及制作的 1∶10 000～1∶250 000 专题地形图，为特大桥或隧道工程提供的高精度控制点等，对公路沿线的不良地质路段(如动土、软土、盐渍土、砂土等)、地质灾害(如采空区泥石流地裂缝等)提供的大比例尺(1∶10 000)地质材料。

根据拟建公路线路长、地形复杂的特点，利用 GNSS 技术，建立公路工程控制网，控制点宜建在公路两旁和主要工程如特大桥或隧道工程的两端，点位选择应考虑工程需要和便于保存，其等级与精读应根据工程大小来决定。

拟建公路沿线的地形图测绘：由于多数地段山高、森林多，常规的大比例尺测图很难完成。应采用摄制测量与遥感技术进行拟建公路地形图测绘，外业利用航片生成的小比例尺进行地形要素、地类和行政界限等要素的测绘，提供内业编图参照。若有特殊的地物地貌要绘制草图，并量测相关数据。

(2) 勘测设计阶段

传统的公路勘测依靠工程技术人员在野外收集、调查、分析、处理公路沿线的纵断面数据。在交通不便、勘测难度大的高山、湖泊、森林等地段，时间长、效率低精度差。“3S”技术在勘测设计阶段可充分显示它的优越性和先进性。

GNSS技术具有全天候、高精度、高速度的显著特点，不设公路带状GNSS控制网是传统不设导线网效率的几十倍，而精读稳定可靠。在GNSS基准点（站）控制的精读范围内，对定线、中桩、横断面等进行细部测量，可以快速获得相关点的三维坐标。

利用RS技术在室内获得的公路沿线地形、地质、形态等信息，在野外勘测和设计中可得到充分利用。对大中型桥梁和大型隧道工程的位置及不良的地质或特殊地段，结合地形图和GNSS技术，进行野外实地布点、检查、补充和校正，为设计提供充足、完整、可靠的资料。

“3S”技术的集成及计算机辅助设计技术的发展，为数字公路的设计提供了新途径。高精度、高分辨率的图像技术、地理信息技术、数字地面模型技术、三维立体技术等使公路设计达到自动化智能化水平。用拟建公路沿线的相关信息数据，在计算机上建立数据模型，在公路沿线走廊内进行平、纵线的布设，流域内的排水设计，特殊路段的防护工程设计，不良地质校正，桥型选择布置。高大边坡设计和工程量计算，投资预算等。通过三维透视，以计算行车速度在计算机上模拟沿线行驶，检查平纵线形指标、行车距离、公路全景等综合技术指标，对布局设计进行优化，在不增加工程量和投资费用的情况下，确定最佳路线方案。

(3) 工程施工阶段

公路工程施工质量取决于施工过程的控制。普通公路施工主要有放样中线、边线、边坡和填挖土石方量等工作，而特大桥梁、隧道工程是工程控制的难点和重点。数字公路在多跨江、跨河公路大桥运用GNSS布设平面控制网进行动态实时控制，保证了特大桥施工的质量。

应用动态GNSS(RTK)技术在野外实时、定时放样，放出中线和边桩。运用GNSS、全站仪空间矢量数据采集系统，配合GIS，完成路线填挖土石方量的计算，自动搜寻填挖平衡点和最佳土石方量调运距离，具有一定的经济效益。

(4) 运营管理阶段

建立以“3S”集成技术为核心的运营管理系统，是数字公路的重要组成内容。利用“3S”技术建立高等级公路网络，可以直观、动态地获取、储存、检索、分析、处理公路信息；反映某一行政区域内的国道、省道及县乡道路分布；反映途经主要城镇的路网信息、路况信息、桥梁信息、附属设施信息及沿线管养机构及人员信息。通过数字公路可进行公路信息的查询、显示，同时可以制作报表以及查询近期或指定时间内公路路面情况与维修费用预算等。

数字公路的另一个重要方面是，在公路运营期间对公路流量进行调查、预测，恶劣天气（大雾、雨雪等）汽车导航，交通事故报警，最佳行驶路线的选择等。通过数字公路监测中心与运营车辆进行联系，计算机屏幕可显示车辆的位置、行驶方向、速度等。

技能训练

土地调查能全面查清土地资源和利用状况。以某县农村土地调查为例，将“3S”技术应用在土地利用调查中。

① 利用GNSS控制测量为卫星图像进行变形纠正提供地面控制点坐标。

② 利用一定分辨率的卫星影像数据通过几何校正、配准、影像融合等，制作成数字正射

影像图；然后以数字正射影像图作为工作底图进行室内预判、外业调绘，获取有关土地利用现状信息。

③ 在 GIS 平台上进行内业数据采集、处理，建立土地调查数据库和信息管理系统。

思考练习

1. 简述 GIS 与 RS，GIS 与 GNSS，GNSS 与 RS 集成的途径。

2. 请结合实际应用，举例说明“3S”集成技术的应用。

任务二　地理信息系统行业应用

任务描述

GIS 是用来管理、分析空间数据信息系统的工具，几乎所有使用空间数据和空间信息的部门都可以应用 GIS。目前，GIS 已广泛应用于资源、环境、交通、城市管理及军事等诸多领域，已成为跨学科、跨领域的空间数据分析和辅助决策的有效工具。

相关知识

一、资源清查

资源清查是地理信息系统最基本的职能，其主要任务是将各种来源的数据汇集在一起，并通过系统的统计和覆盖分析功能，按多种边界和属性条件，提供区域多种条件组合形式的资源统计和进行原始数据的快速再现。以土地利用类型为例，可以输出不同土地利用类型的分布和面积，按不同高程带划分的土地利用类型，不同坡度区内的土地利用现状，以及不同类型的土地利用变化等，为资源合理利用、开发和科学管理提供依据。又如，中国西南地区土地资源信息系统，设置了三个功能子系统，即数据系统、辅助决策系统和图形系统。系统存储了 1 500 多项 300 万个资源数据。该系统提供了一系列资源分析与评价模型、资源预测预报及西南地区资源合理开发配置模型。该系统可绘制草场资源分布图、矿产资源分布图、各地县产值统计图、农作物产量统计图、交通规划图及重大项目规划图等不同专业图。

二、环境管理

随着经济的高速发展，环境问题愈来愈受到人们的重视。环境污染、环境质量退化已经成为制约区域经济发展的重要因素之一。环境管理涉及人类社会活动和经济活动的一切领域，传统的环境管理方式已不断受到挑战，逐渐落后于我国的经济发展水平。为提高我国环境管理的现代化水平，很多新兴的环境管理信息系统不断建成。从 1994 年起我国就开始建设覆盖 27 个省（自治区、直辖市）的中国省级环境信息系统（PEIS）。

一个环境管理地理信息系统应具备以下功能：

① 为环境部门提供数据和信息的基础数据库包括环境背景数据库、环境质量数据库、污染源数据库、环境标准数据库及环境法规数据库等。

② 提供环境现状、环境影响、环境质量的统计、评价、预测及固化模块。

③ 为环境与经济的持续发展、环境综合治理提供决策支持。

④ 对控制管理污染源提供支持。

⑤ 提供环境管理的数据录入、统计、咨询及报表和图形编制。

⑥ 提供环境管理部门所必备的办公软件。

⑦ 提供信息传输的方法和手段。

三、灾害监测

借助遥感遥测数据、利用地理信息系统，可以有效地用于森林火灾的预测预报、洪水灾情监测和洪水淹没损失的估算，为救灾抢险和防洪决策提供及时准确的信息。例如，据我国大兴安岭地区的研究，通过普查分析森林火灾实况，统计分析十几万个气象数据，从中筛选出气温、风速、降水、温度等气象要素，春秋两季植被生长情况和积雪覆盖程度等14个因子，用模糊数学方法建立数学模型，建立微机信息系统的多因子综合指标森林火险预报方法，对火险等级进行预报，准确率可达73%以上。又如黄河三角洲地区防洪减灾信息系统，在Arc/Info地理信息系统软件支持下，借助于大比例尺数字高程模型加上各种专题地图如土地利用、水系、居民点、油井、工厂和工程设施以及社会经济统计信息等，通过各种图形叠加、操作、分析等功能，可以计算出若干个泄洪区域及其面积，比较不同泄洪区域内的土地利用、房屋、财产损失等，最后得出最佳的泄洪区域，并制定整个泄洪区域内的人员撤退、财产转移和救灾物资供应等的最佳路线。

四、土地调查

土地调查包括土地的调查、登记、统计、评价和使用等。土地调查的数据涉及土地的位置、房地界、名称、面积、类型、等级、权属、质量、地价、税收、地理要素及其有关设施等内容。土地调查是地籍管理的基础工作，随着国民经济的发展，地籍管理工作的重要性正变得越来越明显，土地调查的工作量变得越来越大，以往传统的手工方法已经不能胜任，地理信息系统为解决这一问题提供了先进的技术手段，借助地理信息系统可以进行地籍数据的管理、更新，开展土地质量评价和经济评价，输出地籍图，同时还可以为有关的用户提供所需信息，为土地的科学管理和合理利用提供依据。因此，土地调查是地理信息系统的重要应用领域。

五、城市规划

城市规划中要处理许多不同性质和不同特点的问题，它涉及资源、环境、人口、交通、经济、教育、文化和金融等多个地理变量和大量数据。地理信息系统的数据管理有利于将这些数据信息归并到同一系统中，最后进行城市与区域多目标的开发和规划，包括城镇总体规划、城市建设用地适宜性评价、环境质量评价、道路交通规划、公共设施配置，以及城市环境的动态监测等。这些规划功能的实现，是以地理信息系统的空间搜索方法、多种信息叠加处理和一系列分析软件(回归分析、投入产出计算、模糊加权评价、系统动力学模型等)加以保证的。我国大城市数量居于世界前列，地理信息系统作为城市规划管理和分析的工具，对加快中心城市的规划建设具有十分重要的意义。

六、城市管网

城市管网包括供水、排水系统，供电、供气系统，电缆系统等。GIS具有建立二维矢量拓扑关系的功能，特别是具有网络分析功能，为城市管网的设计管理和规划建设提供了强有力的工具，对市民的日常生活方式产生深刻的影响。

七、作战指挥

军事领域中运用GIS技术最成功的当属1991年的海湾战争。美国国防制图局为战争需要，在工作站上建立了GIS与遥感的集成系统，它能用自动影像匹配和自动目标识别技术处理卫星和高低空侦察机实时获得的战场数字影像，及时地(不超过4 h)将反映战场现状的正射影像图叠加到数字地图上，数据直接传送到海湾前线指挥部和五角大楼，为军事决策提供24 h实时服务。通过GNSS、GIS、RS等高新尖端技术迅速集结部队，以武器装备水平比较低的条件取得了极大的胜利。

八、宏观决策

地理信息系统利用现有的数据库，通过一系列决策模型的构建和比较分析，为国家宏观决策提供依据。例如系统支持下的土地承载力的研究，可以解决土地资源与人口容量的规划。我国三峡地区研究中，通过利用地理信息系统和机助制图的方法，建立环境监测系统，为三峡宏观决策提供了建库前后环境变化的数量、速度和演变趋势等可靠的数据。美国伊利诺伊州某煤矿区由于采用房柱式开采，引起地面沉陷。为了避免沉陷对建筑物的破坏，减少经济赔偿，煤矿公司通过对该煤矿地理信息系统数据库中岩性、构造及开采状况等数据的分析研究，利用图形叠合功能对地面沉陷的分布和塌陷规律进行了分析和预测，指出了地面建筑的危险地段和安全地段，为合理部署地面的房屋建筑提供了依据，取得了较好的经济效果。

九、城市公共服务

近年来随着计算机技术和多媒体技术的飞速发展，GIS系统已经不仅具有信息量大的特点，而且具有灵活性、交互性、动态性、现势性和扩展性等特点。目前城市公共服务系统通过应用GIS技术，集图形、文本、声音、视频于一体，直观、形象、生动地描述城市空间地理信息和公共服务信息。如北京、上海、武汉等城市都利用GIS技术建立起城市公共服务系统，即利用城市城区的矢量地图和影像地图为空间定位基础，通过电子地图把公众服务信息及其地理空间位置联结，以空间数据为索引，把城市的经济、文化、教育、企业、旅游等信息进行集成和融合，为社会公众提供空间信息服务。政府通过公共服务系统全方位展示和宣传城市形象，介绍城市，提高城市品位，最大限度地满足政府部门对外招商引资以及市民、投资者、旅游者对城市公共信息快速获取的需求。企业也可通过公共服务系统来宣传自己，提高其国内外知名度。

十、交通

目前许多交通部门都应用了交通地理信息系统(geography information system-transportation，GIS-T)。GIS-T的基本功能包括编辑、制图和显示及测量等功能，主要用于对空间和属性数据的输入、存储、编辑，以及制图和空间分析等。编辑功能使用户可以添加和删除点、线、面或改变它们的属性；制图和显示功能可以制作和显示地图，分层输出专题地图，如交通规划图、国道图等，显示地理要素、技术数据，并可放大缩小以显示不同的细节层次。测量功能用于测定地图上线段的长度或指定区域的面积。GIS-T的其他功能包括叠加、动态分段、地形分析、栅格显示和路径优化等。

GIS-T通过地理信息系统与多种交通信息分析和处理技术的集成，可以为交通规划、交通控制、交通基础设施管理、物流管理、货物运输管理提供操作平台。如运输企业可以借助平台的路径选择功能，对营运线路进行优化选择，并根据专用地图的统计分析功能，分析客货流量变化情况，制订行车计划。运输管理部门可以利用平台对危险品等特种货物运输进行路线选择和实时监控。

十一、导航

车辆导航监控是利用现在的 GNSS 对车辆所在位置进行定位，并与 GIS 相结合，配合城市电子导航地图及主要交通公路电子地图，提供实时导航监控信息。在车辆导航监控中利用 GIS 来进行车辆导航、定位，主要是提供图形化的人机界面；在矢量电子地图上，用户可以进行地理实体的查询；在电子地图上，用户可以进行路径规划、最短路径的选择，能在电子地图上实时、准确地显示车辆的位置，跟踪车辆的行驶过程。

十二、电子政务

电子政务是政府部门应用现代信息和通信技术，将管理和服务通过网络技术进行集成，在互联网上实现政府组织机构和工作流程的优化重组，超越时间、空间和部门之间的分割限制，向社会提供优质和全方位的、规范而透明的、符合国际水准的管理和服务。而 GIS 为电子政务提供了基础地理空间平台、清晰易读的可视化工具和空间辅助决策的功能。地理信息系统技术的使用，为电子政务的海量数据管理、多源空间数据（地图数据，航空遥感数据、卫星遥感数据、GNSS 卫星定位数据、外业测量数据等）和非空间数据的融合、Web 地理信息系统技术和自主版权软件系统的开发、空间分析、空间数据挖掘和空间辅助决策提供了技术支撑，从而可提高政府机构的科学决策水平和决策效率。比如国家在研究西部大开发、可持续发展、农村城镇化等发展战略和西气东输、西电东送和进藏铁路等重大建设工程时，如果不使用地理空间数据，也不采用地理信息系统等先进技术，就难以获得有说服力的分析结论，更难以做出科学决策。

任务实施

一、任务内容

近年来，一些院校纷纷合并，一些高校由于扩招新建了校区，无论是合并的还是新建的校区，大多不在一处，这给校园房产的管理工作带来许多不便。而在房产管理中，涉及的大部分数据，都是与地理分布有关的空间数据，如地形图、土地使用图、房屋平面图、房屋坐标、房屋面积等，将 GIS 技术引入房产管理中，能够充分发挥 GIS 的空间分析和处理功能，更好地满足房产管理的需要。

二、任务实施步骤

1. 基于 GIS 的校园房产管理系统的功能

系统根据需求设计，主要由房屋图形库、房屋属性库、房屋查询、房屋统计及图表输出等五部分组成。

(1) 房屋图形库

本模块具有图形数据采集与编辑功能，各种图形数据可以通过数字化仪或扫描仪输入，还兼容多种绘图软件，如 CAD 绘制的各式图形，主要包括：① 校园 1∶500 地形图，表示校园的整个地形情况及其地理位置；② 校园建筑物（主要有办公楼、教学楼、实验楼、图书馆、校医院、食堂、体育馆、学生宿舍等）分布平面图；③ 办公楼平面图，标明院长办公室、人事处、教务处、科研设备处、学生处、后勤管理处等管理部门的位置；④ 教学楼平面分布图，标明各系（部）办公室、科研室、上课教室、多媒体教室等的分布位置；⑤ 图书馆分布图，标明书库、外借处、查询处、阅览室、馆长室等的分布位置；⑥ 实验室分布平面图等。

（2）房屋属性库

具有相关数据进行更新的功能，如旧房的拆迁、改建、新建，教职工调入、调出，职称晋升，工资调整，学生入校、离校，设备更新等。主要包括：① 教职工信息库，含编号、姓名、籍贯、出生年月、学历、专业、职务、职称、所在部门、工资、家庭住址、电话等字段；② 学生信息库，含编号、学号、姓名、籍贯、出生年月、所在班级、专业、入学时间、离校时间、宿舍地址、电话等字段；③ 房屋资料库，含编号、房屋性质、层数、占地面积、建筑面积、建成日期、房价、间数等字段。

（3）房屋查询

房屋查询主要有各种图形数据、属性数据的查询。可以按矩形区域、房屋类型、属性条件等方式联合查询，也可以检索图形数据和属性数据来获得每个门牌号码的房屋情况及每间房屋的情况，并显示和输出。

（4）房屋统计

房屋统计包括房屋间的距离量算，房屋建筑面积、使用面积的统计，学生男女人数统计，教职工住房统计等。如通过统计目前学校没有解决住房问题的教职工人数和教职工流动情况，可预测在现有的条件下还需要建设的教职工宿舍的数量，并根据这些数据做出合理的规划与决策。

（5）图表输出

各种图形资料、属性数据、文档信息、统计报表等均可以以各种形式（屏幕显示、拷贝、打印、绘图等）方便、快捷地输出。此外，图形数据还可按各种比例尺显示输出，学校各级领导对所需的图形可以任意进行开窗、移动、放大、缩小等，以取得所需资料的最佳可视效果，便于分析与决策工作。

2. 基于 GIS 的校园房产管理系统实施

（1）图形的生成与显示

本系统的图形数据是以校园地图的形式存放在 MapGIS 的图层中的。因此，建立系统的第一步，就是在 MapGIS 中创建地图图层，并在应用程序中显示它。首先测绘校园 1∶500 数字化地形图，然后在数字化地形图上，通过关闭图层、打开图层等操作来提取相关信息，便可方便地得到校园各类主题图如平面分布图等。将数字化地形图以 *.dxf 图形文件格式转入 MapGIS 平台。

（2）图片与数据的有机结合

房产管理信息系统的数据可分为图形数据和属性数据，其中，图形数据以 MapGIS 的图层储存与管理，这样便于地理信息与地图对象紧密地结合起来；属性数据采用关系型数据库来储存，这样便于数据维护与查询。系统数据库设计如图 7-1 所示。为了实现图形数据和属性数据的连接，采用“关键字”联系的办法解决。

GIS 为高校房产的动态管理与规划提供了一个有效的、现代化的管理工具，克服了传统信息系统（MIS）纯数据处理的缺点，实现了图形数据与属性数据的同时处理，更好地满足了管理者的实际需要。

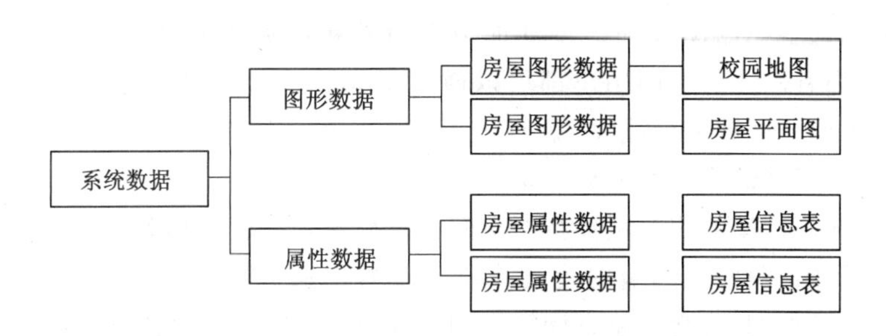

图 7-1 系统数据库设计

技能训练

水是人类生存不可缺少的重要元素，它对我们生活的重要性不言而喻。我国的水问题比较复杂，“水多、水少、水脏”是对现状比较概括的描述。水资源短缺与洪涝灾害频发并存，洪涝灾害与干旱灾害并存，资源型缺水与水质型缺水并存。随着水利信息化建设的推广和深入，GIS在水利行业的应用也越来越普遍。

① 提出GIS在防洪减灾应用中的解决方案。

② 提出GIS在水资源管理应用中的解决方案。

③ 提出GIS在水土保持应用中的解决方案。

思考练习

1. 简述GIS在电子政务中的应用。
2. 简述GIS在抗震救灾中的应用。
3. 简述GIS在载人航天中的应用。
4. 简述GIS在现代军事中的应用。
5. 简述GIS在奥运保障中的应用。

任务三 GIS的大众化与信息服务

任务描述

在人们日常生活中，GIS潜移默化地改变着人们的生活方式。GIS已经延伸至我们生活的方方面面，并给我们带来便利：电子地图、卫星导航、数字地球、数字城市，还有许多人津津乐道的Google Earth，这些眼下最时尚的新事物，其核心正是GIS技术。

相关知识

人类所接触的信息中有80％以上都与空间相关，随着人类对空间信息需求的快速增加已经让越来越多的人认识了解GIS，GIS正在成为普通公众解决空间位置问题的有力工具，GIS走向大众已成为GIS发展的必然趋势。当前，GIS正逐步融入IT主流，已成为IT产业重要的组成部分。GIS正随着计算机和网络的普及为越来越多的人使用，如Google Earth的普及和位置信息服务都是GIS大众化的例证。

Google Earth是一款由Google公司开发的虚拟地球软件，是Google公司提供的地图服务，包括局部详细的卫星照片。Google Earth使用了公共领域的图片、受许可的航空照相图片、KeyHole间谍卫星的图片和很多其他卫星所拍摄的城镇照片，甚至连Google Maps没有提供的图片都有。任何上网用户都可以通过Google Earth从互联网下载遥感影像地图，并对自己感兴趣的区域进行放大、缩小、平移、标注等。

随着人类活动范围的增大和活动频率的增加，人们需要知道的位置信息在不断增加，信息服务也随之兴起。这里的信息服务特指空间信息服务，广义上讲，就是可以实时地为客户提供有关空间位置的一种服务，有时也称作基于位置的服务(location-basedservice，LBS)，例如汽车导航、位置查询、公交线路查询等。LBS系统是结合了无线定位技术、无线通信网络、地理信息系统、移动互联技术等先进技术的综合性系统，目标是提供以位置为主的相关服务。

具体来说，位置服务是指用户通过移动通信网络获取其基础位置信息如经纬度，利用地理信息系统计算终端的位置，并提供位置相关信息的新型业务。其服务特点包括两方面：其一，能智能地提供与信息需求者及其周围有关事物的信息与服务；其二，无论是普通用户还是专业人员，无论是在移动终端、便携式计算机，还是在台式计算机上都能在任何时刻、任何地点获得有关的空间信息和服务。

位置服务系统的巨大价值在于通过移动和固定网络发送基于位置的信息与服务，使这种服务应用到任何人、任何位置、任何时间和任何设备。目前，无论是公众还是行业用户对于获得位置及其相关服务都有着广泛的需求。对于公众来说，主要是要求系统提供位置服务网关，发布与位置相关的信息如最近的商店、车站等公众查询服务。对于行业应用，在交通运输方面，可以开发物流配送管理调度系统(包括运输车队和船队)、公交车辆指挥调度系统、车辆跟踪防盗系统、车辆智能导航系统(包括车辆定位系统、最佳路径规划系统和行车引导系统)、铁路列车指挥调度系统；在农业、环保、医疗、消防、警务、国防等方面可以分别开发智能农业生产系统、环保监测管理系统、紧急救援指挥调度系统、智能接警处警系统、支持作战单元的移动式空间信息交换系统等；面向政府的空间信息移动技术主要有移动办公系统，与位置相关的网络会议，水灾、地震、林火等自然灾害的防灾、抗灾和灾后重建管理系统。

总地来说，信息服务业务目前正处在市场培育阶段。全球各大移动运营商已经开始在3G网络中提供这项极具潜力的增值业务。如日本的NTT DOCOM和英国的和记3G公司，它们提供的定位业务都可以为用户提供详细的、实时更新的数字地图来告知用户的具体位置，并且可以通过电子地图来引导用户寻找酒店、餐厅、商店和其他一些用户感兴趣的商业设施。

移动定位服务是一项具有广阔前景的业务，据业内人士估计，未来5～10年在各种移动通讯业务用户数排名中，定位业务仅次于语音业务位居第二，高于电子邮件、移动电子商务、移动银行等增值业务。

随着定为手段的多样化、通信手段的广泛性和用户终端的多样化，位置服务系统将得到越来越广泛的应用。

■ 任务实施

一、任务内容

GIS在各个领域的需求日益增长。WebGIS为GIS的研究与应用开辟了新的空间，有效地促进了GIS的大众化发展。

二、任务实施步骤

WebGIS，即网络地理信息系统，是GIS技术和WWW技术的有机结合，是Internet或Intranet环境下的一种传输、存储、处理、分析、显示与应用地理空间信息的计算机系统，它使得GIS各项功能的实现不再局限于局部计算机网络，而是扩展到更加广阔的范围。通俗地讲，WebGIS是指工作在Web网上的GIS，是传统的GIS在网络上的延伸和发展，具有传统GIS的特点，可以实现空间数据的检索、查询、制图输出、编辑等GIS基本功能，同时也是Internet上地理信息发布、共享和交流协作的基础。

目前，WebGIS的应用主要体现在大众化地图服务和位置服务方面。

1. 大众化地图服务

地图服务方根据用户提出的地理信息需求，通过自动搜索、人工查询、在线交流等方式为用户提供方便、快捷、准确的地图及交通指引资讯等在线信息服务。其特点是将用户所需的本地信息、索引结果直接在地图上呈现，同时提供地图浏览、公交路线、行车路线以及对目标地点的简介等常用功能。按照服务方类型不同，在线地图信息服务可分为运营商提供的商业性地图索引和本地服务及政府机构、公交公司提供的公益性电子地图查询服务。

目前，影响力最大的主流地图服务有百度地图、谷歌地图、搜狗地图和SOSO地图。

① 百度地图。百度地图是百度提供的一项网络地图搜索服务，覆盖了国内近400个城市、数千个区县。在百度地图里，用户可以查询街道、商场、楼盘的地理位置，也可以找到最近的所有餐馆、学校、银行、公园等。

百度地图提供了丰富的公交换乘、驾车导航等查询功能，能够提供最合适的路线规划。不仅可以显示地点在哪儿，还可以指导如何前往。同时，百度地图还提供了完备的地图功能（如搜索提示、视野内检索、全屏、测距等），便于更好地使用地图，便捷地找到所求。

② 谷歌地图。谷歌地图是Google公司提供的电子地图服务，包括局部详细的卫星照片。能提供三种视图：一是矢量地图（传统地图），可提供行政区域和交通以及商业信息；二是不同分辨率的卫星照片（俯视图，跟Google Earth上的卫星照片基本一样）；三是地形视图，可以显示地形和等高线。

③ 搜狗地图。搜狗地图作为中国电子地图服务市场的领导者，是国内最早的面向公众服务的地图网站，是国内一流的地图查询服务平台。

搜狗地图除了可以提供丰富的基础查询功能，还提供了实时路况、路桥费用、打车费用等特色查询服务，并拥有卫星图、路书、特色商店（包括团购地图、优惠打折、便宜加油站）、手机地图、手机公交、地图社区等产品应用。

④ SOSO地图。SOSO地图是腾讯公司提供的一项互联网地图服务。除了基础功能，SOSO地图还拥有手机地图、卫星地图，其卫星图清晰度在业界名列前茅，提供的街景地图是用专业摄影机录制的真实地图，看街景地图就像看监控摄像头。

2. 基于位置的服务

基于位置的服务（location based service，LBS），是通过电信移动运营商的无线电通网络（如GSM网、CDMA网）或外部定位方式（如GNSS）获取移动终端用户的位置信息（地理坐标或大地坐标），在GIS平台的支持下，为用户提供相应服务的一种增值业务。

LBS包括两层含义：首先是确定移动设备或用户所在的地理位置；其次是提供与位置相关的各类信息服务。意指与定位相关的各类服务系统，简称“定位服务”，另外一种叫法为

MPS-Mobile position services，也称为“移动定位系统”。如找到手机用户的当前地理位置，然后在上海市范围内寻找手机用户当前位置处 1 000 m 范围内的宾馆、影院、图书馆、加油站等的名称和地址。所以说 LBS 就是要借助互联网或无线网络，在固定用户和移动用户之间，完成定位和服务。

LBS 能够广泛支持需要动态地理空间信息的应用，从寻找旅馆、急救服务到导航，几乎可以覆盖生活中的所有方面。最为常见的有信息查询(旅游景点、交通情况、商场等)、车队管理、急救服务、道路辅助与导航、资产管理、人员跟踪、定位广告、移动黄页及网络规划等。

目前，基于位置的服务主要有以下四种形式。

(1) 休闲娱乐型

① 签到(Check-In)模式：国外主要是以 Foursquare 为主，而国内则有嘀咕、玩转四方、街旁、开开、多乐趣及在哪等几十家。

该模式的基本特点如下：

a. 用户需要主动签到(Check-In)以记录自己所在的位置；

b. 通过积分勋章以及领主等荣誉激励用户签到，满足用户的荣誉感；

c. 通过与商家合作，对获得特定积分或勋章的用户提供优惠或折扣奖励，同时也是对商家品牌的营销；

d. 通过绑定用户的其他社会化工具，以同步分享用户的地理位置信息；

e. 通过鼓励用户对地点(商店、餐厅等)进行评价以产生优质内容。

该模式的最大挑战在于要培养用户到每一个地点就会签到(Check-In)的习惯。而它的商业模式也比较明显，可以很好地为商品品牌进行各种形式的营销与推广。国内比较活跃的街旁网现阶段则更多地与各种音乐会、展览等文艺活动合作，慢慢向年轻人人群推广与渗透，积累用户。

② 大富翁游戏模式：国外的代表是 Mytown，国内则是 16Fun。主旨是游戏，可以让用户利用手机购买现实地理位置里的虚拟房产与道具，并进行消费与互动等将现实和虚拟真正进行融合的一种模式。这种模式的特点是更具趣味性，可玩性与互动更强，比签到模式更具黏性，但是由于需要对现实中的房产等地点进行虚拟化设计，开发成本较高，并且由于地域性过强导致覆盖速度不可能很快。

在商业模式方面，除了借鉴 Check-In 模式的联合商家营销外，还可提供增值服务以及类似“第二人生”(second life)的植入广告等。

(2) 生活服务型

① 周边生活服务的搜索：以点评网站或者生活信息类网站与地理位置服务结合的模式为代表，如大众点评网、台湾的“折扣王”等。主要体验在于工具性的实用特质，问题在于信息量的积累和覆盖面需要比较广泛。

② 与旅游的结合：旅游具有明显的移动特性和地理属性，LBS 和旅游的结合是十分切合的。分享攻略和心得体现了一定的社交性质，代表是游玩网。

③ 会员卡与票务模式结合：实现一卡制，捆绑多种会员卡的信息，同时电子化的会员卡能记录消费习惯和信息，充分使用户感受到简捷的形式和大量的优惠信息聚合。代表是国内的“Mokard(M 卡)”和票务类型的 Eventbee。这些移动互联网化的应用正在慢慢渗透到

生活服务的方方面面，使我们的生活更加便利与时尚。

(3) 社交型

① 不同的用户因为在同一时间处于同一地理位置就可以通过地点交友，即时通信，代表是“兜兜友”。

② 以地理位置为基础的小型社区，代表是“区区小事”。

(4) 商务型

① LBS＋团购：两者都有地域性特征，但是团购又有其差异性。美国的GroupTabs的做法是：GroupTabs的用户到一些本地的签约商家，比如一间酒吧，到达后使用GroupTabs的手机进行Check-In。当Check-In的数量到达一定数量后，所有进行过Check-In的用户就可以得到一定的折扣或优惠。

② 优惠信息推送服务：Getyowza就为用户提供了基于地理位置的优惠信息推送服务，Getyowza的盈利模式是通过和线下商家合作来实现利益的分成。

③ 店内模式：ShopKick将用户吸引到指定的商场里，完成指定的行为后便赠送其可对换成商品或礼券的虚拟点数。

技能训练

用户只要在互联网上打开网页浏览器，就可以方便地享受GIS的各种服务。基于网络和移动的GIS应用已经越来越广泛，终端用户对于大众化GIS服务的需求逐步扩大，网络的普及为GIS走向大众提供了条件。

① 分别登录百度、谷歌、搜狗、SOSO地图网站，找到自己所在位置，分析其周边的环境及宾馆酒店的分布情况，下载所在区域地图，并结合自己的使用对这四个地图服务进行比较。

② 以自己的亲身实践，阐述GIS的大众化地图服务和基于位置的服务。

思考练习

1. 以“GIS的一天”为题，写一篇短文来描述GIS在社会生活各个方面的应用。

2. 如何理解GIS应用从政府部门的“专利”时代走向大众的“快餐”时代？

项目小结

基于GIS的应用系统在我国已经广泛应用，在国民经济建设中发挥着日益重要的作用。GIS具有强大的空间分析能力，与GNSS和RS相结合更是增强了GIS的空间数据采集能力。本项目重点对GIS、GNSS和RS的结合进行论述，介绍了“3S”集成技术的基本概念，并分析了“3S”集成的几个关键问题；分别对GIS与GNSS的结合方法与案例、GIS与RS的结合方法与案例进行阐述，加深对“3S”集成的概念和应用的理解；介绍了WebGIS的概念、构成模型和百度地图的使用；最后结合GIS在专业方面和日常生活的应用情况，简要介绍了GIS的应用及功能。

职业知识测评

1. 单选题

(1) 某市将投入1亿元，建设GPS、GIS公交调度系统，下面关于其可能的应用描述中不正确的是________。

A. 为了实时定位公交车辆，需要在公交车上安装GPS接收机

B. 公交车安装GPS后，智能公交站牌预报下班车到来的时间成为可能

C. 公交车安装GPS后，公交司机之间可以通过该系统进行实时的语音通信

D. 可以利用GIS系统，进一步优化公交资源的配置

(2) 在人们日常生活中，GIS潜移默化地改变着人们的日常生活方式，以下不能体现GIS大众化特征的是________。

A. 车载导航服务　　B. 手机地图

C. 山体隧道开挖模拟　　D. LBS

(3) 根据WebGIS服务器和客户端的关系以及数据传送的模式，可以将WebGIS的结构模式分三种，下面的选项中，哪一种不在其中？________

A. 集中模式　　B. C/S结构模式

C. 概念模式　　D. B/S结构模式

(4) 下面关于地理信息产业描述不正确的是________。

A. 地理信息产业也就是我们通常所说的GIS产业

B. 地理信息产业发展被列入了《中国国民经济与社会发展第十一个五年规划纲要》

C. 地理信息产业，是以现代测绘技术和信息技术为基础发展起来的综合性产业

D. 我国地理信息产业发展的行业主管单位是国家测绘局

(5) 下面关于GIS在交通管理中的应用，描述不恰当的是________。

A. GIS有助于交通管理部门进行交通事故的应急处置

B. GIS与RS技术结合，可以更加直观、及时地获得主要路口的交通实况

C. GIS可以用于交通基础设施的管理，如路桥设施的管理

D. GIS与GPS技术结合可以辅助铁道部门更加有效地进行列车调度

(6) 下面关于GIS在奥运预防突发事件中的应用描述不恰当的是________。

A. 犯罪分子逃逸后，可利用GIS技术辅助制订围堵方案

B. 若有突发疫情可以借助GIS分析疫情的分布规律及传播趋势

C. 可以利用GIS有效地预防突发事件的发生

D. 可以利用GIS更合理地调配现有的警力

(7)某市为了保护出租车司机的安全，建立了出租车GPS监控系统，便可以利用该系统对处于危险状态的司机进行营救，下面关于该应用的描述中不太合理的是________。

A. GIS是该系统建设的主要支撑技术之一。

B. 该系统的应用需要在出租车上安装GPS设备

C. 在商业网点的选择中主要应用的是GIS路径分析的功能

D. 司机感觉有危险时，可以通过秘密机关报警，指挥中心可以通过遥感卫星实时拍摄

到该出租车的运行位置

(8) GIS 在商业网点选择中的应用描述不恰当的是________。

A. 需要考虑其他商场的分布,待建区周围居民区的分布等因素

B. 商业网点的选址需要人工参与给出选址的制约因素、条件的

C. 在商业网点的选择中主要应用的是 GIS 路径分析的功能

D. 详细有效的数据,是合理选址的前提

(9) 下面关于 GIS 在大型活动安保中的应用,描述不恰当的是________。

A. 利用 GIS 技术辅助制订交通管制方案

B. 可以和分布在各主要路段的电子眼结合使用,及时了解实时路况

C. 在必要的时候,可以随时通过 GIS 调用实时的遥感数据

D. 可以利用 GIS 更合理地调配现有的警力

(10) 下面关于"3S"集成应用说法正确的是________。

A. "3S"的结合应用,取长补短,是一个自然的发展趋势,三者之间的相互作用形成了"一个大脑,两只耳朵"的框架

B. 如果大脑指的是 GIS,那么 RS,GPS 就是两只眼睛

C. RS 和 GPS 向 GIS 提供或更新区域信息以及空间定位,GIS 进行相应的空间分析,以从 RS 和 GPS 提供的浩如烟海的数据中抽取有用信息

D. 在实际应用中,只有"3S"三种技术同时集成使用,才能最大限度地满足用户需求

(11) 用 GIS 来辅助管理校园的消费设施,不可以做到________。

A. 当火灾发生时,可以及时查询离火灾发生点最近的消防栓的位置

B. 通过 GIS 系统,可以以三维的视觉看到火灾周围的消防通道

C. 及时知道火灾地点以及火灾可能蔓延的方向

D. 及时了解火灾周边建筑设置,分析确定火灾发生的原因

(12) 关于 GIS 在农业、林业、水利等多个领悟的应用,以下说明错误的是________。

A. 将不同专题要素地图叠加在一起,可以分析出土地上各种限制因子对作物的相互作用与相互影响

B. 利用 GIS 技术可以建立起以土壤、作物信息等数据为技术的技术分析系统

C. 网格化的气候资料数据是精细农业的基础

D. 精细农业并未采用 GIS 相关技术

2. 判断题

(1) 随着社会的发展,人类对 GIS 技术的依赖越来越大,但 GIS 应用人类的依赖将会越来越小,不久的将来,利用 GIS 进行城市规划将不再需要人的过多参与。　(　　)

(2) 由于国土资源管理的复杂性与国土管理对空间数据的极大依赖,使得国土行业成了 GIS 最古老、最广泛的应用领域之一。　(　　)

(3) 可以利用 GIS 与 GPS 的集成技术,对出租车进行更加有效的动态管理。　(　　)

(4) GIS 是电子政务信息资源的空间定位平台。GIS 可以为电子政务提供空间辅助决策平台。　(　　)

(5) 用 GIS 来辅助管理校园的消防设施,当火灾发生时,可以及时查询到离火灾发生点最近的消防栓的位置。　(　　)

(6) 为了实现与GPS的集成，GIS系统必须能够接收GPS发送的GPS数据(一般是通过串口通信)，然后对数据进行处理。 ( )

(7) 汽车导航系统就是GPS与GIS结合的典型应用。 ( )

(8) 对用户来讲，“3S”中的三种技术相辅相成，缺一不可。 ( )

(9) 在土地管理、城市规划等领域中用GPS和GNSS的集成可以测量区域的面积或者路径的长度。 ( )

职业能力训练

训练7-1 利用网络工具进一步了解地理信息系统的应用

1. 利用网络资源搜索工具，搜索两篇关于“3S”集成技术的科技文章，并结合课程教学进行阅读学习。

2. 利用网络资源搜索工具，在网上搜索两个关于GIS和RS结合的应用案例，并结合课程教学进行阅读学习。

3. 利用网络资源搜索工具，在网络上搜索两个关于GIS和GNSS结合的应用案例，并结合课程进行阅读学习。

4. 登录百度地图网站，通过操作，体会WebGIS的功能及其应用，并结合自己的使用和应用情况写一篇3 000字左右的读书报告。

5. 利用智能手机的导航地图，设置目的地后进行导航应用，了解电子地图的应用功能。

参考文献

[1] 边雪清,曹金莲,杨燕.用 MapGIS 开发电子沙盘的方法[J].测绘技术装备,2006,8(2):43-44.
[2] 曹爱民,汪晓萍.应用 MapGIS 进行图形投影变换方法探讨[J].东北水利水电,2009,27(10):60-62.
[3] 陈述彭,鲁学军,周成虎.地理信息系统导论[M].北京:科学出版社,2000.
[4] 董钧祥,李光祥,郑毅.实用地理信息系统教程[M].北京:中国科学技术出版社,2007.
[5] 董廷旭.地理信息系统实习教程[M].成都:西南财经大学出版社,2006.
[6] 高井祥.数字测图原理与方法[M].徐州:中国矿业大学出版社,2010.
[7] 龚健雅.地理信息系统基础[M].北京:科学出版社,2001.
[8] 何必,李海涛,孙更新.地理信息系统原理教程[M].北京:清华大学出版社,2010.
[9] 胡鹏,黄杏元,华一新.地理信息系统教程[M].武汉:武汉大学出版社,2002.
[10] 胡祥培,刘伟国,王旭茵.地理信息系统原理及应用[M].北京:电子工业出版社,2011.
[11] 黄道伟,任敞萍,张小宏.以 MapGIS 为平台建立城镇地籍数据库的探讨[J].青海科技,2010,17(1):45-49.
[12] 黄仁涛,庞小平,马晨燕.专题地图编制[M].武汉:武汉大学出版社,2003.
[13] 黄瑞.地理信息系统[M].北京:测绘出版社,2010.
[14] 黄杏元,马劲松,汤勤.地理信息系统概论[M].北京:高等教育出版社,2000.
[15] 李建松.地理信息系统原理[M].武汉:武汉大学出版社,2006.
[16] 李玉芝,王启亮,高晓黎.地理信息系统基础[M].北京:中国水利水电出版社,2009.
[17] 刘磊,黄乐,赵红柏. Voronoi 在无线网络规划中的应用[J].邮电技术设计,2012(2):35-38.
[18] 秦昆. GIS 空间分析理论与方法[M].武汉:武汉大学出版社,2010.
[19] 汤国安,赵牡丹,杨昕,等.地理信息系统[M].2 版.北京:科学出版社,2010.
[20] 王琴.地图学与地图绘制[M].郑州:黄河水利出版社,2008.
[21] 王琴,李建辉.校园房产管理信息系统的建立[J].黄河水利职业技术学院学报,2006,18(4):48-49.
[22] 王庆光,潘燕芳. GIS 应用技术[M].北京:中国水利水电出版社,2012.
[23] 王亚民,赵捧未.地理信息系统及其应用[M].西安:西安电子科技大学出版社,2006.
[24] 邬伦,刘瑜,张晶,等.地理信息系统——原理、方法和应用[M].北京:科学出版社,2005.
[25] 吴信才. MapGIS 地理信息系统[M].北京:电子工业出版社,2004.
[26] 徐波.从 WebGIS 看 GIS 发展的大众化[J].林业科技情报,2009,41(3):87-89.

[27] 杨华春.浅淡土地地理信息系统的 GIS 平台选择与系统结构[J].中国高新技术企业，2009(8):115-116.

[28] 叶国华.空间数据格式转换与信息共享[J].地矿测绘，2008，24(2):4-6.

[29] 余明，艾廷华.地理信息系统导论[M].北京:清华大学出版社，2009.

[30] 张超.地理信息系统实习教程[M].北京:高等教育出版社，2000.

[31] 张东明.地理信息系统原理[M].郑州:黄河水利出版社，2007.

[32] 张东明，吕翠华.地理信息系统技术应用[M].北京:测绘出版社，2011.

[33] 张锦宗，朱瑜馨.基于 MapInfo 的城市交通道路空间数据组织[J].电脑知识与技术:技术论坛，2005(12):33-34.

[34] 张新长，马林兵，张青年.地理信息系统数据库[M].2 版.北京:科学出版社，2010.

[35] 赵吉先，吕开云.3S 集成技术在数字公路中的应用[J].测绘通报，2007(2):21-23.

[36] 郑贵州，晁怡.地理信息系统分析与应用[M].北京:电子工业出版社，2010.

[37] 周卫，孙毅中，盛业华，等.基础地理信息系统[M].北京:科学出版社，2006.

[38] 朱恩利，李建辉.地理信息系统基础及应用教程[M].北京:机械工业出版社，2004.

[39] 朱光，赵西安，靖常峰.地理信息系统原理与应用[M].北京:科学出版社，2010.

[40] 祝国瑞.地图学[M].武汉:武汉大学出版社，2004.